本书受到山东省自然科学基金项目（批准号：ZR2019MG007）和山东省高等学校
青创科技支持计划（批准号：2020RWE001）资助

雾霾污染的空间关联
与区域协同治理

刘华军 等◎著

Spatial Correlation and Regional Collaborative
Governance of Air Pollution

科学出版社

北京

内 容 简 介

雾霾污染的空间关联特征决定了区域联防联控是解决雾霾污染问题的必要手段。本书是作者近年来围绕雾霾污染空间关联及区域协同治理开展的一系列研究的成果。本书分为空间关联篇、协同治理篇、全球雾霾污染篇，共十二章。其中，在空间关联篇，基于信息流视角，利用空间统计分析方法、网络分析方法等，考察不同空间尺度下中国雾霾污染的空间关联特征；在协同治理篇，实证检验雾霾污染区域联防联控的效果，利用环境库兹涅茨曲线这一分析工具考察雾霾污染与经济发展之间的关系，提出雾霾污染区域协同治理面临的两大困境及其破解思路，重点考察雾霾污染区域协同治理中的"逐底竞争"问题；在全球雾霾污染篇，考察中美雾霾污染的空间交互影响，以及雾霾污染的全球交互影响及其网络结构，并从构建人类命运共同体理念出发，提出雾霾污染全球治理体系构建路径。本书的研究可以为中国全面打赢蓝天保卫战提供有力支撑，为雾霾污染治理领域推动构建人类命运共同体提供路径支持。

本书可供雾霾治理决策者以及区域经济、雾霾研究领域的研究人员参考，也可供经济学、社会学学科的高年级本科生和研究生参考或作为基础教材使用。

图书在版编目（CIP）数据

雾霾污染的空间关联与区域协同治理/刘华军等著. –北京：科学出版社，2021.1
　　ISBN 978-7-03-066825-7

　　Ⅰ.①雾… Ⅱ.①刘… Ⅲ.①空气污染-污染防治-研究-中国 Ⅳ.①X51

中国版本图书馆CIP数据核字（2020）第221199号

责任编辑：杨婵娟　吴春花 / 责任校对：韩　杨
责任印制：徐晓晨 / 封面设计：有道文化

科 学 出 版 社 出版
北京东黄城根北街 16 号
邮政编码：100717
http://www.sciencep.com

北京建宏印刷有限公司 印刷
科学出版社发行　各地新华书店经销
*

2021 年 1 月第 一 版　开本：720×1000　B5
2021 年 1 月第一次印刷　印张：19
字数：362 000
定价：118.00 元

前　言

当前，雾霾污染不仅威胁人类健康和经济社会的可持续发展，而且给全球气候变化带来了严峻挑战。面对严峻的雾霾污染形势，中国出台了《重点区域大气污染防治"十二五"规划》、《环境空气质量标准》（GB3095—2012）等一系列法规政策。大气中细微颗粒物的跨界传输会造成雾霾污染的边界模糊，而现实社会中行政区域边界清晰且固定，使得雾霾污染的管控与治理困难重重，区域联防联控和区域协同治理已然成为破解两者矛盾的必要手段。在上述背景下，本书从雾霾污染的空间关联出发，聚焦雾霾污染的区域协同治理，创新性地将计量分析技术与网络分析技术相结合，以此为雾霾污染区域协同治理提供决策支撑。

作为高校教授和社会的一分子，我有责任和义务运用已有学术知识回报社会。2015年12月，我带领山东财经大学经济增长与绿色发展科研团队成员向山东省人民政府提交智库报告《关于加快建立山东省大气污染联防联控机制的建议》，报告考察了山东省17个地市雾霾污染的空间关联网络，并创造性地提出要建立"京津冀—山东—长三角"联合的雾霾污染区域协同治理机制。此后，我带领团队成员围绕雾霾污染的空间关联及区域协同治理陆续开展了一系列相关研究。在探索和研究过程中，研究方法不断丰富、研究深度不断提升，研究范围也从山东省、京津冀等区域逐步拓展至全国乃至全球。此外，由我负责的相关课题研究也不断推进，如教育部人文社会科学研究一般项目（规划基金项目）"中国大范围雾霾污染的空间动态关联效应及防控政策优化研究"（批准号：17YJA790054）、山东省自然科学基金项目"京津冀及周边地区'2+26'城市雾霾污染的空间动态交互影响及其驱动因素研究"（批准号：ZR2019MG007）和"山东省雾霾污染的城市间动态关联效应及协同治理机制研究：基于社会网络视角"（批准号：ZR2016GM03）、山东省社会科学规划研究项目"雾霾污染空间关联的整体特征、微观模式与影响因素研究"（批准号：18CZKJ13）、山东省高等学校青创科技支持计划"雾霾污染的全球交互影响网络及协同治理战略研究"（批准号：2020RWE001）等。在上述项目开展过程中，我和我的科研团队不断加深对雾霾污染空间关联的认识，在《中国人口·资源与环境》《统计研究》《中国人口科学》等重要期刊发表了多篇高质量的研究论文。

　　本书分三大篇，第一篇包括第一章至第五章，主要采用多样化的研究方法揭示雾霾污染的空间关联。第二篇包括第六章至第十章，主要探讨雾霾污染区域协同治理相关问题。第三篇包括第十一章和第十二章，是第一篇和第二篇研究的深化，立足全球视野考察雾霾污染的空间关联及全球治理问题。

　　在本书付梓之际，我首先要感谢我的团队成员，他们是山东财经大学杨骞教授、陈明华教授、孙亚男教授，以及我指导的研究生刘传明、杜广杰、裴延峰、雷名雨、王耀辉、彭莹、王弘儒等。然后感谢曲惠敏同学在编辑本书过程中付出的劳动。同时，要感谢泰山学者青年专家计划的资助。一个人的成长离不开老师的指导与栽培，在这里特别感谢我的博士生导师、山东大学经济学院的孙曰瑶教授对我的教导与培养，以及在相关研究中提出的建设性意见和指导。最后，感谢科学出版社杨婵娟、吴春花等在出版过程中给予的支持与帮助。

刘华军

2020 年 7 月 1 日

目　录

第二篇　协同治理

第三篇　全球雾霾污染

第一篇 空间关联

第一章　中国雾霾污染的空间格局 与分布动态 [①]

本章基于生态环境部公布的城市空气质量指数（air quality index，AQI）及 6 种分项污染物浓度日报数据，通过基尼系数和空间统计分析，揭示中国雾霾污染的空间集聚和空间自相关特征。同时，利用核密度估计（kernel density estimation，KDE）刻画中国雾霾污染的分布动态演进过程。研究结论如下：①中国雾霾污染存在显著的空间非均衡和空间集聚特征；②中国雾霾污染呈现出显著的空间自相关结构，空间因素对城市雾霾污染的影响不可忽视；③样本考察期内城市雾霾污染呈下降趋势，城市空气质量发展趋势向好。

第一节　引　言

近年来中国雾霾现象频发，以 PM_{10} 和 $PM_{2.5}$ 为特征污染物的区域性大气环境污染现象日益突出（Shao et al.，2006），已成为当前中国亟须解决的重大民生问题。雾霾污染的区域性特征意味着城市空气质量不仅受到本地污染源的影响，还在一定程度上受到外地污染源的影响，因此空间因素对城市雾霾污染的影响不可忽视。解决城市雾霾污染问题迫切需要建立跨区域雾霾污染联防联控工作机制（周成虎等，2008；王金南等，2012；柴发合等，2013），加强区域联防联控成为我国重点区域防治雾霾污染的"新常态"并取得了一定的积极进展。探讨城市雾霾污染空间分布和自相关结构能够为雾霾污染联防联控提供实证依据和决策支持。目前已有众多学者开展此类研究，其中部分文献应用地理信息系统（geographic information

---

[①]　本章是在刘华军和杜广杰发表于《经济地理》2016 年第 10 期上的《中国城市大气污染的空间格局与分布动态演进——基于 161 个城市 AQI 及 6 种分项污染物的实证》基础上修改完成的。

system，GIS）可视化工具对雾霾污染的空间分布进行直观描述（高歌，2008；李小飞等，2012；陈彦军等，2012；Wang and Xue，2014；Hu et al.，2014），部分文献则应用探索性空间数据分析（exploratory spatial data analysis，ESDA）中的测度指标（如 Moran's I 等）对雾霾污染的空间相关性进行测度。

　　基于空间统计技术的雾霾污染空间分布特征研究直观描述了雾霾污染地区间的分布差异，Moran's I 则进一步揭示出雾霾污染空间自相关结构。这些研究为雾霾污染联防联控机制的建立提供了科学依据，但仍存在一定问题：一方面，现有研究忽视了对雾霾污染空间分布动态演进过程的探索；另一方面，以上研究涉及的城市样本较少且大多采用单一指标，没有整体考虑多种污染物的分布特征。考虑到以上不足，本章基于中国 161 个城市空气质量指数及 6 种分项污染物浓度日报数据，利用空间统计方法揭示城市雾霾污染在空间维度上的集聚特征，同时采用非参数估计方法中的核密度估计，对城市雾霾污染空间分布动态演进过程进行实证考察。

第二节　方法与数据

一、研究方法

　　本章采用 Moran's I 对雾霾污染的空间相关性进行实证考察，具体测算式如式（1-1）：

$$\text{Moran's I} = \frac{n\sum_{i=1}^{n}\sum_{j=1}^{n}w_{ij}(x_i-\overline{x})(x_j-\overline{x})}{\sum_{i=1}^{n}\sum_{j=1}^{n}w_{ij}\sum_{i=1}^{n}(x_i-\overline{x})^2} = \frac{\sum_{i=1}^{n}\sum_{j=1}^{n}w_{ij}(x_i-\overline{x})(x_j-\overline{x})}{S^2\sum_{i=1}^{n}\sum_{j=1}^{n}w_{ij}} \quad (1\text{-}1)$$

式中，$S^2=\frac{1}{n}\sum_{i=1}^{n}(x_i-\overline{x})^2$，$\overline{x}=\frac{1}{n}\sum_{i=1}^{n}x_i$，$n$ 为城市总数；w_{ij} 为空间权重矩阵元素，本章以城市之间地理距离平方的倒数来衡量空间关系；x_i 和 x_j 分别为第 i 城市和第 j 城市雾霾污染的观测值；$\overline{x}$ 为雾霾污染观测值的均值。Moran's I 的取值范围为[−1，1]，大于 0 表示存在空间正相关，小于 0 表示存在空间负相关。Moran's I 绝对值表征空间相关程度的大小，绝对值越大表明空间相关程度越大。Moran's I 揭示的是全局空间自相关，而通过绘制 Moran 散点图可以直观地描绘局域的空间集聚特征。

核密度估计是一种常见的非参数方法，通常用于随机变量的概率密度函数估计，该方法能够用连续的密度曲线描述随机变量的分布形态，目前已成为研究空间分布非均衡的重要工具之一（刘华军等，2013；孙才志和李欣，2015）。假定随机变量 X 的密度函数为 $f(x)$，根据核密度估计方法，在 x 点的概率密度可以表示为

$$f(x) = \frac{1}{Nh} \sum_{i=1}^{N} K\left(\frac{X_i - x}{h}\right) \tag{1-2}$$

式中，N 为观测点数，X_i 为独立同分布的观测值，x 为均值，K 为核函数，h 为带宽，i 为第 i 个观测值。核函数是一种加权函数或平滑转换函数，一般需满足：

$$\begin{cases} \lim_{x \to \infty} K(x) \cdot x = 0 \\ K(x) \geqslant 0, \int_{-\infty}^{+\infty} K(x)\mathrm{d}x = 1 \\ \sup K(x) < +\infty, \int_{-\infty}^{+\infty} K^2(x)\mathrm{d}x < +\infty \end{cases} \tag{1-3}$$

核函数通常有高斯核函数、三角核函数、四角核函数、Epanechnikov 核函数等，本章采用高斯核函数对城市雾霾污染的分布动态演进态势进行估计。高斯核函数公式如下：

$$K(x) = \frac{1}{\sqrt{2\pi}} \exp\left(-\frac{x^2}{2}\right) \tag{1-4}$$

估计结果对于带宽 h 的选择较为敏感。带宽越大，密度函数曲线越平滑，但估计精度会降低；带宽越小，密度函数曲线越不平滑，但估计精度会提高（Silverman，1986；Quah，1993）。因此，实际估计中尽可能地选择较小的带宽。

核密度估计分布图能够反映变量分布的位置、形态和延展性等信息。分布位置信息可用来说明雾霾污染水平的高低；分布形态信息可用来分析雾霾污染的空间差异大小和极化程度，其中波峰的高度和宽度反映差异大小，波峰数量反映极化程度；分布延展性信息可用来刻画雾霾污染的空间差异大小，拖尾越长，差异越大。

二、样本数据

本章选择包含 SO_2、NO_2、PM_{10}、$PM_{2.5}$、CO、O_3 6 种常规监测的雾霾污染物浓度值以及空气质量指数作为衡量雾霾污染的指标。其中，空气质量指数是定量描述空气质量状况的无量纲指数，它将 6 种常规监测的雾霾污染物综合成单一的指

数值①。空气质量指数越大，雾霾污染程度越严重。考虑到仅采用单一指标可能掩盖了 6 种污染物各自的变化特征，本章考察各分项污染物的空间分布和动态演进过程。为了观察雾霾污染在 2 个年度内的变化情况，本章采用 2014 年和 2015 年的空气质量指数及 6 种分项污染物浓度日报数据，缺失值依照插值法补全。

表 1-1 依照八大地区②的空间尺度对空气质量指数数据进行了描述性统计。根据统计结果，北部沿海地区雾霾污染最为严重，空气质量指数年均值超过 100，达到轻度污染级别，南部沿海地区空气质量最好；从区域内雾霾污染的变异程度来看，西南地区、北部沿海地区、西北地区空气质量的城市间差异最大，变异系数在 19%～23%，其他地区的变异系数保持在 11% 以上，表现出一定程度的变异性；东北地区、北部沿海地区、东部沿海地区、南部沿海地区及西北地区的偏度值为负，这说明空气质量指数高于均值的城市数量多于空气质量指数低于均值的城市数量，呈左拖尾分布；而黄河中游地区、长江中游地区、西南地区的偏度值为正，这说明空气质量指数空间分布直观表现为右拖尾；从峰度值来看，除南部沿海地区以外，其他地区的峰度值均在 -1～1，表明城市雾霾污染空间分布类型近似于正态分布的钟形曲线，而南部沿海地区峰度值为 1.7477，与正态分布相比曲线更为尖锐。

表 1-1　空气质量指数的描述性统计

地区	样本城市个数/个	最小值	最大值	均值	标准差	变异系数/%	偏度值	峰度值
东北地区	16	64.6466	102.5683	83.7781	11.6075	13.8550	−0.0175	−0.8775
北部沿海地区	30	65.4301	144.0877	111.3516	22.3493	20.0709	−0.6742	−0.4924
东部沿海地区	25	52.7720	98.2027	79.4627	11.0174	13.8648	−0.8424	0.2085
南部沿海地区	26	34.4795	61.0904	51.3717	5.9164	11.5168	−0.8562	1.7477
黄河中游地区	22	65.0219	135.0959	96.0089	17.9392	18.6849	0.5907	−0.1078
长江中游地区	14	67.6438	99.2575	83.2910	10.0509	12.0673	0.4071	−0.9360
西南地区	18	42.3890	100.4219	69.5619	15.8412	22.7727	0.1362	−0.6989
西北地区	10	57.7836	106.5534	84.3877	16.5007	19.5535	−0.3996	−0.3217

---

① 2013 年及之前，中国评价空气质量的指标是空气污染指数（air pollution index，API），该指标仅考虑 SO_2、NO_2 和 PM_{10} 3 种污染物。2013 年之后，空气质量指数取代了空气污染指数，成为评价空气质量和雾霾污染的新指标。

② 其中，东北地区包括辽宁、吉林、黑龙江，北部沿海地区包括北京、天津、河北、山东，东部沿海地区包括上海、江苏、浙江，南部沿海地区包括福建、广东、海南，黄河中游地区包括陕西、山西、河南、内蒙古，长江中游地区包括湖北、湖南、江西、安徽，西南地区包括云南、贵州、四川、重庆、广西，西北地区包括甘肃、青海、宁夏、西藏、新疆。

第三节　中国雾霾污染的空间分布格局

一、中国城市雾霾污染的基本事实

本部分通过对 2014 年和 2015 年空气质量指数年度均值进行数据统计，可以发现中国雾霾污染较为严重的城市主要位于北部沿海地区，尤其是京津冀及周边城市，东北、黄河中游、成渝、新疆等地区也存在一定程度的雾霾污染。2014 年，雾霾污染较为严重的 10 座城市分别是邢台、保定、石家庄、衡水、邯郸、库尔勒、德州、唐山、菏泽、聊城，其中 9 座城市位于北部沿海地区，1 座城市位于西北地区；2015 年，雾霾污染较为严重的 10 座城市分别是保定、衡水、德州、邢台、郑州、聊城、菏泽、邯郸、济南、安阳，其中 8 座城市位于北部沿海地区，2 座城市位于黄河中游地区。2014 年，共有 54 座城市空气质量指数均值超过 100（达到轻度污染级别），占样本城市总数的 33.54%，其中 5 座城市空气质量指数均值超过 150（达到中度污染级别），占样本城市总数的 3.11%；2015 年，共有 34 座城市空气质量指数均值超过 100，且无城市空气质量指数均值超过 150，整体而言，中国城市雾霾污染呈下降趋势。

二、中国城市雾霾污染的地区间差异

本部分利用基尼系数测度了中国城市雾霾污染空间分布的非均衡程度（图 1-1）。基尼系数越大，表明雾霾污染空间分布越集中，地区间差异越大。整体而言，中国城市雾霾污染存在一定程度的空间非均衡特征。从各分项污染物基尼系数测度结果来看，SO_2 空间分布最为集中，基尼系数超过 0.3，此外 $PM_{2.5}$、PM_{10} 的基尼系数维持在 0.2 左右，呈现出一定的空间集中特征，而 O_3 的基尼系数最小，空间非均衡特征并不明显。从时间变化趋势来看，样本考察期内空气质量指数空间分布的地区间差异上升 3.44%；6 种分项污染物中 SO_2 空间分布的地区间差异上升幅度最大，以 2014 年为基期，地区间差异上升 3.13%。同时，$PM_{2.5}$、PM_{10} 空间分布的地区间差异出现了一定的上升趋势，地区间差异年均分别上升 2.80%、1.19%。而 NO_2 空间分布的地区间差异变化不大，仅上升约 0.93%。除此之外，O_3 空间分布的地区间差异呈显著下降趋势，下降幅度为 23.06%，表明 O_3 空间分布存在趋同趋势。CO 空间分布的地区间差异出现小幅下降，下降幅度约 2.04%。

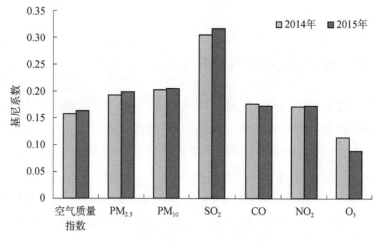

图 1-1　空气质量指数及 6 种分项污染物的基尼系数

三、中国城市雾霾污染的空间相关性

基尼系数测算结果显示，中国城市雾霾污染在空间分布上呈现出显著的非均衡特征，本章将对这种非均衡特征进行空间相关性分析，以检验其是否呈随机分布。Moran's I 是分析空间相关性的主要指标之一，Moran's I 的取值范围在 [-1，1]，取值大于 0 表明存在空间正相关，即雾霾污染水平高的城市与雾霾污染水平高的城市邻近，取值小于 0 表明存在空间负相关，即雾霾污染水平高的城市与雾霾污染水平低的城市邻近，取值为 0 表明空间集聚呈随机分布。图 1-2 报告了 Moran's I 估计值以及 Moran 散点图，由图可知：①2014 年和 2015 年城市雾霾污染的 Moran's I 估计值均超过 0.5，表明中国城市雾霾污染具有正向空间相关性，雾霾污染空间非均衡特征并非随机产生的，而是由正向的空间相关性造成的；②随着时间的推移，城市雾霾污染的 Moran's I 呈上升趋势，表明空间相关性对于雾霾污染空间集聚特征的解释能力逐渐增强；③第一象限内城市数量下降而第三象限内城市数量上升，小部分城市从高高集聚模式转变为低低集聚模式，存在相邻城市

空气质量协同改善现象。

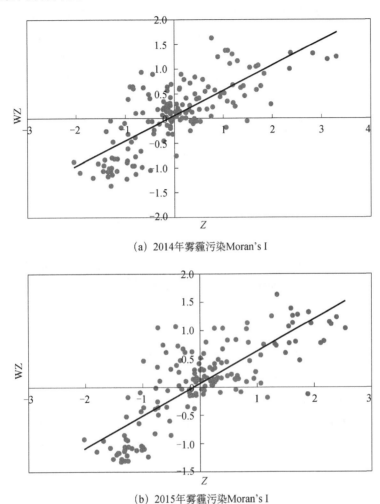

（a）2014年雾霾污染Moran's I

（b）2015年雾霾污染Moran's I

图 1-2　中国城市雾霾污染的局域空间相关性

横轴 Z 为雾霾污染水平的标准值，纵轴 WZ 为空间滞后项的标准值

四、中国城市雾霾污染空间自相关的地区间差异

通过在距离标准下构建空间权重矩阵，本部分测度了八大地区空气质量指数及 6 种分项污染物 Moran's I 估计值（表 1-2）。由表可知：①东北地区空气质量指数的 Moran's I 估计值为 0.075，数值较小，但分项污染物中 PM_{10}、CO、O_3 的 Moran's I 估计值较高，存在显著的正向空间自相关，由此可见如果仅从单一指标

的视角来考察雾霾污染空间分布，可能会掩盖各分项污染物自身的特征。②北部沿海地区空气质量指数的 Moran's I 估计值为 0.093，空气质量整体而言不存在空间自相关，但从分项污染物的测度结果看，PM_{10} 存在一定程度的正向空间自相关，而 CO 则存在显著的负向空间自相关，地区内部呈离散分布，CO 浓度较高的城市周围往往存在 CO 浓度较低的城市。③东部沿海地区空气质量指数的 Moran's I 估计值为 0.453，分项污染物中除 $PM_{2.5}$ 和 PM_{10} 外，其他污染物的 Moran's I 估计值并不显著，这说明东部沿海地区雾霾污染的空间相关性主要由 $PM_{2.5}$ 和 PM_{10} 的空间集聚效应推动形成。④南部沿海地区空气质量指数的 Moran's I 估计值为 0.266，存在一定的正向空间自相关，NO_2 的 Moran's I 估计值为 0.632，由于汽车尾气是 NO_2 的主要来源，可见南部沿海地区尤其是珠江三角洲地区较高的机动车保有量及发达的城市间交通网络对雾霾污染空间关联的贡献较大。⑤黄河中游地区空气质量指数的 Moran's I 估计值为 0.178，未能通过 0.05 水平的显著性检验。$PM_{2.5}$、SO_2 的 Moran's I 估计值为显著的正值。燃煤是 $PM_{2.5}$、SO_2 的重要污染源，而黄河中游地区煤矿资源丰富，因而燃煤是形成黄河中游地区雾霾污染空间关联的主要因素。⑥长江中游地区空气质量指数的 Moran's I 估计值为 0.275，$PM_{2.5}$、PM_{10}、CO 均存在一定程度的正向空间自相关，而 SO_2、NO_2、O_3 的空间相关性并不显著。⑦西南地区空气质量指数的 Moran's I 估计值为 0.525，表明西南地区雾霾污染存在显著的正向空间自相关，其中 $PM_{2.5}$、PM_{10} 均存在显著的空间依赖性，而 SO_2、CO、NO_2、O_3 的空间相关性并不显著。⑧西北地区空气质量指数的 Moran's I 估计值为 -0.041，分项污染物中 $PM_{2.5}$、PM_{10}、CO、NO_2、O_3 均不存在显著的空间依赖性，而 SO_2 的 Moran's I 估计值为 0.592，表明 SO_2 存在显著的空间依赖性。

表 1-2　八大地区空气质量指数及 6 种分项污染物的 Moran's I 估计值

地区	空气质量指数	$PM_{2.5}$	PM_{10}	SO_2	CO	NO_2	O_3
东北地区	0.075	0.011	0.142	0.049	0.317	-0.058	0.257
北部沿海地区	0.093	0.065	0.115	0.018	-0.213	-0.030	-0.030
东部沿海地区	0.453	0.361	0.466	0.144	0.098	0.133	0.051
南部沿海地区	0.266	0.250	0.258	0.180	0.198	0.632	0.228
黄河中游地区	0.178	0.300	0.053	0.371	0.052	-0.086	0.061
长江中游地区	0.275	0.268	0.283	0.011	0.182	0.029	-0.004
西南地区	0.525	0.527	0.460	0.012	0.107	0.091	0.172
西北地区	-0.041	-0.036	-0.074	0.592	0.055	-0.300	-0.124

第四节　中国雾霾污染的分布动态演进

一、空气质量指数及分项污染物的空间分布特征

本部分取高斯核函数测算 2015 年空气质量指数及 6 种分项污染物的核密度（图 1-3）。其中，空气质量指数密度函数呈不显著的双峰分布，而 O_3 密度函数呈典型双峰分布，其余 5 种污染物均呈单峰分布。整体来看，CO 密度函数峰值最高，宽度最小，表明 CO 城市间分布差异最大；而 NO_2 密度函数峰值最小，宽度最大，地区间分布差异最小。从分布位置看，SO_2 的核密度图形分布位置最靠近左侧，表明样本城市 SO_2 浓度水平大多较低，SO_2 污染并不显著；O_3 的核密度图形分布位置最靠近右侧，表明样本城市 O_3 污染较为严重；$PM_{2.5}$、PM_{10}、NO_2 的核密度图形分布较为相似，表明污染物浓度在样本城市中大多维持在一个较高水平。

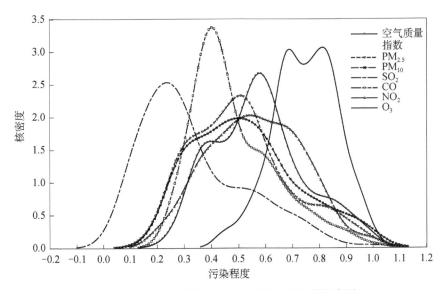

图 1-3　空气质量指数及 6 种分项污染物的核密度图

二、空气质量指数及分项污染物的分布演进

图 1-4～图 1-7 描述了空气质量指数及 6 种分项污染物空间分布动态演进过程。由图可以发现：①空气质量指数密度函数中心存在向左移动趋势，说明城市雾霾污染水平整体呈下降趋势，而核密度函数峰值变高，城市间空气质量差异变大。②随着时间的推移，$PM_{2.5}$ 核密度函数中心向左移动，峰值由 65 下降至 55，$PM_{2.5}$ 污染水平呈下降趋势。此外，$PM_{2.5}$ 核密度函数的右拖尾幅度下降，雾霾污染较为严重的城市数量有较明显减少。③PM_{10} 核密度函数中心向左移动，更多的城市 PM_{10} 污染现象得到缓解；同时，原先较为明显的右拖尾变得不再显著，表明原先 PM_{10} 污染严重的城市也有所改善。④SO_2 核密度函数整体向左上方移动，整体而言，城市空气 SO_2 污染水平有一定程度的改善，核密度函数宽度减小，表明随着时间的推移地区间差异减小，右拖尾现象变得不再显著，处于极端污染水平的城市数量减少。⑤整体来看，CO 污染呈下降趋势，而 NO_2 污染水平变化不大，O_3 空间分布变得更为集中。

三、八大地区城市雾霾污染空间分布差异

本部分通过对八大地区空气质量指数及 6 种分项污染物进行核密度分析可知[①]：①东北地区、北部沿海地区、东部沿海地区、黄河中游地区、长江中游地区、西北地区的城市雾霾污染空间分布存在两极分化，西南地区的城市雾霾污染呈现单一化，南部沿海地区则呈现多极化；从地区间雾霾污染程度来看，南部沿海地区城市间的空气质量较为接近，北部沿海地区城市间的雾霾污染差异较大。②黄河中游地区、东北地区、西南地区、西北地区 $PM_{2.5}$ 浓度整体较低，而北部沿海地区 $PM_{2.5}$ 浓度较高；南部沿海地区、东部沿海地区 $PM_{2.5}$ 分布地区间差异较小，而西南地区、黄河中游地区、北部沿海地区城市间差异较大。③从分项污染物 PM_{10} 来看，南部沿海地区 PM_{10} 浓度分布较为平均，而北部沿海地区核密度函数分布极为平坦，城市间差异较大。④南部沿海地区、西南地区、长江中游地区、东部沿海地区 SO_2 污染水平较低并且城市间差异相对较小，北部沿海地区、黄河中游地区、西北地区城市间差异较大。⑤东部沿海地区、南部沿海地区、长江中游地区、西南地区 CO 污染整体而言处于相对较低水平，北部沿海地区、黄河中游地区 CO 浓度城市间差异

① 限于篇幅，此处未提供八大地区的核密度估计图。

较大。⑥南部沿海地区、西北地区、西南地区 NO_2 污染水平相对较低，北部沿海地区、东部沿海地区、黄河中游地区污染水平相对较高；西南地区、黄河中游地区、长江中游地区 NO_2 浓度城市间分布较为平均，南部沿海地区、北部沿海地区城市间差异较大。⑦东部沿海地区、北部沿海地区 O_3 浓度普遍相对较高，地区内部差异较小。

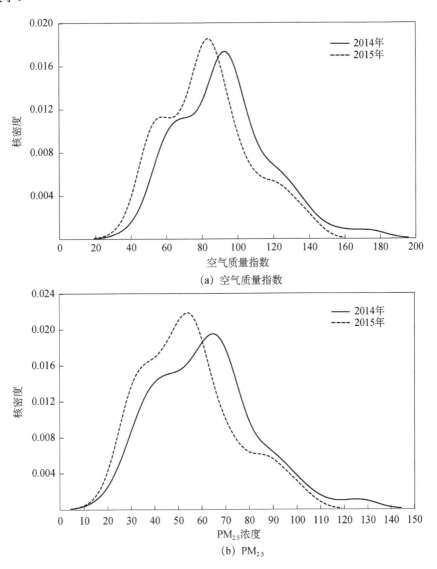

图 1-4 空气质量指数和 $PM_{2.5}$ 的空间分布动态演进

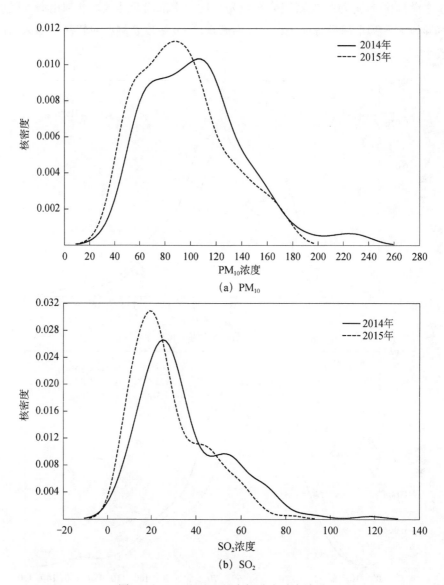

(a) PM₁₀

(b) SO₂

图 1-5　PM₁₀ 和 SO₂ 的空间分布动态演进

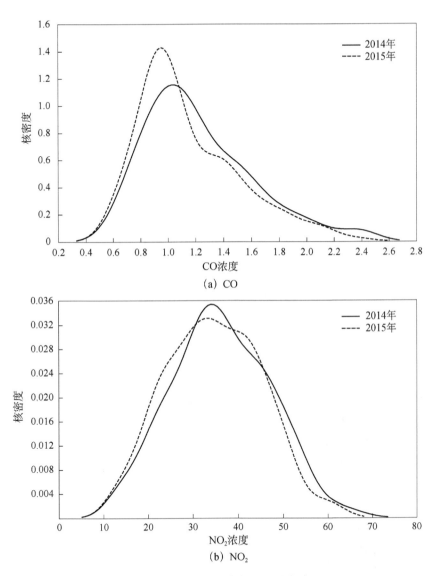

(a) CO

(b) NO₂

图 1-6　CO 和 NO₂ 的空间分布动态演进

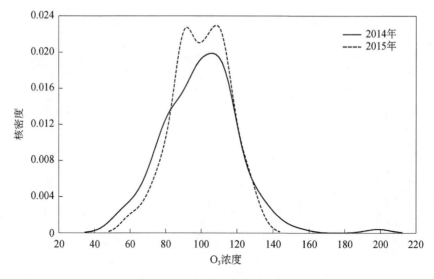

图 1-7　O₃ 的空间分布动态演进

第五节　本章小结

　　本章以空气质量指数及 $PM_{2.5}$、PM_{10}、SO_2、CO、NO_2、O_3 6 种大气主要污染物浓度为指标，实证考察了中国城市雾霾污染空间分布格局，同时基于核密度估计方法揭示了城市雾霾污染的地区间差异和空间分布动态演进。研究结论如下：①雾霾污染在空间分布上存在显著的空间非均衡特征，北部沿海地区是中国城市雾霾污染最为严重的地区。②空间统计分析表明，城市雾霾污染存在显著的正向空间自相关和空间集聚特征，城市雾霾污染与其邻近城市的污染水平存在一定程度的关联关系，城市大气污染物会影响周边城市。③整体而言，中国城市雾霾污染的空间依赖性较强，但空间相关性存在地区间差异。东部沿海地区、西南地区及长江中游地区城市雾霾污染空间自相关程度较高，而东北地区、西北地区雾霾污染空间自相关程度较低。④八大地区内部雾霾污染的空间自相关程度均低于 161 个城市总体的空间自相关程度，表明城市雾霾污染的污染源分布较为集中，相邻更近的城市之间的雾霾污染空间关联更为紧密。⑤核密度估计表明，城市雾霾污染的整体水平在样本考察期内呈下降趋势，城市空气质量整体向着更好的趋势发展。

第二章　京津冀雾霾污染的城市关联网络研究 [①]

本章基于京津冀地区城市空气质量指数日报数据，在向量自回归（vector autoregression，VAR）模型框架下，采用非线性格兰杰（Granger）因果检验方法对城市雾霾污染的非线性传导关系进行识别，并借助社会网络分析方法揭示其关联网络结构特征。研究表明，京津冀地区城市间雾霾污染存在较显著的非线性传导关系，且构成了复杂的联动网络。在稳健性网络中，石家庄、衡水、沧州、北京、秦皇岛、承德、邯郸处于网络核心，其他 6 个城市处于网络边缘。在最大可能性网络中，京津冀地区的 13 个城市没有呈现出明显的核心-边缘结构，而雾霾污染联防联控要求 13 个城市必须步调一致。基于上述结论，本章提出污染程度-网络位置的二维分析框架，为完善京津冀地区雾霾污染的联防联控机制提供决策支持。

第一节　引　言

在大气环流等自然条件的作用下，城市间雾霾污染往往会产生一种互为因果的内在联系。城市间雾霾污染的传导效应给现行环境管理模式带来了巨大挑战。我国环境管理主要以行政区域为单元进行，环境管理模式与雾霾污染的区域性特征之间的矛盾不断加剧，仅从行政区划的角度考虑单个城市雾霾污染防治"各自为战"的污染治理模式，已经难以有效解决区域雾霾污染问题，因此亟须打破行政区划限制，采取联防联控措施，形成治污合力。京津冀地区是我国雾霾污染最为严重的区域，根据环保部门发布的 2015 年 12 月重点区域和 74 个城市空气质量状况，

---

① 本章是在刘华军和刘传明发表于《中国人口科学》2016 年第 2 期上的《京津冀地区城市间大气污染的非线性传导及其联动网络》基础上修改完成的。

空气质量较差的 10 个城市中有 7 个位于京津冀地区。为了加快京津冀雾霾污染综合治理，京津冀及周边地区大气污染防治协作小组审议通过《京津冀及周边地区大气污染联防联控 2015 年重点工作》，将北京、天津以及河北省唐山、廊坊、保定、沧州 6 个城市划为京津冀雾霾污染防治核心区，建立了北京、天津支援河北省重点城市治理雾霾污染的结对合作机制，京津冀雾霾污染联防联控取得了"APEC 蓝"和"阅兵蓝"的显著成效。2016 年 2 月，环境保护部会同中国气象局联合发函，京津冀地级及以上城市在 3 月底前试行统一重污染天气预警分级标准，其中"京津冀核心区"北京、天津、唐山、保定、廊坊、沧州率先实施。然而，受到大气环流以及经济发展等因素的影响，雾霾污染在多个城市间的传导呈现出多线程的复杂网络结构，增加了雾霾污染联防联控的难度。

从已有研究的进展看，对雾霾污染空间传导问题的研究主要有三类：一是环境科学领域中基于不同的空气质量模型对雾霾污染跨城市传输进行数值模拟（薛文博等，2014；Jiang et al.，2015；Wang et al.，2015；Fan and Yu，2014；Qin et al.，2015），这些研究的贡献在于揭示了区域雾霾污染在大气环流作用下的跨界传输。然而，由于选取的时间跨度较短，无法动态考察城市雾霾污染的传导效应；同时，受研究方法和样本数量过少的限制，无法揭示雾霾污染空间传导的网络结构特征，降低了它们对城市雾霾污染协同治理的应用价值。二是地理科学领域中基于空间统计技术刻画雾霾污染的空间分布和空间关联特征。其中，一部分文献应用 GIS 可视化工具对雾霾污染的空间分布进行直观描述，如李小飞等（2012）；另一部分文献则应用探索性空间数据分析（exploratory spatial data analysis，ESDA）中的 Moran's I 对雾霾污染的空间相关性进行测度，如马丽梅和张晓（2014a）。尽管这类研究比较直观地刻画了雾霾污染的空间相关性和空间集聚特征，但它们只局限于地理距离相邻或邻近地区，加之选取的样本时间跨度较短，难以刻画更远距离城市之间雾霾污染的传导效应；此外，受研究方法的限制，无法揭示雾霾污染空间关联的网络结构特征。三是将时间序列统计学和计量经济学技术拓展应用于雾霾污染领域。部分研究运用相关系数统计分析工具描述区域雾霾污染之间的相关关系，如 Wang 和 Xue（2014）、Yang 等（2015a）、陈黎明和程度胜（2014）。另外，部分文献利用小波分析方法实证考察雾霾污染的周期变化，如任婉侠等（2013）、段玉森等（2008）。随着研究的不断深入，更多的计量分析方法被应用于雾霾污染领域，如李婕和滕丽（2014）、伍复胜和管东生（2013）运用格兰杰因果检验方法考察了城市雾霾污染的交互影响。尽管上述研究从时间序列角度揭示了城市雾霾污染的动态关联效应，但此类研究采用的格兰杰因果检验方法属于传统线性方法，只能考虑雾霾污染的线性趋势，忽视了雾霾污染的非线性传导效应；同时，由于样本数量较少，无法揭示多样本情形下雾霾污染空间传导的网络结构形态。

本章采用生态环境部发布的京津冀地区 13 个地级城市空气质量指数日报数据，利用非线性格兰杰因果检验方法对雾霾污染的非线性传导关系进行识别，运用社会网络分析方法从最大可能性网络和稳健性网络两个层面揭示京津冀地区城市间雾霾污染空间传导的网络结构特征，并构建污染程度-网络位置的二维分析框架，为构建京津冀地区雾霾污染的联防联控机制提供决策参考。

第二节 方法与数据

一、城市间雾霾污染非线性传导关系的识别方法

真实世界几乎都是由非线性关系组成的，而非线性模型代表了模拟真实世界的正确方向（Granger and Newbold，2014）。Baek 和 Brock（1992）、Hiemstra 和 Jones（1994）、Diks 和 Panchenko（2006）构建了非参数统计量检验方法以考察变量之间非线性格兰杰因果关系。本章采用这一方法识别城市间雾霾污染的非线性传导关系。

非参数统计量检验方法通过线性格兰杰因果模型过滤掉序列间的线性"预测能力"，从残差中提取相应信息来分析非线性格兰杰因果关系。仍然考虑 X_t、Y_t 分别是两个时间序列变量，定义 X_t 的 m 维领先向量（leading vector）为 X_t^m，Lx、Ly 分别 x、y 时间序列变量的滞后期。X_t 的 Lx 期滞后向量（lag vector）和 Y_t 的 Ly 期滞后向量分别为 X_{t-Lx}^{Lx} 和 Y_{t-Ly}^{Ly}，见式（2-1）：

$$X_t^m = (x_t, x_{t+1}, \cdots, x_{t+m-1}), m = 1, 2 \cdots; t = 1, 2 \cdots$$
$$X_{t-Lx}^{Lx} = (x_{t-Lx}, x_{t-Lx+1}, \cdots, x_{t-1}), Lx = 1, 2 \cdots; t = Lx + 1, Lx + 2 \cdots \quad (2\text{-}1)$$
$$Y_{t-Ly}^{Ly} = (y_{t-Ly}, y_{t-Ly+1}, \cdots, y_{t-1}), Ly = 1, 2 \cdots; t = Ly + 1, Ly + 2 \cdots$$

给定值 $m>1$、$Lx>1$、$Ly>1$ 以及任意小的常数 $d>0$，若 Y 满足式（2-2）的条件概率，则 Y 不是 X 的严格非线性格兰杰原因。

$$\Pr\left(\left\|X_t^m - X_s^m\right\| < d \middle| \left\|X_{t-Lx}^{Lx} - X_{s-Lx}^{Lx}\right\| < d, \left\|Y_{t-Ly}^{Ly} - Y_{s-Ly}^{Ly}\right\| < d\right)$$
$$= \Pr\left(\left\|X_t^m - X_s^m\right\| < d \middle| \left\|X_{t-Lx}^{Lx} - X_{s-Lx}^{Lx}\right\| < d\right) \quad (2\text{-}2)$$

式（2-2）表示概率，式（2-2）中‖·‖表示最大范数（norm）。s，$t=\max$（Lx，Ly）+1，…，

$T-m+1$（T 为总样本数）。如果给定式（2-2）右边序列 X_t 的条件概率（即滞后序列对领先序列的影响概率），且无论有无序列 Y_t 作为条件都不会对其产生影响，则表明 Y 不是 X 的格兰杰原因。式（2-2）中的条件概率也可用式（2-3）来表达：

$$\frac{\mathrm{CI}(m+Lx,Ly,d)}{\mathrm{CI}(Lx,Ly,d)} = \frac{\mathrm{CI}(m+Lx,d)}{\mathrm{CI}(Lx,d)} \tag{2-3}$$

其中：

$$\mathrm{CI}(m+Lx,Ly,d) = \Pr\left(\left\|X_{t-Lx}^{m+Lx}-X_{s-Lx}^{m+Lx}\right\|<d,\left\|Y_{t-Ly}^{Ly}-Y_{s-Ly}^{Ly}\right\|<d\right)$$

$$\mathrm{CI}(Lx,Ly,d) = \Pr\left(\left\|X_{t-Lx}^{Lx}-X_{s-Lx}^{Lx}\right\|<d,\left\|Y_{t-Ly}^{Ly}-Y_{s-Ly}^{Ly}\right\|<d\right)$$

$$\mathrm{CI}(m+Lx,d) = \Pr\left(\left\|X_{t-Lx}^{m+Lx}-X_{s-Lx}^{m+Lx}\right\|<d\right)$$

$$\mathrm{CI}(Lx,d) = \Pr\left(\left\|X_{t-Lx}^{Lx}-X_{s-Lx}^{Lx}\right\|<d\right)$$

假定 X_t、Y_t 是严平稳同时要满足混合条件，基于原假设 "Y_t 不是 X_t 的严格格兰杰原因"，Diks 和 Panchenko（2006）构造了渐近正态分布的 T 统计量，如式（2-4）：

$$T = \left[\frac{\mathrm{CI}(m+Lx,Ly,d,n)}{\mathrm{CI}(Lx,Ly,d,n)}-\frac{\mathrm{CI}(m+Lx,d,n)}{\mathrm{CI}(Lx,d,n)}\right] \sim N\left(0,\frac{1}{\sqrt{n}}\sigma^2(m,Lx,Ly,d)\right) \tag{2-4}$$

式中，$n=T+1-m-\max(Lx,Ly)$；$\sigma^2(\cdot)$ 为修正的检验统计量的渐近方差。根据式（2-4）中的统计量可以依次对向量自回归模型中的两个估计残差序列（$\varepsilon_{1,t}$，$\varepsilon_{2,t}$）做出检验。如果格兰杰非因果的原假设被拒绝，则两个序列间的因果关系一定是非线性的。

二、社会网络分析与样本数据

1. 联动网络结构特征的刻画

本章采用社会网络分析方法考察京津冀地区城市间雾霾污染的联动网络结构。社会网络分析方法中整体网络特征通常采用网络密度、网络等级度、网络效率等指标来刻画，其中网络密度衡量了城市间雾霾污染联动网络的紧密程度，网络等级度刻画的是关联网络中各城市在多大程度上非对称的可达，网络效率反映了各城市在网络中的连接效率。个体网络结构特征通常采用度数中心度、中介中心度和接近中心度来刻画，其中度数中心度是衡量各城市在网络中处于中心位置的程度，中介中心度是衡量各城市控制其他城市交往的程度，接近中心度是衡量某个城市不受其他城市控制的程度。此外，本章采用二值有向数据的核心-边缘模型来揭示各城市在雾霾污染关联网络中所处的地位和作用。

2. 样本数据

本章选择京津冀地区 13 个地级及以上城市作为样本，包括北京、天津、石家庄、唐山、秦皇岛、邯郸、邢台、保定、张家口、承德、沧州、廊坊、衡水。同时，以空气质量指数作为衡量城市雾霾污染的指标，根据《环境空气质量指数（AQI）技术规定（试行）》（HJ633—2012），空气质量指数是定量描述空气质量状况的无量纲指数，它综合考虑了 SO_2、NO_2、PM_{10}、$PM_{2.5}$、CO、O_3 6 种污染物，是衡量空气质量的综合指标。全部数据来源于生态环境部发布的空气质量指数日报数据。数据时间跨度为 2015 年 1 月 1 日至 12 月 31 日共 365 天，全部样本观测值为 365×13=4745 个。

第三节　京津冀地区雾霾污染的典型化事实

一、京津冀地区雾霾污染的空间可视化

为了进一步揭示京津冀地区雾霾污染的空间分异规律，本章利用京津冀地区 13 个地级城市 2015 年空气质量指数均值数据，在 ArcGIS 支持下，利用克里金插值法对京津冀地区雾霾污染状况进行空间可视化，如图 2-1 所示。观察图 2-1 可以发现，京津冀地区的雾霾污染具有以下特征：①京津冀地区雾霾污染呈现出显著的空间非均衡特征；②以河北省中部城市为中心逐渐向其他地区蔓延；③京津冀地区北部空气质量优于南部空气质量。

为了缓解日益严重的雾霾污染问题，2015 年 5 月 19 日，京津冀及周边地区大气污染防治协作小组第四次工作会议将北京、天津以及河北省唐山、廊坊、保定、沧州 6 个城市划为京津冀雾霾污染防治核心区，建立了北京、天津支援河北省重点城市治理雾霾污染的结对合作机制。然而，在多种因素的作用下，京津冀地区雾霾污染在城市间相互传导且呈蔓延趋势，以上述 6 个城市为核心的联防联控仅是第一步，构建以京津冀 13 个城市为核心的雾霾污染联防联控机制才是改善空气质量的有效路径。

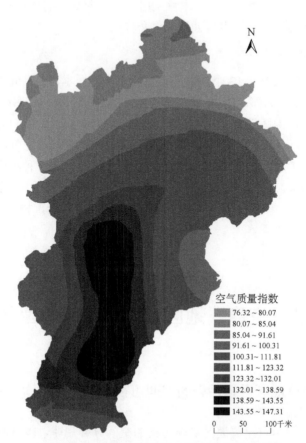

图 2-1　京津冀地区空气质量的空间分异图

二、京津冀地区雾霾污染的描述性统计

2015 年，京津冀地区 13 个城市的空气质量指数均值为 115.13，平均达标天数为 163 天，平均达标比例为 44.66%。从京津冀地区雾霾污染的具体状况看（图 2-2），13 个城市的空气质量存在较大差异。其中，北京、保定、衡水、邢台、邯郸、石家庄、廊坊、唐山、沧州、天津 10 个城市的空气质量指数均值超过 100，达到轻度污染级别；张家口、承德、秦皇岛 3 个城市的空气质量指数均值低于 100，空气质量达标；张家口的空气质量最好，空气质量指数均值为 76。从空气质量平均达标天数看，京津冀地区空气质量平均达标天数低于 200 天，也就是说，京津冀地区全年有一半以上的天数处于污染中，空气状况

恶劣。图 2-3 刻画了京津冀地区雾霾污染的变动趋势，从全年来看京津冀地区雾霾污染的波动存在明显差异，根据空气质量指数拟合趋势线，京津冀地区城市雾霾污染呈"U"形变化趋势，春季和冬季的雾霾污染较为严重，夏季和秋季空气质量略见好转（图 2-4）。根据图 2-5，2015 年京津冀地区仅有 5 月、8 月、9 月和 10 月份的空气质量指数均值在 100 以下，没有一个月份的空气质量指数均值达到"良"级别，而 1 月的空气质量指数均值超过 150，达到中度污染级别。

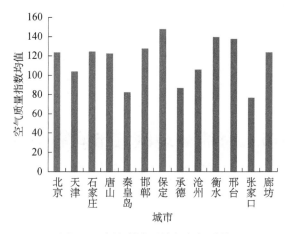

图 2-2　京津冀地区城市空气质量

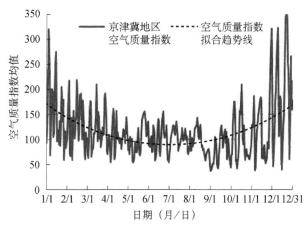

图 2-3　京津冀地区雾霾污染的波动趋势

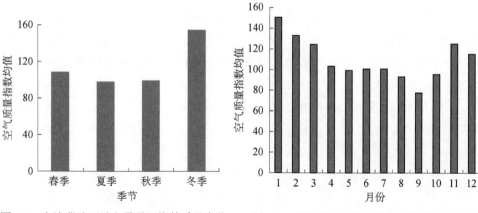

图 2-4　京津冀地区城市雾霾污染的季节变化　　图 2-5　京津冀地区城市雾霾污染的月度变化

第四节　京津冀地区城市间雾霾污染的 非线性传导网络

一、单位根检验和非线性检验

为了检验各城市空气质量指数序列的平稳性，本章采用增广迪基–富勒（augmented Dickey-Fuller，ADF）检验对 13 个城市的空气质量指数数据进行平稳性检验。结果表明，13 个城市的空气质量指数均为 I（0）序列。更进一步地，采用主流的非线性检验方法（Broock et al.，1996）对京津冀地区 13 个城市的空气质量指数序列进行非线性检验。根据检验结果，所有检验统计量均显著地拒绝线性的原假设，这就意味着京津冀地区 13 个城市雾霾污染呈现出显著的非线性动态变化趋势。

二、城市间雾霾污染联动网络的结构特征

目前，关于非线性格兰杰因果检验最优滞后的选择问题没有统一的规则（Francis et al.，2010；刘华军和何礼伟，2016），却为我们更全面地认识城市间雾霾污染的传导关系提供了新的思路。如果所有滞后阶数下检验结果均接受"不存在非线性格兰杰因果关系"的原假设，则变量间一定不存在传导关系。如果所有滞后阶数下检验结果至少有一个显著地拒绝"不存在非线性格兰杰因果关系"的原假

设,则无法排除变量间存在传导关系的可能,基于这种可能的传导关系所形成的关联网络,可以将其定义为最大可能性网络。如果所有滞后阶数下检验结果均显著地拒绝"不存在非线性格兰杰因果关系"的原假设,则变量间就存在稳健性传导关系,基于这种稳健的传导关系所形成的联动网络,可以将其定义为稳健性网络。

1. 稳健性网络分析

(1) 稳健性网络的整体网络结构

根据非线性格兰杰因果检验确定的京津冀地区 13 个城市雾霾污染的稳健性传导关系,借助 UCINET 可视化工具 NetDraw 对稳健性网络进行可视化(图 2-6)。观察图 2-6 可以发现,京津冀地区雾霾污染的非线性传导呈现出复杂的、多线程的网络结构形态,没有任何一个城市"孤立"于网络。一个城市的雾霾污染可以由另一个城市的雾霾污染解释和预测,京津冀地区城市间雾霾污染连成一片,这为雾霾污染政策的制定带来了严峻的挑战,"不谋全局者,不足谋一域",雾霾污染的网络结构要求必须从整体视角加强雾霾污染的联防联控。网络中稳健性传导关系数为94,理论上最大传导关系数为 156,网络密度为 0.603,表明城市雾霾污染的联动程度较高。网络关联度为 1,表明稳健性网络具有较高的网络通达性,城市间雾霾污染存在普遍的传导效应。网络等级度为 0.179,表明城市间雾霾污染的传导效应并不是等级森严的,不同污染程度的城市雾霾污染均存在非线性的传导关系。网络效率为 0.303,说明稳健性网络中城市间存在较多的冗余连线,雾霾污染的非线性传导关系存在严重的多重叠加现象,网络较为稳定。

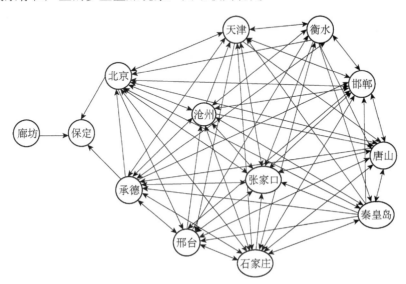

图 2-6 稳健性网络

（2）稳健性网络的个体中心性

为了揭示各城市在稳健性网络中的地位和作用，选择度数中心度、接近中心度和中介中心度对稳健性网络的中心性进行分析，如表2-1所示。从度数中心度的测度结果看，13个城市度数中心度的均值为74.36，高于均值的城市有11个，依次是北京、承德、天津、石家庄、唐山、秦皇岛、邯郸、邢台、张家口、沧州、衡水，说明在稳健性网络中这些城市与其他城市的雾霾污染之间存在较多的非线性传导关系。从接近中心度的测度结果看，13个城市接近中心度的均值为76.87，高于均值的城市有11个，分别是北京、承德、天津、石家庄、唐山、秦皇岛、邯郸、邢台、张家口、沧州、衡水，说明以上城市在雾霾污染的稳健性网络中能够更快速地与其他城市产生内在连接，在网络中扮演着中心行动者的角色。究其原因在于，上述城市的经济较发达、能源需求量和能源缺口较大，需要接收其他城市能源的输入，因此雾霾污染可能更容易受其他城市雾霾污染的影响。从中介中心度的测度结果看，13个城市中介中心度的均值为3.38，高于均值的城市有3个，分别是北京、保定、承德，其余城市中介中心度均为0.00，说明在雾霾污染的稳健性网络中只有北京、保定、承德对京津冀地区城市间雾霾污染的非线性传导具有控制能力，在网络中发挥着中介和桥梁作用。

表 2-1 稳健性网络的中心性

城市	出度	入度	度数中心度	接近中心度	中介中心度	城市	出度	入度	度数中心度	接近中心度	中介中心度
北京	10	9	91.67	92.31	13.64	保定	0	3	25.00	57.14	16.67
天津	8	8	83.33	80.00	0.00	张家口	7	10	83.33	80.00	0.00
石家庄	10	9	83.33	80.00	0.00	承德	9	9	91.67	92.31	13.64
唐山	6	9	83.33	80.00	0.00	沧州	9	8	83.33	80.00	0.00
秦皇岛	9	5	83.33	80.00	0.00	廊坊	1	0	8.33	37.50	0.00
邯郸	8	10	83.33	80.00	0.00	衡水	10	6	83.33	80.00	0.00
邢台	7	8	83.33	80.00	0.00	均值	7.23	7.23	74.36	76.87	3.38

（3）稳健性网络的核心-边缘分析

根据非线性格兰杰因果检验方法确定的城市间雾霾污染的稳健性传导关系，利用 UCINET 软件测度了稳健性网络的核心度（测算结果如表2-2所示），高于核心度均值的城市处于网络的核心位置，反之则处于网络的边缘位置。根据表2-2的测度结果，石家庄、衡水、沧州、北京、秦皇岛、承德、邯郸7个城市处于稳健性网络的核心位置，而天津、邢台、张家口、唐山、保定、廊坊6个城市处于网络的边缘位置。稳健性网络核心位置的7个城市从关联的角度应该是联防联控的重点城市，因此京津冀地区雾霾污染联防联控的第一阶段应该建立起以石家庄、衡水、沧州、北京、秦皇岛、承德、邯郸 7 个城市为核心的联防联控机制，同时兼顾处于边缘位置的天津、邢台、张家口、唐山、保定、廊坊 6 个城市。

表 2-2　稳健性网络的核心-边缘分析

项目	核心							边缘					
城市	石家庄	衡水	沧州	北京	秦皇岛	承德	邯郸	天津	邢台	张家口	唐山	保定	廊坊
核心度	0.37	0.37	0.34	0.32	0.32	0.30	0.29	0.28	0.25	0.23	0.20	0	0

2. 最大可能性网络分析

（1）最大可能性网络的整体网络结构

根据最大可能性传导关系，本章利用 UCINET 中可视化工具 NetDraw 对京津冀地区城市间雾霾污染的最大可能性网络进行了可视化（图 2-7）。与稳健性网络相比，最大可能性网络的非线性传导关系更多，网络连接更加广泛和普遍。每个城市的雾霾污染不仅取决于自身因素，还受到其他城市雾霾污染的影响，换言之，没有哪一个城市能够"独善其身"。根据图 2-7，京津冀地区城市间雾霾污染的最大可能性存在的关系数为 121，理论上最大传导关系数为 156，网络密度为 0.776，表明京津冀地区城市间雾霾污染存在普遍和广泛的空间传导关系。网络关联度为 1，表明最大可能性网络具有较强的联动性和良好的通达性，雾霾污染存在广泛的传导效应。网络等级度为 0，表明最大可能性网络并不存在等级森严的结构，城市间对称可达点的程度较高，处于从属和边缘的城市较少，京津冀地区内即使城市间的距离较远，也存在雾霾污染的空间传导。网络效率为 0.182，这意味着最大可能性网络存在较多的冗余连线，网络具有较强的稳定性。

（2）最大可能性网络的个体中心性

为了揭示各城市在最大可能性网络中的地位和作用，选择度数中心度、接近中心度和中介中心度对最大可能性网络的中心性进行分析，如表 2-3 所示。从度数中心度的测度结果看，13 个城市度数中心度的均值为 84.62，高于均值的城市有 7 个，分别为北京、邯郸、沧州、天津、石家庄、秦皇岛、承德，说明在最大可能性网络的核心中这些城市与其他城市的雾霾污染之间存在较多的非线性传导关系。从接近中心度的测度结果看，13 个城市接近中心度的均值为 88.24，高于均值的城市有 7 个，分别为北京、邯郸、沧州、天津、石家庄、秦皇岛、承德，说明以上城市在雾霾污染的最大可能性网络中能够更快速地与其他城市产生内在连接，扮演着中心行动者的角色。从中介中心度的测度结果看，13 个城市中介中心度的均值为 1.40，高于均值的城市有 4 个，分别为北京、邯郸、沧州、保定，说明以上城市对京津冀地区城市间雾霾污染的非线性传导具有较强的控制能力，与稳健性网络相比最大可能性网络中各城市均扮演着中介和桥梁作用。

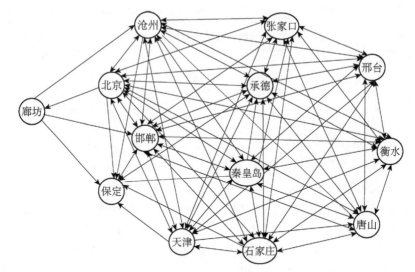

图 2-7 最大可能性网络

表 2-3 最大可能性网络的中心性

城市	出度	入度	度数中心度	接近中心度	中介中心度	城市	出度	入度	度数中心度	接近中心度	中介中心度
北京	12	10	100.00	100.00	4.40	保定	3	8	66.67	75.00	1.52
天津	11	9	91.67	92.31	0.87	张家口	9	10	83.33	85.71	0.00
石家庄	11	10	91.67	92.31	0.87	承德	10	11	91.67	92.31	0.87
唐山	9	10	83.33	85.71	0.00	沧州	11	12	100.00	100.00	4.40
秦皇岛	11	8	91.67	92.31	0.87	廊坊	3	1	33.33	60.00	0.00
邯郸	11	12	100.00	100.00	4.40	衡水	10	10	83.33	85.71	0.00
邢台	10	10	83.33	85.71	0.00	均值	9.31	9.31	84.62	88.24	1.40

（3）最大可能性网络的核心-边缘分析

根据最大可能性传导关系，本章测度了最大可能性网络的核心度（表 2-4），高于核心度均值的城市处于网络的核心位置，反之，则处于网络的边缘位置。根据表 2-4 的测度结果，北京、天津、石家庄、秦皇岛、邯郸、沧州、邢台、衡水、承德、唐山、张家口 11 个城市的核心度均高于均值，说明这些城市处于最大可能性网络的核心位置，而廊坊和保定的核心度均低于均值，处于网络的边缘位置。与稳健性网络相比，最大可能性网络中处于网络核心的城市个数更多，说明雾霾污染在城市间是相互传导的，因此基于最大可能性网络，京津冀地区雾霾污染的联防联控应该覆盖所有城市。

表 2-4　最大可能性网络的核心-边缘分析

项目	核心										边缘	
城市	北京	天津	石家庄	秦皇岛	邯郸	沧州	邢台	衡水	承德	唐山	张家口	保定	廊坊
核心度	0.319	0.311	0.311	0.311	0.311	0.311	0.302	0.302	0.277	0.268	0.268	0.083	0.065

第五节　雾霾污染协同治理的二维分析框架

雾霾污染的协同治理不能只关注污染程度，还要重视网络的核心-边缘结构，即要从污染程度-网络位置协同的视角重新审视京津冀地区雾霾污染的治理问题。根据京津冀地区 13 个城市的雾霾污染程度以及其在网络中的核心-边缘位置，本章从稳健性网络和最大可能性网络两方面构建了污染程度-网络位置的二维分析框架。

一、基于稳健性网络的雾霾污染联防联控

按照京津冀地区 13 个城市的空气质量指数均值将各城市划分为低污染城市和高污染城市，同时按照稳健性网络的核心度均值将 13 个城市划分为核心城市和边缘城市。基于上述两个维度可以将京津冀地区 13 个城市划分为以下 4 种类型 [图 2-8（a）]。

1）HH 型：污染程度高且处于稳健性网络的核心位置，包括石家庄、衡水、北京、邯郸。

2）HL 型：污染程度较高但处于稳健性网络的边缘位置，包括保定、邢台、廊坊、唐山。

3）LH 型：虽然污染程度较低却处于稳健性网络的核心位置，包括秦皇岛、承德、天津、沧州。

4）LL 型：污染程度较低且处于网络的边缘位置，包括张家口。

对于 HH 型城市，污染程度高且处于稳健性网络的核心位置，治理污染的压力相对较大，因此具有制定并实施严格环境措施的内在动力，这些城市可以根据所处的经济发展阶段、产业结构、能源消费结构等因素制定符合自身实际的环境规制措施，着重从降低污染程度的角度治理雾霾污染。同时，HH 型城市处于网络的核

心位置,在联防联控机制中要作为减排和治理的重点。对于 HL 型城市,尽管处于稳健性网络的边缘位置,但考虑到这些城市的雾霾污染相对严重,因此当前除了要求它们努力降低自身的雾霾污染外,也应注意在稳健性网络中处于核心位置的城市对其的传导效应。对于 LH 型城市,污染程度较低,但处于稳健性网络的核心位置,因此在联防联控的过程中要发挥其核心作用,借鉴其节能减排和治理雾霾污染方面的先进经验,积极地借助稳健性网络的传导结构,将先进经验扩展到整个京津冀地区。对于 LL 型城市,不仅自身的污染程度较低,而且处于稳健性网络的边缘位置,这些城市在短期来看空气质量相对较好,但是城市间雾霾污染呈网络结构形态,没有一个城市可以做到独善其身,单个城市在治理雾霾污染方面所付出的努力可能在短期内会出现明显效果,但是从长期来看会受到其他城市雾霾污染的传导,因此这些城市要充分发挥其在联防联控机制中的作用,这对其自身空气质量的改善既是必要的也是可行的。

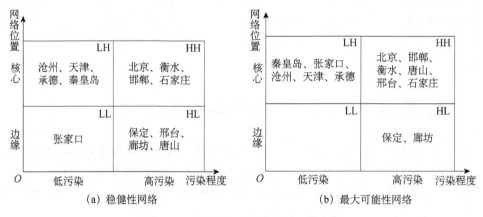

(a) 稳健性网络　　　　　　　　　　(b) 最大可能性网络

图 2-8　污染程度-网络位置的二维框架

二、基于最大可能性网络的雾霾污染联防联控

在最大可能性网络的污染程度-网络位置二维分析框架中,4 种类型的城市划分如下[图 2-8(b)]。

1)HH 型:污染程度较高且处于最大可能性网络的核心位置,包括北京、石家庄、邯郸、邢台、衡水、唐山,针对此类城市应制定严格的雾霾污染防治措施,发挥其在最大可能性网络中的核心位置作用。

2)HL 型:污染程度较高但处于最大可能性网络的边缘位置,包括保定和廊坊,此类城市应把降低自身城市雾霾污染作为雾霾污染治理的重点,同时应考虑最大可能性网络中处于核心位置的城市对其的传导效应。

3）LH 型：虽然污染程度较低却处于最大可能性网络的核心位置，包括秦皇岛、张家口、天津、沧州、承德，此类城市应发挥自身在最大可能性网络中的作用，将先进的雾霾污染治理经验通过网络作用传递给其他城市，做到协同治理。

4）LL 型：不仅污染程度较低且处于网络的边缘位置，在最大可能性网络中不包含此类城市。

第六节　本章小结

本章利用非线性格兰杰因果检验方法对京津冀地区城市雾霾污染的动态关联关系进行了实证考察，并借助社会网络分析方法揭示了京津冀地区城市雾霾污染空间关联网络的结构特征。研究结果表明：①京津冀地区城市间雾霾污染存在较显著的非线性传导关系，且呈复杂的、多线程的网络结构形态。②在稳健性网络中，石家庄、衡水、沧州、北京、秦皇岛、承德、邯郸 7 个城市处于核心位置，天津、邢台、张家口、唐山、保定、廊坊 6 个城市处于边缘位置。③与稳健性网络相比，在最大可能性网络中，北京、天津、石家庄、秦皇岛、邯郸、沧州、邢台、衡水、承德、唐山、张家口处于核心位置，而仅有保定和廊坊 2 个城市处于边缘位置。这一研究结论为建立更加广泛的联防联控机制提供了现实依据。

基于上述结论，本章得出以下 3 个方面的启示：①进一步深化对雾霾污染区域性特征的认识，全面把握雾霾污染的城市间传导效应及其联动网络结构，加快构建区域联防联控机制以形成治污合力。在雾霾污染关联网络中，没有任何一个城市是孤立存在的，换言之，在一个污染相对严重的区域中，任何一个城市都难以独善其身，因此污染治理必须要摆脱单个城市的孤立观点，转向整体协同视角。②雾霾污染的网络结构尽管为跨区域协同治污提供了科学依据，但同时也增加了协同治污的难度。在联系密切的城市关联网络中，污染的治理很难做到整齐划一。由于污染治理必然要付出巨大的经济代价，某些城市出于自身利益的考虑，可能存在"滥竽充数""出工不出力"的现象，最终必然会降低雾霾污染联防联控的预期效果。因此，如何确保协同治污效果对政策制定者提出了严峻挑战。根据京津冀地区联防联控的前期经验，建立一个强有力的组织机构以及制定严格的监督机制和绩效考核制度,对于雾霾污染联防联控是否能够取得成效至关重要。③如果雾霾污染联防联控仅仅强调"联",在一定程度上仍是"治标不治本"的一种短期措施,要确保空气质量的彻底改善,最根本的途径是要加快转变生产方式和生活方式,实现绿色发展。

第三章 雾霾污染的城市间动态关联及其成因 [①]

面对区域雾霾污染的严峻挑战，创新联防联控体系以形成跨区域协同合力治污势在必行。本章基于京津冀、长三角、珠三角、成渝、长江中游五大地区 96 个城市 2015 年空气质量指数以及 $PM_{2.5}$、PM_{10}、SO_2、CO、NO_2、O_3 6 种分项污染物的逐日数据，揭示了区域雾霾污染的动态关联效应。研究发现，空气质量指数及 6 种分项污染物在城市之间均存在普遍的动态关联关系且呈现出联系紧密、稳定性强、带有明显的小世界特征的多线程复杂网络结构。尽管五大地区的雾霾污染主要来自地区内部，但五大地区之间总体上存在正向交互影响。在 6 种分项污染物中，$PM_{2.5}$ 的空间关联是导致雾霾污染空间关联的最主要诱因。城市雾霾污染与其影响因素尤其是城市人口密度、投资强度、工业污染排放之间存在显著的空间相关性。基于上述结论，中国应加快构建以防控 $PM_{2.5}$ 为重点的跨区域雾霾污染协同治理机制并将其融入城市群发展战略和区域发展战略中，最终实现包含雾霾污染协同治理在内的全方位的区域协同发展。

第一节 引 言

当前，中国已成为世界上雾霾污染最严重的地区之一。在中国较大的 500 个城市中，只有不到 1%的城市达到了世界卫生组织推荐的空气质量标准。在世界上污染最严重的 10 个城市中，有 7 个在中国（张庆丰和罗伯特·克鲁克斯，2012），经济发达、人口密集的京津冀、长三角、珠三角、成渝、长江中游等地区已成为中国雾霾污染的重点区域。尤其是 2015 年 12 月以来，华北地区多次出现大面积的

---

① 本章是在刘华军、孙亚男、陈明华发表于《中国人口·资源与环境》2017 年第 3 期上的《雾霾污染的城市间动态关联及其成因研究》基础上修改完成的，原文被日本科学技术振兴机构全文转载。

严重雾霾天气，多个城市连续启动了霾红色预警。伴随雾霾天气的频繁出现，雾霾污染的区域性特征也日益突出，污染边界不断扩张使得在一个污染严重的区域内部没有任何一个城市能够独善其身，多个城市之间的动态关联将构成一个以城市为节点的复杂网络。城市雾霾污染的空间关联网络和区域间的交互影响对雾霾污染有效防治提出了更加严峻的挑战，由于行政区域边界的环境管理模式与雾霾污染区域性特征之间的矛盾不断加剧，仅从行政区划的角度考虑单个城市雾霾污染防治的"各自为战"的环境管理和污染治理模式已经难以有效解决当前愈加严重的区域雾霾污染问题（Bai et al.，2014），加强区域联防联控以形成跨区域协同治污合力势在必行。从相关领域研究进展看，大量基于空气质量模型的研究从物理学角度证实了污染物可以跨界传输（胡晓宇等，2011；安俊岭等，2012；薛文博等，2014；Li et al.，2014a；Jiang et al.，2015；Qin et al.，2015），部分研究基于空间统计技术刻画了雾霾污染的空间分布和空间关联特征（李小飞等，2012；马丽梅和张晓，2014a，2014b；高会旺等，2014；向堃和宋德勇，2015；张殷俊等，2015；Hu et al.，2014；Yang et al.，2015a），或者应用时间序列统计和计量经济技术描述雾霾污染的时间变动规律（任婉侠等，2013；李婕和滕丽，2014；陈黎明和程度胜，2014；伍复胜和管东生，2013；Wang et al.，2014a）。然而，由于受到样本数据和研究方法的诸多局限，现有研究尚未揭示出雾霾污染在更多城市样本之间的动态关联和雾霾污染在更大空间尺度上的交互影响。在此背景下，定量揭示雾霾污染的动态关联及其网络结构，并深入探究雾霾污染空间关联的成因，对于完善雾霾污染的跨区域协同治理机制具有重要的理论价值和现实意义。

与已有研究不同，为了从更大空间范围考察雾霾污染的动态关联，本章以京津冀、长三角、珠三角、成渝、长江中游五大地区的 96 个城市为样本[①]，采用 2015 年环境保护部发布的城市空气质量指数 $PM_{2.5}$、PM_{10}、SO_2、CO、NO_2、O_3 6 种分项污染物浓度日报数据，从时间序列数据"预测能力"（prediction capability）的视角，在向量自回归分析框架下构建区域雾霾污染的动态交互影响模型来实证考察雾霾污染的动态关联效应，为构建雾霾污染的跨区域联防联控体系提供可靠的科

---

① 京津冀地区包括北京、天津、石家庄、唐山、秦皇岛、邯郸、邢台、保定、张家口、承德、沧州、廊坊、衡水 13 个城市。长三角地区包括上海、南京、苏州、无锡、常州、扬州、镇江、南通、泰州、徐州、连云港、淮安、盐城、宿迁、吴江、昆山、常熟、张家港、太仓、句容、江阴、宜兴、金坛、溧阳、海门、嘉兴、绍兴、舟山、温州、金华、衢州、台州、杭州、宁波、湖州、丽水、临安、富阳、义乌、合肥、芜湖、马鞍山 42 个城市。珠三角地区包括广州、深圳、珠海、佛山、江门、东莞、中山、惠州、肇庆、韶关、汕头、湛江、茂名、梅州、汕尾、河源、阳江、清远、潮州、揭阳、云浮 21 个城市。成渝地区包括重庆、成都、绵阳、宜宾、攀枝花、泸州、自贡、德阳、南充 9 个城市。此处长江中游地区包括武汉、宜昌、荆州、长沙、岳阳、株洲、湘潭、常德、张家界、南昌、九江 11 个城市。——天气后报网，城市空气质量数据

学依据。其中，在城市层面，在识别城市雾霾污染之间动态关联关系的基础上，构建雾霾污染空间关联网络并运用社会网络分析方法刻画其网络结构特征。在地区层面，运用广义脉冲响应函数和方差分解技术揭示雾霾污染在五大地区间的动态交互影响效应。在揭示雾霾污染动态关联效应的基础上，运用二次指派程序（quadratic assignment procedure，QAP）方法从分项污染物视角揭示雾霾污染空间关联的关键诱因，并利用双变量 Moran's I 揭示雾霾污染（空气质量指数及 6 种分项污染物）与其影响因素之间的空间相关性，最终为雾霾污染的跨区域协同治理提供对策建议。

第二节　模型构建与样本数据

一、时间序列视角下区域雾霾污染的动态交互影响模型

根据经济学中空间相互作用理论和圈层结构理论，区域（城市、城市群）之间在经济、社会等诸多领域均存在一定的联系，而且随着区域开放程度的不断深化，区域之间的空间关联日益紧密，这已被大量经验研究文献所证实（潘文卿，2012；李敬等，2014；刘华军等，2015a；刘华军和何礼伟，2016；Ying，2000，2003），而且区域之间的空间关联已不仅体现在经济方面，在能源、环境领域的联系也日趋紧密（刘华军等，2015b）。对于雾霾污染的空间联系，环境科学领域大量基于空气质量模型的研究已经表明污染物是可以实现跨界传输的，而且在大气环流、经济发展等因素的作用下，雾霾污染的相互影响不仅体现在排放量巨大的一次污染物在距离较近的城市之间输送、转化和耦合，某些污染物尤其是形成 $PM_{2.5}$ 的污染物可以跨越城市甚至省际的行政边界实现远距离输送（薛文博等，2014），这意味着雾霾污染不再是发生在单个区域的孤立的污染现象，区域雾霾污染之间存在一定的相关性（Hu et al.，2014）。在大气环流等自然条件的作用下，雾霾污染往往会在区域间传导，某个区域的雾霾污染可能会成为另一区域雾霾污染的诱因，或加剧另一区域雾霾污染的程度，这为从时间序列视角探索区域雾霾污染的动态关联提供了新的契机。

从时间序列数据角度，一个区域雾霾污染的变动可能会引起其他区域雾霾污染的变动，换言之，某个区域雾霾污染可能"领先"于其他区域，因此该区域对其

他区域的雾霾污染具有一定的"预测能力"。本章通过构造向量自回归模型来揭示区域雾霾污染之间的动态关联关系。

假设两个区域 x、y 雾霾污染的时间序列分别为 $\{x_t\}$ 和 $\{y_t\}$，为了检验两个区域之间雾霾污染的动态关联关系和交互影响，构造下面两个向量自回归模型：

$$x_t = \alpha_1 + \sum_{i=1}^{m} \beta_{1,i} x_{t-i} + \sum_{i=1}^{n} \gamma_{1,i} y_{t-i} + \varepsilon_{1,t} \qquad (3\text{-}1)$$

$$y_t = \alpha_2 + \sum_{i=1}^{p} \beta_{2,j} x_{t-i} + \sum_{i=1}^{q} \gamma_{2,j} y_{t-i} + \varepsilon_{2,t} \qquad (3\text{-}2)$$

式中，α_j、β_j、γ_j（j=1，2）为待估参数；$\{\varepsilon_{j,t}\}$（j=1，2）为残差项，满足 $\{\varepsilon_{j,t}\}\sim N(0,1)$；$m$、$n$、$p$、$q$ 为自回归项的滞后阶数。式（3-1）检验区域 x 的雾霾污染是否受到自身以及区域 y 雾霾污染滞后期的影响；式（3-2）检验区域 y 的雾霾污染是否受到自身以及区域 x 雾霾污染滞后期的影响。在向量自回归模型框架下，可以通过检验自回归项系数的联合显著性来检验变量间的动态关联效应。具体地，若式（3-1）中虚拟假设 H_0：$\gamma_{1,1}=\gamma_{1,2}=\cdots=\gamma_{1,n}=0$ 被拒绝，则意味着 y 的滞后值有助于解释 x，即 y"领先"于 x，两个区域雾霾污染的动态关联关系可以直观地表示为"$y{\rightarrow}x$"。同理，若式（3-2）中虚拟假设 H_0：$\gamma_{2,1}=\gamma_{2,2}=\cdots=\gamma_{2,q}=0$ 被拒绝，则意味着 x 的历史值有助于解释 y，即 x"领先"于 y，两个区域雾霾污染的动态关联关系可以表示为"$x{\rightarrow}y$"。若式（3-1）和式（3-2）中的虚拟假设均被拒绝，表明 x 和 y 存在双向关联关系，则两个区域雾霾污染的关联关系可以表示为"$x{\leftrightarrow}y$"。这一检验思想实际上与格兰杰因果检验是一致的。其中，"$y{\rightarrow}x$"意味着 y 是 x 的格兰杰因；"$x{\rightarrow}y$"意味着 x 是 y 的格兰杰因，"$x{\leftrightarrow}y$"则意味着 x 和 y 之间互为格兰杰因果[①]。在向量自回归模型框架下，除了从格兰杰因果意义上揭示区域雾霾污染的动态关联之外，还可以通过广义脉冲响应函数和方差分解技术考察区域雾霾污染之间的动态交互影响。其中，广义脉冲响应函数提供了某个区域雾霾污染受其他区域冲击所产生响应的正负方向、强弱等信息。方差分解则通过分析每一个结构冲击对区域雾霾污染变化的贡献度，定量把握区域雾霾污染之间的影响关系。需要指出的是，上述检验均适用于平稳时间序列，对于非平稳时间序列需要进行差分直至平稳后再进行检验。

---

① 李敬等（2014）、刘华军等（2015a）、刘华军和何礼伟（2016）基于向量自回归模型和格兰杰因果检验方法揭示了经济增长的空间溢出或传导关系。对于雾霾污染来说，使用"空间传导"或"空间溢出"也是完全可以的。然而，若使用"空间溢出"或"空间传导"，非常容易引起与雾霾污染物理传输之间的混淆。由于基于时间序列变量之间的"预测能力"与雾霾污染在物理学意义上的"跨界传输"是两个完全不同的研究视角，为了避免引起不必要的混淆，本章将格兰杰因果意义上城市雾霾污染的空间传导关系定义为"空间关联"。

二、社会网络分析方法 [①]

在区域内部，雾霾污染在多个城市之间的动态关联关系将形成多线程的复杂网络。社会网络分析为揭示雾霾污染空间关联的网络结构特征提供了可行工具。社会网络分析以"关系"（relation）作为基本分析单位，采用图论工具、代数模型技术描述关系模式，是一种针对"关系数据"的跨学科分析方法，近年来其应用领域已逐渐从社会学向经济学、管理学等领域拓展（李敬等，2014；刘华军等，2015a，2015b，2015c；刘华军和何礼伟，2016），成为一种新的研究范式（徐振宇，2013；刘军，2014；桑曼乘和覃成林，2014；Ter Wal and Boschma，2009；Oliveira and Gama，2012；Scott，2013；Ducruet and Beauguitte，2014）。本章借助社会网络分析工具来刻画雾霾污染空间关联的网络结构特征，并利用社会网络分析中的二次指派程序方法从分项污染物的角度揭示城市雾霾污染动态关联的成因。

三、样本数据

本章以空气质量指数作为衡量城市雾霾污染的综合指标。根据《环境空气质量指数（AQI）技术规定（试行）》（HJ633—2012），空气质量指数综合考虑了 $PM_{2.5}$、PM_{10}、SO_2、CO、NO_2、O_3 6 种分项污染物，是定量描述空气质量状况的无量纲指数。根据《关于实施〈环境空气质量标准〉（GB3095—2012）的通知》，2012～2014年，环境保护部分三个阶段组织完成了全国 338 个地级及以上城市的空气质量新标准监测实施工作。本章以实施空气质量新标准的京津冀、长三角、珠三角、成渝、长江中游五大地区 96 个城市为研究样本。选择这五大地区的原因在于，它们是中国经济规模最大、人口最为密集的国家级城市群所在区域，其雾霾污染形势相比其他地区更为严峻。96 个样本城市的污染数据全部来自生态环境部数据中心，分项污染物数据则根据当天中国环境监测总站每小时数据的均值计算而得。数据的时间跨度为 2015 年 1 月 1 日至 12 月 31 日，全部观测值为 365×96×7=245 280 个。此外，区域雾霾污染根据该地区内部所有城市污染物数据的算术平均值测算而得。表 3-1 报告了五大地区雾霾污染的基本状况。

根据表 3-1，从五大地区空气质量的总体状况看（空气质量指数），京津冀地区的污染最为严重，其空气质量指数超过 100，处于轻度污染级别；珠三角地区的空气质量最好，空气质量指数略超过 50，处于良好级别，其他三个地区的空气质量差距不大，空气质量指数为 80～85，处于良好级别。从分项污染物看，除了 O_3

[①] 篇幅所限，具体公式没有给出，有需要的读者可以参考刘军（2014）及其他相关文献。

长三角地区超过京津冀地区之外,各个地区的污染状况大致与空气质量指数相同。从城市雾霾污染状况看,依据空气质量指数全年均值,在 96 个样本城市中,空气质量较差的 10 个城市分别为保定、衡水、邢台、邯郸、石家庄、廊坊、唐山、北京、沧州、天津,它们全部来自京津冀地区,空气质量指数均值均超过 100,处于轻度污染级别。空气质量较好的 10 个城市分别为汕尾、湛江、深圳、惠州、茂名、中山、阳江、珠海、韶关、河源,它们全部来自珠三角地区,空气质量指数均值为 45~53。从五大地区中心城市看,京津冀地区中心城市北京的空气质量指数均值为 113.3342,排名倒数第 8 位;长三角地区中心城市上海的空气质量指数均值为 78.9836,排名第 47 位;珠三角地区中心城市广州的空气质量指数均值为 59.0658,排名第 21 位;成渝地区中心城市重庆的空气质量指数均值为 78.5096,排名第 40 位;长江中游地区中心城市武汉的空气质量指数均值为 99.2575,排名倒数第 12 位。

表 3-1 五大地区雾霾污染状况

指标	单位	京津冀地区	长三角地区	珠三角地区	成渝地区	长江中游地区
空气质量指数	无量纲	112.0643	80.6797	52.9084	80.8353	82.4944
$PM_{2.5}$	毫克/米^3	76.5494	53.6991	33.5396	55.5572	56.6891
PM_{10}	毫克/米^3	133.2628	84.6212	51.7717	87.1146	88.0671
SO_2	毫克/米^3	37.6826	21.1083	12.9867	18.4025	22.8952
CO	毫克/米^3	1.4544	0.9495	0.9490	1.0268	1.1170
NO_2	毫克/米^3	45.8231	37.0835	25.7362	34.4474	31.7122
O_3	毫克/米^3	101.9153	109.5347	98.5076	88.7449	95.2892

第三节 雾霾污染的城市间动态关联与地区间交互影响

一、雾霾污染的城市间动态关联及其网络结构特征

在对城市雾霾污染的空间动态关联关系进行识别之前,首先对城市空气质量

指数及 6 种分项污染物浓度日报数据构成的时间序列进行单位根检验①，检验结果表明，所有序列在 5% 的显著性水平下均拒绝了存在单位根的原假设，满足向量自回归变量平稳性的要求。在此基础上，本章在向量自回归模型框架下从地区内部和全部样本两个层次对两两城市之间雾霾污染的动态关联关系进行识别②。

本章通过构建城市雾霾污染空间关联的复杂网络模型来揭示其网络结构特征。节点、关系、连线是复杂网络模型的三个基本要素。本研究选择城市作为节点；将 5% 的显著性水平作为阈值来确定城市节点之间的动态关联关系③，进而确定城市节点之间的连线。依据上述方法，本章针对空气质量指数及 6 种分项污染物，分别构建了五大地区及全部样本城市雾霾污染的空间关联网络。图 3-1 为京津冀地区雾霾污染的空间关联网络，可以直观地发现，城市雾霾污染之间呈现多线程的复杂网络结构形态。

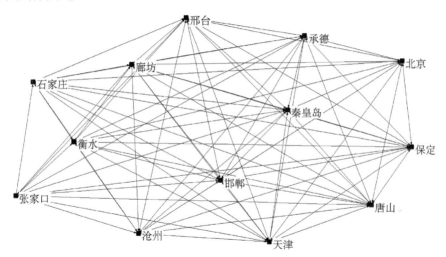

图 3-1 京津冀地区雾霾污染的空间关联网络

1. 城市雾霾污染空间关联网络的整体紧密程度

网络密度是网络节点之间的实际关联个数与理论关联个数的比值，它刻画的是网络节点之间的关联关系在整体上的紧密程度。表 3-2 列出了五大地区及全部样本城市雾霾污染空间关联网络的节点个数、理论关联个数、实际关联个数、网络密度。①从空气质量指数的网络密度看，不论是五大地区内部还是全部样本城市，

---

① 本章采用的是 PP 单位根检验方法，限于篇幅，没有给出检验结果。

② 限于篇幅，没有给出检验结果。

③ 关于阈值的选择，通常可以选择 1%、5% 和 10% 三种显著性水平作为阈值来确定变量之间是否具有预测能力，即 "causality" 关系。若选择 1%，在统计学意义上则可能要求过于严苛；若选择 10%，在一定程度上则会降低结论的可靠性。因此，以 5% 的显著性水平作为阈值可能是一种比较稳健的选择。

空气质量指数的网络密度均超过 0.65，这意味着空气质量指数的实际关联个数占理论关联个数的 65%以上，城市雾霾污染在地区内部和地区之间均存在非常紧密的空间关联关系，且雾霾污染的空间关联已不仅局限于地区内部的地理邻近城市之间，而是呈现出多线程、多城市、跨地区的雾霾污染网络分布态势。在五大地区中，京津冀地区和长江中游地区空气质量指数的网络密度超过 0.70，京津冀地区空气质量指数的网络密度最高，长江中游地区次之。珠三角地区空气质量指数的网络密度最低，但也超过 0.67，长三角地区和成渝地区空气质量指数的网络密度略高于珠三角地区。观察全部样本城市空气质量指数的网络密度可以发现，其网络密度低于五大地区内部空气质量指数的网络密度，这说明从雾霾污染的综合指标空气质量指数看，地区内部城市之间的关联比全部样本城市之间的关联更紧密。②从分项污染物的网络密度看，除珠三角地区的 CO 和 O_3 的网络密度低于 0.50 之外，五大地区及全部样本城市的 6 种分项污染物的网络密度均超过 0.50，这意味着不论是五大地区内部还是全部样本城市，不同的污染物在城市之间存在非常紧密的关联关系。对比分项污染物的网络密度可以发现，相对于其他 4 种分项污染物，$PM_{2.5}$ 和 PM_{10} 的网络密度在地区之间差别不大，说明 2 种污染物在不同地区的空间关联特征较一致，因此在防控 $PM_{2.5}$ 和 PM_{10} 方面，不同地区可以采取类似的防控措施；对于其他 4 种分项污染物，考虑到其网络密度在不同地区之间存在较大差异，因此制定具有地区特点的防控措施显得非常必要。③在空气质量指数及 6 种分项污染物的空间关联网络中，不论是在五大地区内部还是在全部样本城市，均不存在孤立的城市节点，这意味着面对雾霾污染空间关联网络，任何一个城市都不能"独善其身"，均受到来自地区内部和地区外部其他城市以及它们构成的空间关联网络的影响。换言之，当前中国的雾霾污染问题已成为所有城市共同面对的困境，虽然部分地区如京津冀、长三角和珠三角已初步构建了雾霾污染联防联控机制，但上述机制仅局限于各自地区内部，且这种局部的雾霾污染治理并不能从根本上解决整体的雾霾污染问题。因此，雾霾污染联防联控要跳出"单个地区"的空间概念，从更大的空间范围实施雾霾污染协同防控，在局部地区雾霾污染已经实施联防联控的基础上，加快建立跨区域的雾霾污染联防联控机制尤显紧迫。

表 3-2　城市雾霾污染空间关联的网络特征

指标	京津冀地区	长三角地区	珠三角地区	成渝地区	长江中游地区	全部样本城市
节点个数/个	—	13	42	21	9	11	96
理论关联个数/个	—	156	1722	420	72	110	9120

续表

指标		京津冀地区	长三角地区	珠三角地区	成渝地区	长江中游地区	全部样本城市
实际关联个数/个	空气质量指数	117	1187	285	50	81	5967
	$PM_{2.5}$	116	1229	305	54	83	6412
	PM_{10}	115	1175	296	48	76	5828
	SO_2	134	1105	210	36	74	5467
	CO	130	1031	188	39	58	5499
	NO_2	118	1218	288	47	88	6779
	O_3	118	1049	185	42	71	4965
网络密度	空气质量指数	0.7500	0.6893	0.6786	0.6944	0.7364	0.6543
	$PM_{2.5}$	0.7436	0.7137	0.7262	0.7500	0.7545	0.7031
	PM_{10}	0.7372	0.6823	0.7048	0.6667	0.6909	0.6390
	SO_2	0.8590	0.6417	0.5000	0.5000	0.6727	0.5995
	CO	0.8333	0.5987	0.4476	0.5417	0.5273	0.6030
	NO_2	0.7564	0.7073	0.6857	0.6528	0.8000	0.7433
	O_3	0.7564	0.6092	0.4405	0.5833	0.6455	0.5444

注：节点个数即城市个数，若节点个数为 N，则理论关联个数为 $N(N-1)$；网络密度为实际关联个数除以理论关联个数

2. 城市雾霾污染空间关联网络的稳定性

在社会网络分析中，通常采用网络效率来刻画网络稳定性。网络效率越低，网络中的冗余连线越多，网络的稳定性就越强。根据表3-3，五大地区和全部样本城市空气质量指数及 6 种分项污染物的网络效率具有以下特征。①从空气质量指数的网络效率看，五大地区及全部样本城市空气质量指数的网络效率均小于 0.10，这表明不论是在五大地区内部还是在全部样本城市中，90%以上的连线是"冗余"的。也就是说，城市雾霾污染之间的动态关联关系存在严重的多重叠加现象，而这也恰恰表明五大地区内部及全部样本城市的雾霾污染动态关联均具有较强的网络稳定性。同时，通过对比可以发现，五大地区内部空气质量指数的网络效率均低于全部样本城市空气质量指数的网络效率，说明在五大地区内部空气质量指数的关联网络相对于全部样本城市来说具有更强的稳定性，这就进一步为五大地区内部率先开展雾霾污染的联防联控进而构建跨区域的联防联控体系提供了科学依据。②从分项污染物的网络效率看，$PM_{2.5}$ 和 PM_{10} 在五大地区及全部样本城市的关联网络中均具有较低的网络效率和更强的网络稳定性。考虑到单个城市采取的污染防治措施所能取得的效果必然受到关联网络的制约，因此亟须加快构建以 $PM_{2.5}$ 和 PM_{10} 为重点的雾霾污染联防联控机制。

表 3-3　城市雾霾污染空间关联的网络效率与平均距离

指标		京津冀地区	长三角地区	珠三角地区	成渝地区	长江中游地区	全部样本城市
网络效率	空气质量指数	0.0152	0.0646	0.0526	0.0000	0.0000	0.0835
	PM$_{2.5}$	0.0303	0.0585	0.0421	0.0000	0.0222	0.0676
	PM$_{10}$	0.0152	0.0659	0.0263	0.0357	0.0444	0.0900
	SO$_2$	0.0000	0.0866	0.2105	0.2857	0.1111	0.1539
	CO	0.0152	0.0720	0.3211	0.1786	0.2444	0.1391
	NO$_2$	0.0152	0.0293	0.0789	0.1071	0.0222	0.0473
	O$_3$	0.0455	0.1585	0.3211	0.1786	0.1778	0.2708
平均距离	空气质量指数	1.2500	1.3110	1.3500	1.4030	1.3180	1.3490
	PM$_{2.5}$	1.2950	1.2860	1.2740	1.2500	1.2450	1.2990
	PM$_{10}$	1.2690	1.3210	1.3000	1.2500	1.2400	1.3620
	SO$_2$	1.1410	1.3650	1.5190	1.5970	1.3450	1.4010
	CO	1.1670	1.4050	1.6790	1.5140	1.6180	1.3970
	NO$_2$	1.2440	1.2930	1.3140	1.3470	1.2000	1.2570
	O$_3$	1.2440	1.3980	1.5650	1.4060	1.3000	1.4680

3. 城市雾霾污染空间关联网络的小世界特征

小世界（small world）理论和六度分割（six degrees of separation）理论认为，世界上任何人之间最多通过 6 步就可以建立联系（Milgram，1967）。在社会网络分析中，通常采用平均距离来定量揭示网络的小世界特征。根据表 3-3 中五大地区和全部样本城市空气质量指数及 6 种分项污染物空间关联网络平均距离的测度结果，五大地区内部及全部样本城市的空气质量指数及 6 种分项污染物空间关联的平均距离均为 1～2，即使平均距离最大的珠三角地区的 CO，其关联网络的平均距离也只有 1.6790。这一结果表明，不论是五大地区内部还是全部样本城市，空气质量指数及 6 种分项污染物在任意 2 个城市节点之间通过 1～2 个中间城市就完全可以建立联系，城市雾霾污染空间关联网络呈现明显的小世界特征。空间关联网络的小世界特征促进了城市雾霾污染之间的联系和交互影响，因此实施雾霾污染联防联控的必要性更加凸显。

4. 五大地区中心城市与其他城市之间的动态关联

表 3-4 以空气质量指数为例，从地区内部和地区外部 2 个层面列出了五大地区中心城市的雾霾污染与其他城市之间的动态关联。①中心城市与地区内部城市之间的动态关联。根据表 3-4 的测度结果，在地区内部超过 60%的城市对 5 个中心城市的雾霾污染均具有"预测能力"。换言之，五大地区中心城市的雾霾污染均受到来自地区内部超过 60%城市的影响。在 5 个中心城市中，上海的雾霾污染影

响长三角地区 41 个城市中的 18 个城市，比例超过 40%。除上海之外，其他 4 个城市（北京、广州、重庆、武汉）的雾霾污染影响它们所在地区内部超过 60% 的其他城市。以北京为例，在京津冀地区，北京受到天津、石家庄、唐山、邯郸、保定、沧州、衡水、邢台、廊坊 9 个城市的影响，只有秦皇岛、承德、张家口 3 个城市的雾霾污染对北京没有"预测能力"。同时，北京的雾霾污染会影响京津冀地区的天津、石家庄、唐山、秦皇岛、邯郸、保定、承德、沧州、衡水、邢台 10 个城市。在京津冀地区，北京的雾霾污染只对张家口和廊坊 2 个城市不具有"预测能力"。②中心城市与其他地区城市之间的动态关联。根据表 3-4 的测度结果，北京的雾霾污染受到地区外部 83 个城市中的 45 个城市的影响，同时也影响 83 个城市中的 48 个城市，两个比例均超过 50%。武汉的情况与北京一致，不同的是武汉受地区外部其他城市影响和影响其他城市的比例均较高，分别超过 80% 和 75%。此外，上海的雾霾污染受地区外部其他城市的影响超过 80%，同时影响地区外部超过 40% 的城市；广州受地区外部其他城市的影响超过 35%，同时影响地区外部超过 80% 的城市；重庆受地区外部其他城市的影响超过 47%，同时影响地区外部超过 80% 的城市。考虑到上述 5 个中心城市在各地区的功能定位，同时基于它们的雾霾污染与地区内外其他城市之间的动态关联，以上述 5 个城市为中心分别构建五大地区雾霾污染的联防联控机制，在此基础上实施雾霾污染的跨区域联防联控是完全可行的。

表 3-4　五大地区中心城市雾霾污染与其他城市之间的动态关联

中心城市	地区内部					地区外部				
	城市个数/个	受其他城市影响		影响其他城市		城市个数/个	受其他城市影响		影响其他城市	
		个数/个	比例/%	个数/个	比例/%		个数/个	比例/%	个数/个	比例/%
北京	12	9	75.0000	10	83.3333	83	45	54.2169	48	57.8313
上海	41	27	65.8537	18	43.9024	54	44	81.4815	23	42.5926
广州	20	15	75.0000	13	65.0000	75	27	36.0000	61	81.3333
重庆	8	7	87.5000	5	62.5000	87	41	47.1264	70	80.4598
武汉	10	6	60.0000	10	100.0000	85	72	84.7059	64	75.2941

注：地区内部样本城市不包含中心城市自身；地区外部城市等于全部样本城市减去地区内部样本城市

二、雾霾污染的地区间动态交互影响

上面从地区内部和全部样本城市 2 个层面揭示了城市雾霾污染的动态关联及其网络结构，本部分则在向量自回归模型框架下利用广义脉冲响应函数和方差分解技术从地区层面揭示雾霾污染在五大地区之间的动态交互影响，从而为构建雾霾污染的跨区域联防联控体系提供科学依据。表 3-5 和表 3-6 分别列出了广义脉冲响应（1～10 期累计响应）与方差分解（1～10 期方差平均值）结果。

表 3-5　五大地区空气质量指数的广义脉冲响应与方差分解

地区	广义脉冲响应					方差分解/%				
	京津冀地区	长三角地区	珠三角地区	成渝地区	长江中游地区	京津冀地区	长三角地区	珠三角地区	成渝地区	长江中游地区
京津冀地区	107.4358	33.4009	26.9368	50.2702	33.2088	94.7569	2.1319	0.9598	2.0552	0.0962
长三角地区	34.1939	54.5436	29.4296	43.0755	41.5047	10.9486	73.9760	2.1378	9.1218	3.8159
珠三角地区	6.1863	11.8957	46.8402	26.4436	19.3783	0.5676	0.0961	88.3908	8.5923	2.3533
成渝地区	28.6548	28.0131	34.4930	96.6388	46.0123	1.4900	0.8870	2.3798	92.6092	2.6340
长江中游地区	35.1612	36.8778	36.3649	63.5346	76.3099	3.1995	0.5007	3.5126	13.4133	79.3739

注：向量自回归滞后阶数据 HQ 准则选取；表中数据代表行对列的累计响应；方差分解过程中依据变量相关系数由大到小排序；下同

表 3-6　五大地区分项污染物的广义脉冲响应与方差分解

污染物	地区	广义脉冲响应					方差分解/%				
		京津冀地区	长三角地区	珠三角地区	成渝地区	长江中游地区	京津冀地区	长三角地区	珠三角地区	成渝地区	长江中游地区
PM$_{2.5}$	京津冀地区	96.3988	32.6331	22.7162	46.3169	32.7877	94.3338	2.8130	0.9487	1.7885	0.1161
	长三角地区	29.1097	45.8137	25.6704	37.1057	35.5263	12.3703	72.2438	2.0771	8.7623	4.5464
	珠三角地区	5.7614	10.7427	39.4258	21.6006	16.6248	0.6976	0.1627	87.5523	8.5632	3.0243
	成渝地区	24.1578	23.4718	31.0970	79.0892	38.0066	1.5964	0.8066	3.1773	91.9309	2.4889
	长江中游地区	30.1187	31.3843	32.2019	52.8599	64.2660	3.3983	0.6489	3.7989	12.4743	79.6796
PM$_{10}$	京津冀地区	133.2211	46.5048	45.9049	60.3645	40.6390	94.2183	2.0075	1.1533	2.2507	0.3701
	长三角地区	36.1625	62.8415	39.1784	46.0201	50.7421	7.2853	77.3004	3.6090	7.4913	4.3141
	珠三角地区	7.8158	13.4315	54.0280	27.3910	22.6997	0.4726	0.1322	89.6771	3.6840	6.0341
	成渝地区	32.9723	31.5250	40.6778	108.7640	55.4324	1.5993	0.7129	2.2745	92.9071	2.5062
	长江中游地区	30.0604	37.1226	44.3298	66.3253	81.9373	1.3887	0.0970	5.6548	11.9018	80.9577
SO$_2$	京津冀地区	62.2344	25.7305	17.8262	17.2081	31.8361	93.2731	0.7084	1.3396	0.2297	4.4493
	长三角地区	9.8659	15.9303	9.6748	6.5343	13.1293	7.6589	80.7040	4.5345	0.7902	6.3123
	珠三角地区	3.3255	3.6885	8.6882	3.5651	5.7725	2.6083	0.1365	85.0512	0.4396	11.7645
	成渝地区	5.7500	4.5338	5.0166	10.0122	7.1681	3.9815	0.2348	1.1592	89.3944	5.2301

续表

污染物	地区	广义脉冲响应					方差分解/%				
		京津冀地区	长三角地区	珠三角地区	成渝地区	长江中游地区	京津冀地区	长三角地区	珠三角地区	成渝地区	长江中游地区
SO_2	长江中游地区	10.2035	10.5673	10.4771	8.5876	17.5562	6.2713	1.2189	6.3290	1.6605	84.5202
CO	京津冀地区	2.1457	0.5899	0.8965	0.7100	-0.1196	91.9253	1.5879	3.7282	0.5838	2.1748
	长三角地区	0.4422	0.4045	0.3075	0.2431	0.0959	24.1002	68.1488	4.8135	2.7820	0.1555
	珠三角地区	0.2716	0.1126	0.3938	0.1749	0.1189	12.5879	0.8500	83.0267	1.7482	1.7873
	成渝地区	0.3291	0.1480	0.3155	0.5449	0.1648	5.9691	1.7605	4.8232	86.5083	0.9389
	长江中游地区	0.3603	0.2327	0.3686	0.3379	0.4516	8.3173	3.6713	6.8987	8.0412	73.0715
NO_2	京津冀地区	39.1798	21.9029	18.9455	15.1838	25.2286	89.8531	2.4952	1.6065	1.5742	4.4710
	长三角地区	16.6808	24.5821	16.3423	13.0452	22.4310	11.2262	75.6177	2.5485	3.4671	7.1404
	珠三角地区	9.8142	8.6684	20.9647	11.0385	17.8520	6.8317	0.3873	75.3169	2.6802	14.7839
	成渝地区	8.8518	8.0078	10.2086	19.2424	13.1930	4.1078	1.5022	1.5725	85.1505	7.6670
	长江中游地区	12.6883	14.1391	16.6123	15.5532	26.2739	5.1123	2.1794	5.0508	8.2703	79.3871
O_3	京津冀地区	129.3928	42.9157	8.7865	69.3380	26.9031	93.1312	1.0703	0.2342	5.5603	0.0040
	长三角地区	44.2591	73.3046	26.5065	53.8655	56.6205	3.2097	78.4611	1.4544	8.9897	7.8851
	珠三角地区	-1.1252	8.5402	82.4065	13.7754	27.7951	0.2683	0.4554	95.8409	1.4175	2.0178
	成渝地区	51.9243	30.5946	6.0626	89.7610	10.4991	6.2418	3.5824	0.3823	89.5856	0.2079
	长江中游地区	36.4723	35.9762	35.6019	60.7605	72.9106	2.5649	0.5490	4.3171	14.7516	77.8175

1. 五大地区空气质量指数的广义脉冲响应

根据表 3-5 中的广义脉冲响应结果可以发现：①五大地区空气质量指数的累计响应均为正值，表明雾霾污染在五大地区之间均存在正向的交互影响。对于每个地区的空气质量指数来说，受到该地区自身的影响相对于其他地区对该地区的影响都是最大的（即对角线数值均大于所在行的其他数值）。在五大地区中，京津冀地区和成渝地区受自身影响最大，前者对自身冲击的累计响应超过 100，后者对自身冲击的累计响应超过 96，远高于其他地区对它们的影响。而长江中游地区、长三角地区和珠三角地区对自身冲击的累计响应相对较低，但也高于其他地区对它们的影响。②从五大地区空气质量指数的交互影响看，成渝地区对京津冀地区的影响远高于其他 3 个地区，京津冀地区对成渝地区的累计响应超过 50，而对其他 3

个地区的累计响应均在 30 左右。这表明，尽管在地理位置上，京津冀地区与成渝地区之间的距离超过京津冀地区与长三角地区之间的距离，然而从雾霾污染时间序列的"预测能力"视角看，成渝地区却对京津冀地区的影响最大。换言之，雾霾污染的空间交互影响在一定程度上已经超越了"地理距离"，因此在更大空间范围构建雾霾污染的跨区域联防联控机制势在必行。此外，根据表 3-5 的结果，成渝地区和长江中游地区对长三角地区的影响大于京津冀地区和成渝地区对长三角地区的影响，长三角地区对成渝地区和长江中游地区的累计响应均超过 40，对京津冀地区和珠三角地区的累计响应均低于 35。成渝地区和长江中游地区对珠三角地区的影响在 4 个地区中也是最大的，京津冀地区对珠三角地区的影响最小，珠三角地区对京津冀地区的累计响应低于 10。长江中游地区对成渝地区的影响在 4 个地区中最大，成渝地区对长江中游地区的累计响应达 46 以上，而成渝地区对其他 3 个地区的累计响应均保持在 30 左右。成渝地区对长江中游地区的影响最大，长江中游地区对成渝地区的累计响应超过 60，而长江中游地区对其他 3 个地区的累计响应均在 40 以下。上述结论表明，在五大地区中，成渝地区和长江中游地区对其他地区的影响相对较大，而这 2 个地区目前尚未建立雾霾污染联防联控机制，因此从全局角度，应加快建立成渝地区和长江中游地区的区域性雾霾污染联防联控机制，并尽快实现与其他地区的跨区域联防联控。

2. 五大地区空气质量指数的方差分解

根据表 3-5 中的方差分解结果可以发现：①五大地区雾霾污染之间的平均贡献度均为正值，且五大地区对自身的贡献度相对于其他地区对其的贡献度来说都是最大的（即对角线数值均大于所在行的其他数值）。具体来看，京津冀地区、长三角地区、珠三角地区、成渝地区和长江中游地区对自身的贡献度分别为 94.7569%、73.9760%、88.3908%、92.6092%和 79.3739%，与之对应，京津冀地区、长三角地区、珠三角地区、成渝地区和长江中游五大地区的雾霾污染分别有 5.2431%、26.0240%、11.6092%、7.3908%和 20.6261%来自地区以外的贡献。②从分地区情况看，长三角地区、成渝地区对京津冀地区的贡献度在 2%左右，而珠三角地区、长江中游地区对京津冀地区的贡献度均低于 1%。京津冀地区、成渝地区对长三角地区的贡献度在 10%左右，而珠三角地区、长江中游地区对长三角地区的贡献度相对较低，保持在 2%～4%。成渝地区对珠三角地区的贡献度达 8%以上，长江中游地区对珠三角地区的贡献度为 2.3533%，而京津冀地区、长三角地区对珠三角地区的贡献度均低于 1%。珠三角地区、长江中游地区对成渝地区的贡献度在 2%～3%，而京津冀地区对成渝地区的贡献度在 2%以下，长三角地区对长江中游地区的贡献度低于 1%。成渝地区对长江中游地区的贡献度达 13%以上，京津冀地区、珠三角地区对长江中游地区的贡献度保持在 3%～4%。综合上述空气质量指数方差分解的结果，与广义脉冲响应结果基本一致，成渝地区对其他 4 个地区的贡献度相对较高，京津冀地区对长三角地区的贡献度相对较高。上述两方面的结论进一步为构建跨区域的雾霾污染联防联控机制提供了实证依据，同时也深刻表明，区域雾霾污染问题主要来自其地区内部而非地区外部，但反过来，也不能忽视雾霾污染在地区之间的交互影响。例如，对长三角地区和长江中游地区来说，地区外部对其雾霾污染的贡献度均超过 20%。因此，要解决全局性的雾霾污染问题，只有地区内部首先做到"善"其身，在此基础上，才能通过跨区域的联防联控最终实现雾霾污染的协同治理和空气质量的协同改善。

3. 分项污染物地区之间交互影响的广义脉冲响应与方差分解

（1）广义脉冲响应

根据表 3-6 中的广义脉冲响应结果可以发现，除珠三角地区的 O_3 对京津冀地区的累计响应以及京津冀地区的 CO 对长江中游地区的累计响应为负值以外，其他污染物在五大地区之间的累计响应均为正值，说明总体上 6 种分项污染物在五大地区之间存在正向的交互影响。此外，除长三角地区的 CO 受京津冀地区影响大于其自身影响之外，6 种分项污染物与空气质量指数的累计响应结果保持一致，即五大地区的 6 种分项污染物对其自身的影响最大。

（2）方差分解

根据表 3-6 中的方差分解结果可以发现，与空气质量指数相同，6 种分项污染物在五大地区之间的平均贡献度均为正值，且五大地区对自身的贡献度仍然都是最大的。其中，京津冀地区 6 种分项污染物对自身的贡献度保持在 90% 左右，其他地区对其贡献度之和保持在 5%～12%。长三角地区 6 种分项污染物对自身的贡献度保持在 68%～80%，外部地区对其贡献度之和除 SO_2 略低于 20% 以外，外部地区其他污染物对其贡献度之和均保持在 20%～35%。珠三角地区 6 种分项污染物除 O_3 之外对自身的贡献度均在 75%～90%，珠三角地区的 O_3 对其自身的贡献度高达 95% 以上，其他地区对珠三角地区 O_3 的贡献度之和低于 5%，对于其他污染物来说，其他地区对珠三角地区的贡献度之和保持在 10%～25%。成渝地区 6 种分项污染物对自身的贡献度均保持在 85% 以上，外部地区对其贡献度之和保持在 7%～15%。长江中游地区 6 种分项污染物对自身的贡献度保持在 73%～85%，外部地区对其贡献度之和保持在 15%～27%。这一结论说明，在五大地区中，京津冀地区的 6 种分项污染物受自身影响最大，外部地区对其影响相对较小。对其他 4 个地区来说，外部地区对它们的影响较大。考虑到 6 种分项污染物在五大地区之间存在不同程度的交互影响，对于长三角、珠三角、成渝和长江中游 4 个地区来说，在雾霾污染的防控上尤其需要加强与其他地区之间的协同，以有效应对雾霾污染在地区之间的交互影响。

第四节　城市雾霾污染空间关联的成因分析

一、雾霾污染空间关联的成因：基于分项污染物视角

为了从分项污染物角度揭示城市雾霾污染空间关联的成因以掌握雾霾污染联防联控的重点，本章针对五大地区及全部样本城市，将空气质量指数的空间关联网络（矩阵形式）作为被解释变量，将 6 种分项污染物的空间关联网络作为解释变量，通过构建计量模型定量考察城市雾霾污染空间关联的成因。考虑到计量模型中的被解释变量和解释变量都是矩阵形式的“关系数据”，传统的统计分析和回归估计方法对关系数据的回归分析和统计检验失效（Scott，2013），因此本部分转向社会网络分析中的二次指派程序方法。二次指派程序方法是社会网络分析中研究关系数据之间关系的特定方法，它以重复抽样和对矩阵数据的置换（permutation）为基础，通过对矩阵中各个元素进行比较，给出矩阵之间的相关系数，并利用非参数方法对系数进行统计检验。下面从分项污染物的角度，采用二次指派程序方法对五大地区及全部样本城市雾霾污染空间关联的成因进行相关分析和回归分析。

1. 二次指派程序相关分析

表 3-7 给出了 5000 次置换下雾霾污染空间关联的二次指派程序相关分析结果。可以发现，在五大地区内部及全部样本城市中，所有相关系数均为正值，除少数变量之外，其他变量的相关系数均通过了显著性检验，这表明不论是五大地区内部还是全部样本城市，雾霾污染的空间关联与 6 种分项污染物之间的空间关联均存在显著的正向相关关系。从分项污染物角度，通过对比可以发现，不论是五大地区内部还是全部样本城市，$PM_{2.5}$ 空间关联与空气质量指数空间关联的相关系数均通过了 1%的显著性检验，且其数值在 6 种分项污染物中都是最高的，基本保持在 0.80 左右；PM_{10} 空间关联与空气质量指数空间关联的相关系数略低于 $PM_{2.5}$，保持在 0.58～0.73；其他 4 种分项污染物的空间关联与空气质量指数空间关联的相关系数远低于 $PM_{2.5}$ 和 PM_{10}。这一结果表明，从分项污染物角度，细微颗粒物尤其是

PM$_{2.5}$的空间关联是导致城市雾霾污染空间关联最为关键的成因。

表 3-7　城市雾霾污染空间关联的二次指派程序相关分析结果

变量矩阵	京津冀地区	长三角地区	珠三角地区	成渝地区	长江中游地区	全部样本城市
PM$_{2.5}$	0.8480***	0.7910***	0.7780***	0.8010***	0.8090***	0.8180***
PM$_{10}$	0.6640***	0.5820***	0.7280***	0.6180***	0.5820***	0.6990***
SO$_2$	0.1910**	0.2910***	0.2700***	0.1810	0.3740***	0.2030***
CO	0.5360***	0.3310***	0.1480**	0.4790***	0.1770	0.2410***
NO$_2$	0.4310***	0.2850***	0.3360***	0.2760**	0.3200**	0.2320***
O$_3$	0.2590**	0.1260**	0.3030***	0.2960*	0.2470**	0.1490***

*、**、***分别表示 10%、5%、1%的显著性水平

2. 二次指派程序回归分析

仍然选择 5000 次随机置换，将空气质量指数的空间关联矩阵作为被解释变量，将 6 种分项污染物的空间关联矩阵作为解释变量，对五大地区及全部样本城市的空间关联进行二次指派程序回归分析，如表 3-8 所示。观察表 3-8 可以发现：①模型总体上的解释能力。在五大地区及全部样本城市的 6 个回归结果中，调整后的 R^2 均通过了 1%的显著性检验。从调整后的 R^2 看，京津冀地区的 R^2 最高，达到 0.7640，表明 6 种分项污染物的空间关联对京津冀地区城市雾霾污染空间关联网络的解释能力高达 76.40%。对于长三角、珠三角、成渝和长江中游 4 个地区，6 种分项污染物的空间关联对各自雾霾污染空间关联网络的解释能力分别达到 66.90%、67.60%、64.50%和 70.30%。对全部样本城市来说，解释能力为 72.10%。这一结果表明，不论是五大地区还是全部样本城市，6 种分项污染物的空间关联对城市雾霾污染空间关联在总体上具有良好的解释能力。②回归系数与城市雾霾污染空间关联的成因分析。PM$_{2.5}$空间关联矩阵的回归系数在全部回归结果中都通过了 1%的显著性检验，且其数值均远高于所在列的其他变量的回归系数，这表明 PM$_{2.5}$的空间关联是导致雾霾污染空间关联的主要成因。与 PM$_{2.5}$空间关联矩阵的回归系数相比，PM$_{10}$空间关联矩阵的回归系数在京津冀、长三角、珠三角、长江中游 4 个地区及全部样本城市中的回归系数也通过了 1%的显著性检验，但其数值远低于 PM$_{2.5}$空间关联矩阵的回归系数，保持在 0.20～0.33；而在成渝地区，PM$_{10}$空间关联矩阵的回归系数仅为 0.1035，在统计上并不显著。对于其他 4 种分项污染物，其回归系数不仅数值非常小，而且在多数回归中没有通过显著性检验。例如，京津冀地区和长三角地区的 SO$_2$、NO$_2$ 和 O$_3$，珠三角地区的 CO 和 NO$_2$，长江中游地区的 CO、NO$_2$ 和 O$_3$，全部样本城市中的 SO$_2$ 和 NO$_2$，其空间关联矩阵的回归系数均没有通过显著性检验。在成渝地区，只有 PM$_{2.5}$空间关联矩阵的回归系数通过了 1%的显著性检验，其他 5 种污染物空间关联矩阵的回归系数在统计上

均不显著。上述回归结果表明，尽管城市雾霾污染空间关联在不同地区受到不同污染物空间关联的影响存在一定差异，但却存在一个共同特征，即 $PM_{2.5}$ 的空间关联是导致雾霾污染空间关联的主要成因。因此，$PM_{2.5}$ 的跨城市、跨区域协同防控是雾霾污染联防联控的重中之重。

表 3-8　城市雾霾污染空间关联的二次指派程序回归结果

项目	京津冀地区	长三角地区	珠三角地区	成渝地区	长江中游地区	全部样本城市
Intercept	−0.0373	0.0205	−0.0196	−0.0258	−0.0391	−0.0133
$PM_{2.5}$	0.6513***	0.6650***	0.5420***	0.7012***	0.6708***	0.6477***
PM_{10}	0.2115***	0.2158***	0.3203***	0.1035	0.2048***	0.2862***
SO_2	0.0304	0.0120	0.0449*	0.0302	0.0853**	0.0081
CO	0.1490***	0.0697***	0.0162	0.0631	−0.0140	0.0186***
NO_2	−0.0487	0.0181	0.0117	0.0426	0.0517	0.0074
O_3	0.0444	−0.0252	0.0933***	0.0826	0.0564	0.0144**
调整后的 R^2	0.7640***	0.6690***	0.6760***	0.6450***	0.7030***	0.7210***
Obs.	156	1722	420	72	110	9120

*、**、***分别表示 10%、5%、1%的显著性水平

二、城市雾霾污染的影响因素及其空间关联

为了探寻雾霾污染的跨区域协同治理途径，本部分在实证考察雾霾污染（空气质量指数及 6 种分项污染物）影响因素的基础上，采用空间统计中的双变量 Moran's I（Cressie，2015）来刻画雾霾污染与其影响因素之间的空间相关性，揭示一个地区的雾霾污染与其他地区影响因素之间的空间关联程度。考虑到数据的可得性以及影响因素对雾霾污染的影响在时间上的累积性，本章分别考察经济规模（以城市 GDP 表示）、人口规模（以城市年平均人口数表示）、人口密度（以单位面积的人口数量表示）、工业规模（以城市工业总产值表示）、建设用地规模（以城市建设用地面积表示）、投资规模（以城市固定资产投资表示）、投资密度（以固定资产投资总额与城市行政面积之比表示）、工业排放规模（以城市工业 SO_2 排放量表示）8 个因素与雾霾污染之间的关系。影响因素数据全部来自《中国城市统计年鉴》；城市空气质量指数及 6 种分项污染物数据按年度均值处理。表 3-9 列出了雾霾污染与其影响因素之间相关系数测度结果，表 3-10 列出了雾霾污染与其影响因素之间双变量 Moran's I 测度结果。

表 3-9　雾霾污染与其影响因素之间相关系数测度结果

变量	空气质量指数	$PM_{2.5}$	PM_{10}	SO_2	CO	NO_2	O_3
经济规模	0.1502	0.1617	0.0843	−0.0785	−0.0057	0.5031***	0.1609
人口规模	0.3304***	0.3427***	0.3177***	0.1696	0.1736	0.3681***	−0.0386
人口密度	0.3977***	0.3909***	0.4208***	0.4298***	0.2346**	0.3263***	0.0381
工业规模	0.1362	0.1434	0.0812	−0.0078	−0.0443	0.5014***	0.2127*
建设用地规模	0.1525	0.1600	0.1024	−0.1318	0.0286	0.4031***	0.0440
投资规模	0.3303***	0.3337***	0.2797**	0.0922	0.1095	0.5653***	0.0498
投资密度	0.4138***	0.3927***	0.4198***	0.4265***	0.1537	0.1877*	0.1856*
工业排放规模	0.2571***	0.2637***	0.2796**	0.3143***	0.3715***	0.3855***	−0.1832

*、**、***分别表示 10%、5%、1%的显著性水平

表 3-10　雾霾污染与其影响因素之间双变量 Moran's I 测度结果

变量	空气质量指数	$PM_{2.5}$	PM_{10}	SO_2	CO	NO_2	O_3
经济规模	0.0786**	0.0651**	0.0806**	0.0817***	0.0102	0.0500*	0.0572*
人口规模	0.2698***	0.2580***	0.2737***	0.1786***	0.1261**	0.1628***	−0.0577**
人口密度	0.3404***	0.3156***	0.3594***	0.3244***	0.2899***	0.2288***	0.0309
工业规模	0.0502*	0.0350	0.0452*	0.0491*	−0.0438*	0.0427*	0.1216***
建设用地规模	0.1218***	0.1098***	0.1293***	0.1268***	0.0689**	0.0606*	−0.0105
投资规模	0.2731***	0.2532***	0.2678***	0.2128***	0.0963**	0.1665***	0.0366
投资密度	0.3983***	0.3671***	0.3951***	0.3828***	0.2575***	0.2849***	0.0982***
工业排放规模	0.2439***	0.2293***	0.2600***	0.2060***	0.2126***	0.1481***	−0.0855***

*、**、***分别表示 10%、5%、1%的显著性水平

　　根据表 3-9 的测度结果，在不考虑空间关联的情形下，空气质量指数、$PM_{2.5}$、PM_{10} 的影响因素及其效应基本一致，三者与人口规模、人口密度、投资规模、投资密度及工业排放规模之间均存在显著的正向相关关系，而与经济规模、工业规模和建设用地规模之间尽管存在正向相关关系，但统计上并不显著。而在其他分项污染物中，O_3 仅与工业规模和投资密度之间在 10%的显著性水平下存在正向相关关系，人口密度、工业排放规模与 SO_2、CO、NO_2 之间均存在显著的正向相关关系，且 NO_2 与所有影响因素之间均存在显著的正向相关关系。这一结果表明，经济规模并非城市雾霾污染的主要诱因，因为在城市经济不断增长的过程中，往往伴随着经济结构的调整优化。因此，经济规模不断扩张以及经济结构不断优化在一定程度上不仅不会加重雾霾污染，反而有助于改善雾霾污染状况。城市人口因素尤其是人口密度、投资规模、投资密度、工业排放规模则成为影响城市雾霾污染的关键因素。在快速城市化进程中，大量外来人口涌入城市尤其是大城市，给城市雾霾污染带来了巨大压力，这与当前中国雾霾污染的空间分布格局相吻合，即在其他条件不

变的情况下，人口密度越大的地区雾霾污染就越严重。同时，传统的以"高投入、高消耗、高排放"为特征的粗放型城市发展模式，在推动城市经济高速发展的同时，也付出了巨大的资源环境代价。在城市建设中，城市开发强度不断增强、投资规模快速扩张，但缺少科学的空间结构规划和合理的内部空间布局，大量的人口涌入和工业排放又难以在短时间内彻底扭转，导致城市规模与资源环境承载能力之间的矛盾日益尖锐，雾霾污染尤其是雾霾天气的频繁出现就是这一矛盾得不到有效解决的主要表现之一。

在考虑空间关联的情形下，雾霾污染与其影响因素的双变量 Moran's I 测度结果显示，几乎所有影响因素与空气质量指数及 6 种分项污染物之间都存在显著的空间相关性，表明某个地区的雾霾污染受到其他地区影响因素的制约。对比不同影响因素 Moran's I 的测度结果可以发现，在 8 个影响因素中，投资密度、人口密度与雾霾污染之间的空间相关性较强，这意味着某个地区的城市投资密度和人口密度越大，其邻近地区的雾霾污染就越严重。此外，投资规模、工业排放规模和人口规模与雾霾污染之间的空间相关性次之，而经济规模、工业规模和建设用地规模尽管在多数情况下显著为正，但其数值相对较低，与雾霾污染的空间相关性相对较弱。结合表 3-9 的结果，在城市建设过程中，为了有效应对雾霾污染的空间关联，区域之间要在合理控制城市人口规模、投资密度、工业排放规模等方面加强协同。更进一步地，在加快构建并不断完善雾霾污染跨区域联防联控机制的同时，将雾霾污染的联防联控融入区域协同发展战略中，促进区域人口、经济和社会的协同发展与雾霾污染联防联控实现良性互动，最大限度地提升协同治污效果。

第五节　本章小结

一、主要结论

城市雾霾污染在地区内部和地区之间均存在普遍的动态关联关系，且这种关联关系已经超越地理距离的限制并交织在一起，呈现出联系紧密的多线程复杂网络分布态势。相对于全部样本城市，雾霾污染在五大地区内部的关联网络具有更强的稳定性，而在分项污染物中，$PM_{2.5}$ 和 PM_{10} 的空间关联网络的稳定性明显强于其他 4 种分项污染物。雾霾污染的空间关联网络不仅联系紧密，而且具有明显的小世界特征，空气质量指数及 6 种分项污染物在任意两个城市节点之间通过 1～2

个中间城市就可以建立联系，进一步促进了城市雾霾污染之间的联系。此外，五大地区中心城市的雾霾污染均受到来自地区内部 60%以上城市和地区外部 40%以上城市的影响。

雾霾污染在五大地区之间均存在正向的交互影响，每个地区雾霾污染受到该地区自身的影响相对于其他地区对该地区的影响都是最大的。同时，五大地区雾霾污染之间的平均贡献度均为正值，且五大地区对自身的贡献度相对于其他地区对其的贡献度也都是最大的。以空气质量指数为例，京津冀、长三角、珠三角、成渝和长江中游五大地区对自身的贡献度分别达到 94.7569%、73.9760%、88.3908%、92.6092%和 79.3739%，与之对应，京津冀、长三角、珠三角、成渝和长江中游五大地区的雾霾污染分别有 5.2431%、26.0240%、11.6092%、7.3908%和 20.6261%是来自该地区以外的贡献。

二次指派程序相关分析表明，空气质量指数的空间关联与 6 种分项污染物之间的空间关联均存在显著的正向相关关系。在 6 种分项污染物中，$PM_{2.5}$ 空间关联与空气质量指数空间关联的相关性最强，基本保持在 0.80 左右；PM_{10} 空间关联与空气质量指数空间关联的相关系数略低于 $PM_{2.5}$，保持在 0.58～0.73；其他 4 种分项污染物的空间关联与空气质量指数空间关联的相关系数远低于 $PM_{2.5}$ 和 PM_{10}。二次指派程序回归分析进一步表明，尽管城市雾霾污染空间关联在不同地区受到不同污染物空间关联的影响存在一定差异，但细微颗粒物尤其是 $PM_{2.5}$ 的空间关联是导致城市雾霾污染空间关联的关键成因。因此，$PM_{2.5}$ 的跨城市、跨区域协同防控是雾霾污染联防联控的重中之重。

经济规模并非城市雾霾污染的主要诱因，因为在城市经济不断增长的过程中，往往伴随着经济结构的调整优化。因此，经济规模不断扩张和经济结构不断优化在一定程度上不仅不会加重雾霾污染，反而有助于改善雾霾污染状况。在雾霾污染诸多因素中，人口密度、投资规模、投资密度、工业排放规模是影响城市雾霾污染的关键因素。在空间关联上，雾霾污染与其影响因素的双变量 Moran's I 测度结果显示，几乎所有影响因素与空气质量指数及 6 种分项污染物之间都存在显著的空间相关性，这意味着某个地区的雾霾污染将受到其他地区影响因素的制约。其中，在诸多影响因素中，投资密度、人口密度、投资规模、工业排放规模和人口规模五个影响因素与雾霾污染之间存在较强的空间相关性。经济规模、工业规模和建用地规模在多数情况下与雾霾污染之间的空间相关性相对较弱。

二、政策启示

面对城市雾霾污染的空间关联网络和动态交互影响，创新雾霾污染联防联控体系形成跨区域治污合力势在必行。目前，京津冀、长三角、珠三角等地区已初步构建起雾霾污染联防联控机制，且上海、天津、安徽、江苏等地也陆续制定实施了省级层面的雾霾污染防治条例。面对城市雾霾污染的空间关联及其网络结构，在一个地区内部，没有哪个城市的空气质量能够"独善其身"，即使某个城市做出了治理雾霾污染的努力，在短期内可能会使当地的空气质量略有好转，然而雾霾污染空间关联网络将很快抵消它所做出的努力。因此，在地区内部建立雾霾污染的联防联控机制是各地区解决当前雾霾污染问题的必然选择。

由于雾霾污染问题已成为所有城市共同面对的困境，同时考虑到雾霾污染在地区之间的动态交互影响，局部的雾霾污染治理并不能从根本上解决全国雾霾污染问题，建立跨区域的雾霾污染联防联控机制尤显紧迫。"不谋全局者，不足谋一域"。面对雾霾污染的空间关联网络和动态交互影响，要树立全局意识，从更大格局重新审视区域雾霾污染问题，根据本章的研究结论，雾霾污染跨区域联防联控的一个可行思路是，以五大地区中心城市为中心，在各地区内部建立雾霾污染联防联控机制的基础上，不断拓展雾霾污染联防联控的区域边界，并逐步将多个地区雾霾污染联防联控体系有效地连接在一起，最终构建一个以地区中心城市为中心的、以 $PM_{2.5}$ 为协同防控重点的、跨区域雾霾污染联防联控体系，在雾霾污染联防联控基本实现区域全覆盖的基础上，形成强有力的治污合力，加快实现雾霾污染的协同治理。

第四章 中国大范围雾霾污染的
空间来源解析 ①

　　雾霾污染的空间来源解析可以为联防联控范围的设定提供科学依据。中国雾霾污染范围不断扩大已对区域联防联控提出了严峻挑战,亟须通过扩大及重构重点区域联防联控范围以有效应对重污染天气。基于数值模拟技术的空气质量模型尽管可以解析雾霾污染的区域传输贡献,但受其模型参数复杂性与采样成本的约束,向更大空间范围推广的难度较大;基于时间序列分析技术的研究局限于识别雾霾污染空间交互影响的存在性,尚未进一步解析大范围雾霾污染的空间来源。中国 $PM_{2.5}$ 监测数据的发布为开展大范围雾霾污染空间来源解析创造了条件,本章借助时间序列计量分析框架,提出一种新的基于大数据的雾霾污染空间来源解析技术,并运用该技术,基于中国 2014～2016 年 161 个城市 $PM_{2.5}$ 监测数据,对中国雾霾污染的空间来源贡献度进行解析。研究发现:①全部样本城市雾霾污染水平的变动均受到一定程度的外部空间来源影响,平均而言,外部空间来源的贡献度约 36.96%。②在外部空间来源中,约 50% 来自 700 千米范围内的城市,70% 来自 1000 千米范围内的城市。③城市雾霾污染的空间交互影响存在动态结构性变化,从总体趋势看,样本考察期内外部空间来源的贡献在逐渐增加。针对大范围爆发的雾霾污染,本章拓展了时间序列分析技术在雾霾领域中的应用,提供了一种能够以较低成本解析大范围雾霾污染的空间来源贡献度解析技术,有效避免了数值模拟技术随样本空间范围扩大而模型复杂度过度增加的缺陷。中国扩大及重构雾霾污染联防联控区域范围应充分考虑雾霾污染的空间来源贡献,按照"地理距离关系-行政隶属关系-空间来源贡献"三位一体的准则进行。

---

① 本章是在刘华军、杜广杰、刘延莉发表于 *Chinese Journal of Population Resources and Environment* 2018 年第 2 期上的 A new approach to spatial source apportionment of haze pollution in large scale and its application in China 基础上修改完成的。

第一节 引 言

伴随中国工业化与城镇化的加速推进，以 $PM_{2.5}$ 为主要污染物的雾霾污染问题日趋严重，极端雾霾天气的覆盖范围不断扩大。以中国 2016 年 12 月爆发的雾霾天气为例，雾霾污染覆盖范围为 17 个省份，影响面积达 188 万平方千米[①]。根据世界卫生组织 2016 年公布的全球空气污染数据库[②]，全球空气污染最为严重的 100 个城市中有 76 个在中国，其中邢台、保定 $PM_{2.5}$ 的年均浓度分别达到 128 微克/米[3]和 126 微克/米[3]。该数据库中虽有 162 个中国城市 $PM_{2.5}$ 年均浓度高于国家二级空气质量标准（年均浓度限值 35 微克/米[3]），但仅有 14 个中国城市达到《世界卫生组织空气质量准则》IT-2 目标值（年均浓度限值 25 微克/米[3]）。面对严峻的大范围雾霾污染，中国各级政府积极推进区域联防联控。尽管各项区域联防联控措施取得了一定效果，但总体来看效果并不明显（杨骞等，2016；石庆玲等，2016）。2017 年 3 月李克强总理在政府工作报告中强调指出，应"加强对大气污染的源解析和雾霾形成机理研究，提高应对的科学性和精准性。扩大重点区域联防联控范围，强化预警和应急措施"[③]。2017 年 3 月，环境保护部、国家发展和改革委员会连同北京、天津、山东等六地公布《京津冀及周边地区 2017 年大气污染防治工作方案》，明确部署了以北京、天津为中心的"2+26"城市雾霾污染协同治理工作方案。扩大乃至重构联防联控机制覆盖范围，探索跨地区环境保护监管机构建设，已然成为现阶段中国各级政府机构的共识。但受限于沟通成本与协调成本，联防联控覆盖范围不能一味盲目扩大，只有对不同地区间雾霾污染的交互影响进行充分考察，精确解析区域雾霾污染的空间来源，才能为重构联防联控区域范围提供科学依据。

雾霾污染空间来源解析及相关密切研究已成为开展雾霾污染联防联控工作的重要基础之一（Vallero，2014）。从研究方法看，部分学者利用数值模拟技术模拟污染物在大气中的扩散、沉降等过程，借此识别雾霾污染区域传输规律并揭示空间来源贡献度，此类研究以各类空气质量模型为代表（Streets et al.，2007；Liu et al.，2010；Hu et al.，2016）。部分学者利用时间序列分析技术探索不同地区间雾霾污染

---

① 全国灰霾面积达 188 万平方公里 环保部辟谣七大误读 [EB/OL].https://www.guancha.cn/society/2016_12_21_385451.shtml[2020-05-20].

② www.who.int/phe/health_topics/outdoorair/databases/cities/en/[2020-05-20].

③ 2017 年政府工作报告（全文）[EB/OL]. http://www.china.com.cn/lianghui/news/2019-02/28/content.74505911.shtml[2020-05-20].

的空间交互影响（潘慧峰等，2015a；刘华军和刘传明，2016；刘华军等，2017）。数值模拟技术能够证明雾霾污染物在一定气象条件下存在长距离区域传输现象[①]，但受限于模型参数的复杂性以及较高的采样成本，此类研究向更大空间范围推广的难度相对较大。时间序列分析能够从信息流视角考察不同地区间的雾霾污染交互影响，避免了雾霾传输过程的仿真建模，同时可以利用更大时空范围内的样本。但现有研究大多仅停留在检验雾霾污染空间交互影响的存在性，未能提供雾霾污染不同空间来源贡献度的解析结果。由此可见，当前研究无论是基于数值模拟技术还是利用时间序列分析技术，对于大范围雾霾污染的空间来源解析工作仍相对滞后，然而现阶段中国区域性雾霾污染不断蔓延的现状必然要求重构联防联控区域范围，因此现有研究尚难以为中国扩大及重构联防联控区域范围提供有效技术支撑。

与已有研究相比，本章的边际学术贡献在于提供了一种简易、高效的雾霾污染空间来源解析技术，该技术不仅能够成功解析出雾霾污染空间来源的贡献度，而且能够有效避免数值模拟技术随样本空间范围扩大而模型复杂度过度增加的缺陷。具体来讲，本章利用时间序列计量分析方法推导得到雾霾污染空间来源贡献度解析公式，并借助 R 语言分析平台提出适用于大范围样本的雾霾污染空间来源解析技术。此外，本章还引入子样本滚动窗口技术，为雾霾污染空间来源贡献度的计算提供动态解析结果，由此为区域联防联控范围在不同时间节点的动态调整提供科学依据。

第二节　文献回顾

雾霾污染的源解析能够阐明大气颗粒物（如 $PM_{2.5}$、PM_{10}）的主要污染来源，是制定科学合理的雾霾污染防控政策的基础条件。从研究目的看，源解析研究分为排放源解析与空间来源解析。前者探究大气颗粒物形成的物理化学过程，以化学质量平衡法（chemical mass balance，CMB）、正定因子分解法（positive matrix factorization，PMF）等化学统计模型（Cheng et al.，2013a；Wang et al.，2016；Villalobos et al.，2017）与空气质量模型为代表；后者则针对雾霾污染区域传输特征进行研究。对于雾霾空间来源解析及其密切相关的研究主要有以下两类。

---

① Zhang 等（2010）的研究表明亚洲排放的尘埃可以在 2～3 周越过太平洋落在美国土地上。Ngo 等（2018a）则认为在雾霾污染的长距离传输作用下，中国 PM_{10} 浓度的变化与美国 PM_{10} 浓度是相关联的。

一、基于数值模拟的雾霾污染空间来源解析研究

这类研究以多样化的空气质量模型为代表，如公共多尺度空气质量模型（CMAQ）、扩展的综合空气质量模型（CAMx）、气象模式-化学模式（WRF-CHEM）等（Wang et al.，2013，2015；Cui et al.，2015；Li et al.，2016）。空气质量模型基于对污染物散布规律的大气动力学认识，通过数值模拟的方式模拟污染物在大气中的传输、扩散、沉降等过程，并利用敏感性分析、示踪技术等方法估算不同污染源对特定地区污染物浓度的贡献情况。由于空气质量模型能够为开展雾霾污染防治工作提供多层次的源解析信息，被广泛应用于环境影响评价、环境管理与决策等领域（Chemel et al.，2014；Long et al.，2016）。依据国内外学者对空气质量模型的论述（Streets et al.，2007；Foley et al.，2015），可以发现基于数值模拟技术的空间来源解析研究具有以下特点：模型复杂度高、基础输入数据要求严格。由于大气中的化学反应相互间存在极为复杂的关联关系，大气环境中某些物质生产和消亡的化学动力学过程通常需要用数十甚至数百个以上的反应来描述。此外，对于真实大气环境的模拟，还需要将物理过程与化学过程结合在一起（Seinfeld and Pandis，2016）。因此，空气质量数值模拟研究不仅需要特定地区内的气象变化资料，还需要编制区域污染源排放清单。由于环境保护部门掌握的污染源普查、环境统计等信息并未完全面向社会公开，空气质量模拟技术所需要的基础数据，往往来自国内外科研院所自行开展的估算与研究工作。不同研究单位建立排放清单的方法各不相同，相互之间无法对比。针对同一研究区域采用不同的排放清单数据，空气质量模拟结果的差异可能非常大 [①]，这使得不同研究者的成果难以相互对照，从而降低了此类文献的决策参考价值。此外，研究样本向更大空间范围扩展的难度较大。受限于模型复杂度与基础输入数据收集难度，空气质量模拟工作的开展往往需要环境、气象、物理、计算机等多学科专业研究人员协同完成，且需耗费大量的人力、物力对基础输入数据进行收集、管理、维护，极大地限制了空气质量模型的可用性。因此，现有空气质量模拟研究多局限于某一时期内部分城市或地区间雾霾污染区域传输规律的识别（Zheng et al.，2015；Wang et al.，2015；Huang et al.，2016）。仅有部分文献尝试将空气质量模拟推广至更大范围，如薛文博等（2014）从区域、省、城市等层次出发考察了中国 $PM_{2.5}$ 及其化学组分的跨区域输送规律，研究发现京津冀、长三角地区 $PM_{2.5}$ 年均浓度受区域外的影响分别达到 22%、37%。空气质量模型既需要对污染源排放清单进行高精度（月、日、时）时间分配，又必须提供高分辨率的气象场模拟资料，因而难以拓展空间范围。现阶段，中国极端雾霾天气

---

① 如王晓琦等（2016）认为京津冀地区 $PM_{2.5}$ 污染外部空间来源年均贡献度为 23.4%，Lang（2013）的研究结果表明这一贡献度为 42.2%。

的覆盖范围不断扩大，必然要求研究者从更大空间范围识别雾霾污染的空间来源，而空气质量模拟技术受限于参数设定的复杂度与数据分辨率要求，因此向更大空间范围推广的难度相对较大。

二、基于时间序列分析的雾霾污染空间交互影响识别

数值模拟技术试图通过对雾霾区域传输过程进行仿真建模，以此达到再现污染形成过程并计算雾霾空间贡献度的目的，因此模型存在复杂度随研究样本空间范围扩大而过度增加的缺陷。针对数值模拟技术难以向更大空间范围推广的缺陷，部分研究者尝试利用时间序列分析技术，基于溯因推理的思路探索不同地区间雾霾污染的概率依赖关系，以此进一步识别雾霾污染的空间交互影响（Wang et al.，2014b；Li et al.，2016；Wu et al.，2016）。梳理现有文献，此类研究大致呈现出如下特征：①输入参数较少，向更大空间范围推广的能力较强。时间序列分析技术下的雾霾污染空间交互影响研究不再对雾霾污染物的迁移过程进行建模，而是从这一形成过程的最终结果出发，基于雾霾污染监测数据考察某一地区污染水平的变动对区域雾霾污染的影响。与数值模拟技术试图对污染物的区域传输规律进行仿真建模相比，时间序列分析技术大大降低了对基础输入信息的要求，大多仅需要$PM_{2.5}$、PM_{10}等污染物的监测数据，并不需要各排放源的污染物排放数据以及气象场模拟资料（Zhu et al.，2015；Zheng et al.，2015，2013）。时间序列分析技术的引入使得研究者避免了模型复杂度过度增加的缺陷，能够从更大空间范围审视雾霾污染的空间交互影响。②应用多样化的分析方法但缺乏对雾霾污染空间来源贡献度的考察。时间序列分析技术的引入使得研究者可以利用多种方法，从多种视角对雾霾污染空间交互影响与空间关联特征进行考察。例如，刘华军等（2017）、刘华军和刘传明（2016）分别利用线性与非线性格兰杰因果检验方法对雾霾污染的空间交互影响进行识别；Zhu 等（2018）则结合模式识别技术与贝叶斯结构学习方法构建高斯贝叶斯网络（Gaussian Bayesian network，GBN），识别区域间雾霾污染相互影响的时空因果路径。多样化的时间序列分析技术为后续研究者考察雾霾污染的空间关联拓展了思路，并且能够有效克服模型复杂度随样本空间范围扩大而过度增加的缺陷，因此时间序列分析技术能够充分利用更大空间范围的样本数据，避免了数值模拟技术难以向更大空间范围推广的缺陷。但现有文献多停留在雾霾污染空间关联效应存在与否的检验，未能提供区域雾霾污染空间来源贡献度的解析结果。

梳理现有研究可以发现，当前关于雾霾空间来源解析及其密切相关的研究尚未充分识别大范围雾霾污染的空间来源。空气质量数值模拟研究尽管可以解析不

同空间来源对区域性雾霾污染的贡献度,但受限于模型设定的复杂度,向更大空间范围推广的难度较大。相较于数值模拟技术,数值分析技术向更大范围推广的能力较强,能够有效克服模型复杂度随样本空间范围扩大而过度增加的缺陷,但现有文献尚未将时间序列分析技术拓展应用于雾霾污染空间来源贡献度解析研究中。因此,本章提出一种新的基于时间序列分析框架的大范围雾霾污染空间来源解析技术,能够以简易、高效的方式解析大范围雾霾污染空间来源贡献度,不仅避免了数值模拟技术随样本空间范围扩大而模型复杂度过度增加的缺陷,而且具有良好的向更大空间范围推广的特性,可用于大范围雾霾污染空间来源贡献度的解析。

第三节　大范围雾霾污染空间来源解析的新技术

鉴于已有基于数值模拟的雾霾污染空间来源解析技术向更大范围推广的难度较大,本章拓展了时间序列分析技术在雾霾研究领域中的应用,借助时间序列计量分析框架,构建了一种新的基于大数据的雾霾污染空间来源解析技术。这一技术深化了时间序列分析技术在雾霾污染空间来源解析领域的识别能力,且具备向更大空间范围推广的良好特性。

一、基本假设

本章提出的空间来源解析技术建立在一定的假设之上,借鉴了 CMB、PMF 等化学统计方法。本章构建的空间来源解析技术建立在如下三个假设之上。

假设 1:每一地区的雾霾污染水平不仅受自身污染源的影响,还受地区外部污染源的影响。该假设表明,雾霾污染的空间交互影响在雾霾污染形成过程中发挥了重要作用,换言之,某一地区的雾霾污染是在本地污染源与外部污染源共同作用下形成的(贺克斌,2011;Wu et al.,2013),由此为时间序列分析技术的引入提供了可能。需要注意的是,假设 1 并未对雾霾污染的传输过程施加任何约束,而仅指明了雾霾污染空间交互影响的存在性。基于假设 1,某一地区的雾霾污染水平是本地污染源与外部污染源共同作用的结果,雾霾污染监测数据已经包含来自不同空间来源的信息。因此,可以利用雾霾污染监测数据揭示出不同地区间雾霾污染的空间交互影响,以此进一步解析各空间来源的贡献度。

假设 2：雾霾污染物化学组成相对稳定，不同污染源排放的颗粒物之间没有发生化学反应。相比于假设 1，假设 2 对于不同地区雾霾污染的空间交互影响施加了更强的约束，事实上这也是统计学方法应用于雾霾领域时的常见假设之一。例如，运用 CMB、PMF 等技术进行雾霾污染空间来源解析时，必然假定来自不同污染源颗粒物的化学成分稳定（Cohen et al.，2014；Brown et al.，2015；Rutter et al.，2015；Villalobos et al.，2017），由此这些技术才能进一步解析出不同污染空间来源的贡献。在假设 2 得到满足的条件下，来自不同空间来源的影响相互间存在可加性，即本地雾霾污染物浓度是不同空间来源贡献的加权组合。由此可以进一步推断，每一空间来源（本地或外部）对本地雾霾污染的贡献受两方面因素的影响，其一是该空间来源雾霾污染物的浓度，其二是这一空间来源与本地雾霾污染空间交互影响的强弱程度。

假设 3：雾霾污染空间交互影响强度与各地区雾霾污染水平成正比，且呈距离衰减态势。假设 3 对不同地区间雾霾污染交互影响强度的变化规律做出了说明。一方面，$PM_{2.5}$ 等雾霾主要污染物具有远距离传输特性且能够在大气中停留几天到几周（Yang et al.，2015b），因此某一地区雾霾污染的恶化会加剧周边甚至更远地区的雾霾污染水平，且这种远距离雾霾交互影响会随着污染源排放量的增加而增大。另一方面，尽管大气具有流动特性，但某一地区排放的污染物并不会立刻在全球均匀混合，距离污染源越近的地区越容易受到颗粒物排放增加的影响，当超过一定距离之后，由于颗粒物的扩散、沉降等过程，雾霾污染空间交互影响的强度大大降低。换言之，受大气环流运动特征与大气颗粒物扩散规律的影响，雾霾污染空间交互影响强度随地理距离的增加逐渐衰减。

二、雾霾污染空间来源贡献度解析公式

在上述假设的基础上，本章借助时间序列计量分析框架，构建一种新的雾霾污染空间来源解析技术。空气质量模拟研究试图通过对雾霾污染区域传输过程进行仿真建模，以识别不同污染源对区域雾霾污染的贡献。但是由于在真实环境下影响雾霾污染的因素时刻不停地发生变化，显然空气质量模拟技术无法将所有因素考虑在内。因此，各类空气质量模型总需要一些基本假设以简化分析的复杂度，一旦这些假设的初始条件有误，那么最终模拟结果也会与现实存在很大误差。本章利用 $PM_{2.5}$ 监测信息表征不同地区的雾霾污染水平，利用时间序列分析技术挖掘不同地区间雾霾污染的概率依赖关系，以此揭示区域雾霾污染的空间交互影响及其贡献度。

考虑如下不包含外生变量的 AR（p）模型：

$$y_t^i = \beta_0^i + \sum_{m=1}^{p} \beta_m^t y_{t-m}^i + \epsilon_t^i \qquad (4\text{-}1)$$

式中，y_t^i 为地区 i 在时期 t 的雾霾污染水平；β_0^i 为地区 i 的常数项；m 为滞后期；p 为最大滞后期；ϵ_t^i 为扰动项。式（4-1）表明某一地区的雾霾污染水平受其历史信息的影响，系数 β_m^t 表征了某一地区雾霾污染历史值与未来值之间的依赖关系，基于这一依赖关系可以进一步识别雾霾污染水平的变动中来自本地的贡献度。依据时间序列计量理论，对于 β_m^t 的无偏有效估计量需要扰动项 ϵ_t^i 的分布满足特定条件，即满足白噪声过程[零期望，$E(\epsilon_t^i) = 0$；同方差，$\mathrm{var}(\epsilon_t^i) = \sigma^2$；且无自相关，$\mathrm{cov}(\epsilon_t^i, \epsilon_s^i) = 0$]。然而，区域雾霾污染水平不仅受自身因素的影响，还受来自外部空间来源的影响（假设 1），因此扰动项的白噪声假设一般不能得到满足。要想获得 β_m^t 的准确估计，必然要对式（4-1）进行扩展使其包含来自外部空间来源的影响。假设以 y_t^i 表示地区 i 在时期 t 的雾霾污染水平，可以对式（4-1）进行如下扩展：

$$y_t^i = \beta_0^i + \sum_{m=1}^{p} \beta_m^t y_{t-m}^i + \sum_{j=1}^{n} \sum_{m=1}^{p} \beta_m^j y_{t-m}^j + \epsilon_t^i \qquad (4\text{-}2)$$

与式（4-1）相比，式（4-2）将其他地区雾霾污染的历史信息引入模型。y_t^i 的引入充当了控制变量的作用，使得扰动项 ϵ_t^i 能够满足白噪声过程，从而能够得到 β_m^t 与 β_m^j 的准确估计值。由此能够以系数 β_m^t 与 β_m^j 分别衡量某一地区雾霾污染的未来值与其历史值以及其他地区历史值之间的概率依赖关系，在此基础上可以进一步识别来自本地与其他地区的贡献度。

针对某一特定城市 i，其雾霾污染水平既受自身影响（y_t^i），还受其他地区影响（y_t^j）。由于雾霾污染空间交互影响的普遍存在，y_t^j 的污染水平同样也受其他地区影响。因此，针对每一城市，可以构建与式（4-2）类似的 AR（p）模型，将这些不同的 AR（p）模型放在一起作为一个系统来估计，以使不同的模型相互自洽，而这正是向量自回归的基本思想（Sims，1980）。以式（4-2）为中心，本章将其扩展为 VAR（p）模型[①]，其基本形式如下：

$$y_t = \Gamma_0 + \sum_{m=1}^{p} \Gamma_i y_{t-m} + \epsilon_t \qquad (4\text{-}3)$$

式中，$\Gamma_0, \Gamma_1, \cdots, \Gamma_p$ 为相应的系数矩阵，这些系数揭示了不同地区间雾霾污染的概率依赖关系，为识别雾霾污染的空间交互影响强度并计算不同空间来源的贡献度提供了基础。

---

① 鉴于向量自回归模型已成为计量经济学的标准工具之一，本章不再对平稳性检验和滞后阶数选择等问题进行论述。

在估计得到式（4-3）的参数后，可以得到向前 h 期的预测值：

$$\hat{y}_{t+h} = \hat{\Gamma}_0 + \sum_{m=1}^{p} \hat{\Gamma}_0 \hat{y}_{t-m+h} \tag{4-4}$$

利用向量移动平均（vector moving average，VMA）表示法（Lutkepohl，1994），可以将向前 h 期的预测误差写为

$$y_{t+h} - \hat{y}_{t+h} = \Psi_0 \epsilon_{t+h} + \Psi_1 \epsilon_{t+h-1} + \cdots + \Psi_{h-1} \epsilon_{t+1} = \sum_{m=0}^{h-1} \Psi_t \epsilon_{t+h-m} \tag{4-5}$$

式中，$\Psi_0 = I_n$，Ψ_j 为 n 阶方阵，$\Psi_i = \sum_{j=1}^{i} \Psi_{i-j} \Gamma_j$。基于式（4-5），可以利用预测误差的方差分解技术度量各方程的扰动项对预测误差的单独贡献，以此得到地区 i 雾霾污染水平的变动对地区 j 的影响程度，换言之，可以计算出不同空间来源对某一地区雾霾污染的贡献度。利用 Cholesky 分解（Penrose，1956）将式（4-5）转换为

$$y_{t+h} - \hat{y}_{t+h} = \sum_{i=0}^{h-1} \Psi_i \epsilon_{t+h-i} = \sum_{i=0}^{h-1} \Psi_i P P^{-1} \epsilon_{t+h-i} = \sum_{i=0}^{h-1} \Phi_i v_{t+h-i} \tag{4-6}$$

式中，$\Phi_i = \Psi_i P$，$v_{t+h-i} = P^{-1} \epsilon_{t+h-i}$，$v_{t+h-i}$ 即正交化冲击，且每个正交分量均不相关。将矩阵 Φ_i 的 (j, k) 元素记为 $\phi_{i,jk}$，可以将对 y_{t+h} 每个分量（$y_{i,t+h}$）预测的均方误差（mean squared error，MSE）写为

$$\text{MSE}(\hat{y}_{i,t+h}) = E\left[(y_{i,t+h} - \hat{y}_{i,t+h})\right] = \sum_{k=1}^{n} (\phi_{0,jk}^2 + \cdots + \phi_{h-1,jk}^2) \tag{4-7}$$

根据式（4-7）可以进一步计算出正交化冲击对 $y_{j,t+h}$ 预测均方误差的贡献度：

$$\frac{\phi_{0,jl}^2 + \cdots + \phi_{h-1,jl}^2}{\sum_{k=1}^{n} (\phi_{0,jk}^2 + \cdots + \phi_{h-1,jk}^2)} \tag{4-8}$$

这样，在各地区雾霾污染监测信息的基础上，借助时间序列分析框架，最终推导得到了式（4-8）。依据推导过程，这一公式度量的是每一地区（本地或外地）雾霾污染水平的变动对本地的影响，由此得到了不同空间来源对区域雾霾污染贡献度的解析公式。应用式（4-8），本章构建基于 R 语言分析平台的雾霾污染空间来源贡献度解析技术。结合向量自回归建模过程与预测均方误差的 Cholesky 分解形式，发现式（4-8）在应用过程中有以下几点需要注意。

式（4-3）是通过扩展式（4-2）得到的，是以地区 i 为中心建立的方程组，而其他地区 y_t^i 则是作为控制变量引入模型中，这些控制变量的选择以对地区 i 具有显著的空间交互影响为标准。在以 y_t^i 为被解释变量的回归方程中，由于并未遗漏对地区 i 具有显著影响的地区，扰动项满足白噪声过程，可以有效估计出其他地区

雾霾污染与地区 i 的概率依赖关系。如果要计算影响地区 j 的各空间来源贡献度，则需要重新以地区 j 为中心构造向量自回归模型。可见，应用式（4-8）计算雾霾污染空间来源贡献度，需要分别针对每一地区构建以其为中心的向量自回归模型，并且每一向量自回归模型需要包含对中心城市雾霾污染具有显著影响的其他城市，这将导致贡献度的解析复杂度随样本范围的扩大而迅速增加[①]。

在式（4-8）的推导过程中，需要对协方差矩阵按照一定的变量顺序进行 Cholesky 分解，如果选择不同的变量次序，将会得到不同的分解结果（Campbell，1991；Callen and Segal，2010）。在经济学研究中，通常难以依据先验理论给出变量次序的明确解释，这时研究者为了保证结论的稳健性，会依据不同的变量次序分别进行 Cholesky 分解，如果不同变量排序的结果差异不大，则认为结果较为可信。而在本章的应用场景中，变量次序具有先验的排序标准。依据假设 3，雾霾污染的空间交互影响存在地理距离衰减现象，随地理距离的增加交互影响的强度递减，变量间的相关程度也将大致呈现距离衰减规律。由此就获得了变量排序的自然依据，在 Cholesky 分解过程中与地区 k 距离越近的地区次序越前，距离越远的地区次序靠后。

三、解析步骤及说明

式（4-8）能够针对某一城市 i 解析其雾霾污染不同空间来源的贡献度，本章将进一步结合这一公式构建基于 R 语言分析平台的雾霾污染空间来源解析技术，并提出满足现实研究需求的大范围雾霾污染空间来源贡献度解析步骤。首先，对大范围雾霾污染的空间来源解析必然要求研究者搜集到的数据尽可能地覆盖较大的空间范围，这就需要以网络爬虫（web crawler）技术作为辅助。其次，雾霾污染空间来源的解析需要针对每一城市识别可能与其存在雾霾空间交互影响的城市集合，而这一集合则通过雾霾污染空间相关性衰减阈值的识别进行构建。再次，针对每一城市需分别构建向量自回归模型，并利用式（4-8）识别各空间来源的贡献度，导致解析技术的复杂度随样本空间范围的扩大而迅速增加，这就需要借助 R 语言分析平台提高解析效率。最后，由于雾霾污染受天气、地理等自然因素以及各类经济社会因素的影响，不同城市间雾霾污染空间交互影响存在复杂的动态演进趋势（Cheng et al.，2013b；Tao et al.，2012），对此可以利用滚动窗口技术将解析工作动态化，以识别不同空间来源贡献度的演进趋势。

关于上述解析步骤，需进一步做如下几点说明。

---

① 尽管如此，向量自回归模型复杂度的增加与空气质量模型相比，速度处于一个相对较低的水平。

1. 关于数据准备的说明

自 2013 年开始，环境保护部向社会公布各项雾霾污染物的监测信息，已有大量潜在数据可供利用（马楠等，2015）。然而，尽管现阶段有大量相关网站发布雾霾污染物的监测数据，但这些网站大多仅基于页面形式，并未直接提供下载链接。目前，全国已建立了 1436 个空气质量监测网点，能够提供各类雾霾污染物的实时浓度信息[①]。庞大又复杂的监测网络为开展大范围雾霾污染空间来源的解析创造了条件，但也带来了一定数量的数据搜集、整理、管理工作。随着 rvest、CSS Selector 等网络数据抓取工具的发布，实现基于 R 语言的网络爬虫成为一种方便的信息获取方式，既提高了数据搜集的效率又克服了人工采集工作太容易出错的缺陷。

2. 关于雾霾污染空间关联集的识别

一般而言，某一城市的雾霾污染水平受到来自外部空间来源的影响，但这并不意味着所有城市均有可能对其产生空间交互影响。因此，雾霾污染空间来源的解析需要事先针对每一城市识别可能与其存在雾霾污染空间交互影响的城市集合，而雾霾污染空间相关性的距离衰减规律为空间关联集的识别提供了线索。雾霾污染往往存在显著的正向空间相关性（Chen et al.，2017），换言之，某一城市与其周边城市之间存在一定程度的雾霾污染空间交互影响。同时，这种空间相关性会随着地理距离的增加而降低，城市间雾霾污染交互影响的强度也随之降低。通过识别雾霾污染空间相关性的衰减阈值，即当地理距离超过何值时不再具有显著的空间相关性，以此构建雾霾污染空间关联集。

3. 关于雾霾污染空间来源贡献度的解析

利用雾霾污染空间相关性衰减阈值识别结果，针对每一城市构建可能与其存在空间交互影响的城市集合，在此基础上利用向量自回归建模揭示这些城市间雾霾污染的概率依赖关系并进一步解析各空间来源的贡献度。在上述解析过程中，针对样本内的每一城市需分别构建向量自回归模型，由此随着研究空间范围的扩大，数据整理、建模及解析工作量也将随之迅速上升。尽管 Stata、EViews 等工具均已集成向量自回归建模等技术，但大范围雾霾污染空间来源的解析将是涉及多方面的数据分析工作，上述工具虽然能够在某一方面有助于解析工作的推进，但均无法提供统一、高效的数据分析平台。数据科学领域的发展带来了新的不同于传统工具

[①]　全国城市空气质量监测点位 1436 个覆盖 338 座城市[EB/OL]. https://china.huanqiu.com/article/9CaKrnJPnpt [2020-05-20].

的分析工具，如 R 语言、Spark 等，上述分析工具提供了全面且易于使用的统计研究平台，使得高效解析大范围雾霾污染的空间来源成为可能。

4. 关于空间来源贡献度的动态解析

在各种复杂因素的推动下，不同雾霾污染空间来源的贡献度将呈现出显著的动态演进趋势，因此需要将整体解析工作动态化以识别贡献度在不同时间节点的变化。如果雾霾污染空间来源的解析停留在静态层面，将无法为雾霾污染联防联控区域范围的动态调整提供科学依据，在一定程度上损害了解析工作的实证价值，而基于滚动窗口技术则能很好地解决这一问题。滚动窗口的基本思想在于不再利用总体的研究样本，而是从总体样本中划分出固定长度的子样本作为研究窗口，探索局部样本内的雾霾污染空间交互影响，然后解析这一窗口期内各空间来源的贡献度。随着滚动窗口的前进，不断获得新的贡献度解析结果，通过分析不同窗口期结果的差异，实现空间来源贡献度解析的动态化。

第四节　中国大范围雾霾污染的空间来源贡献度解析

第三节构建了适用于大范围样本数据的雾霾污染空间来源解析技术，本节将应用这一技术解析中国大范围雾霾污染的主要空间来源。首先需要获得各城市雾霾污染的历史监测数据，其次还要得到样本城市雾霾污染空间相关性的衰减临界阈值，最后解析出样本城市雾霾污染空间来源贡献度并揭示出外部空间来源贡献度随地理距离的演进特征。

一、样本数据及客观事实

雾霾天气的直接诱因是大气中细微颗粒物（$PM_{2.5}$、PM_{10}）含量严重超标（Guan et al.，2014）。各项雾霾污染物中，$PM_{2.5}$ 的来源与组成更加复杂且危害程度更高，在大气中的停留时间更长，如直径在 0.1～1 微米的颗粒物生命周期可达 1～2 周，传输可达几千千米（Engling and Gelencsér，2010），近年来逐渐成为中国区域雾霾污染的首要污染物（刘华军等，2017；Ma et al.，2016a），因此本章采用 $PM_{2.5}$ 浓度作为雾霾污染水平的衡量指标。自《环境空气质量标准》（GB3095—2012）实施以来，生态环境部开始对外公布中国 74 个主要城市 $PM_{2.5}$ 浓度检测数据，至

2014 年 1 月 1 日，监测数据发布范围扩大至包括国家环境保护重点城市在内的 161 个地级及以上城市。基于上述城市雾霾监测信息的发布历史，同时为保证有足够多的样本数据以及覆盖较大的空间范围，本章选择 2014 年 1 月 1 日作为样本期起点。

中国环境监测总站实时发布 1436 个国控站点的 $PM_{2.5}$ 等雾霾污染物监测信息，然而该网站仅提供当前 1 小时内的监测数据，无法从中获得某一段时间内的数据。从生态环境部数据中心可以获得空气质量指数的历史数据值，然而该网站并未提供 $PM_{2.5}$ 的相关信息。目前，获取各监测站点 $PM_{2.5}$ 每小时浓度历史值最方便的途径是基于各类第三方网站提供的数据接口抓取所需信息[①]。本章通过采集各监测站点每小时 $PM_{2.5}$ 浓度数据，计算出每个城市所有监测站点的 $PM_{2.5}$ 浓度平均值，然后根据《环境空气质量指数（AQI）技术规定（试行）》（HJ633—2012）中的日报发布标准，计算得到各城市 $PM_{2.5}$ 浓度的日报数据[②]。

基于上述数据获取及处理方法，本章最终共搜集整理了中国 161 个城市 2014～2016 年 $PM_{2.5}$ 浓度日报数据。针对部分城市可能存在缺失数据的情况，本章做了如下处理：如果某一城市缺失数据较多则删除这一城市；如果数据缺失较少则利用插值法进行补全。利用最终得到的样本数据，初步刻画了中国雾霾污染的客观事实。图 4-1 描述了中国 161 个城市 $PM_{2.5}$ 浓度日均值的动态演进趋势。图 4-1 显示，样本考察期内中国城市雾霾污染的演进存在极为典型的周期性变化趋势，整体来看，$PM_{2.5}$ 浓度呈现冬季高而夏季低、总体空气质量较差的特征。在冬季，样本城市 $PM_{2.5}$ 浓度均值约为 79.24 微克/米^3，远远超过《环境空气质量标准》（GB3095—2012）中的二级年均浓度限值（35 微克/米^3）；在夏季，样本城市 $PM_{2.5}$ 浓度均值虽为 36.71 微克/米^3，但仍未能达到二级空气质量标准。从时间演进趋势来看，城市空气质量整体存在向好发展趋向。2014 年是样本期内雾霾污染最为严重的时期，161 个城市 $PM_{2.5}$ 浓度平均超标天数为 80 天，2015 年降至 62 天，2016 年降至 44 天。

---

① 目前，有多家第三方平台提供了空气质量指数以及各类雾霾污染物浓度监测数据的分发服务，如 hzexe.com 提供的开源的国家空气数据获取客户端（https://github.com/hzexe/openair）。

② 需要说明的是，如果单纯为了获得各样本城市雾霾污染物的日报数据，则数据获取难度较低。各类空气质量监测数据第三方发布平台（如 https://www.aqistudy.cn/、http://www.tianqihoubao.com/），均发布了各类大气主要污染物的日报数据，利用网络爬虫等技术可以快速抓取所需历史数据。本章为保证所搜集数据的准确性，避免因各类第三方平台数据遗漏、错位等问题而导致研究结论出现偏误，因此选择直接利用监测站点每小时数据计算各城市日报数据。

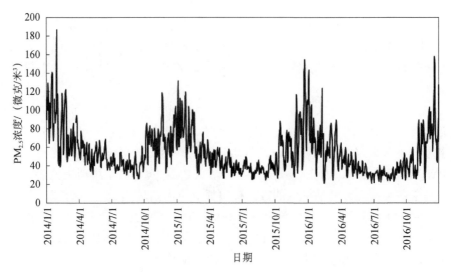

图 4-1　2014～2016 年中国雾霾污染的变动趋势
依据样本期内 161 个城市 PM$_{2.5}$ 浓度的日均值绘制而成

样本期内各城市 PM$_{2.5}$ 年均浓度值为 54.49 微克/米 ^{3}，远远超过《环境空气质量标准》（GB3095—2012）中的环境空气污染物年均浓度限值。从 161 个城市 PM$_{2.5}$浓度的平均达标率来看，基于《环境空气质量标准》（GB3095—2012）中的环境空气污染物一级浓度限值标准，PM$_{2.5}$ 达标率为 38.83%，二级标准达标率则为 78.80%。从污染物浓度空间分布的变异程度来看，PM$_{2.5}$ 的空间差异相对较大，变异系数为68.81%。由此可见，以 PM$_{2.5}$ 为典型污染物的大气污染现象已经发展成为具有高度区域性、流动性的污染问题，必须由属地治理转变为合作治理，实现大范围区域联防联控和跨区域协同治理（刘华军等，2017）。

二、雾霾污染空间交互影响的地理距离衰减规律检验及阈值的识别

雾霾污染空间来源贡献度的解析需要分别针对每一城市构建向量自回归模型，而向量自回归模型变量选择依据的是雾霾污染空间相关性的衰减阈值。当超过一定的地理距离时，将不再具有显著的空间相关性，向量自回归模型也将只包含这一阈值内的城市。识别空间相关性衰减阈值需要以揭示雾霾污染空间交互影响的地理距离衰减规律为基础，鉴于此，本章利用 Moran's I 检验雾霾污染空间交互影响是否存在地理距离衰减规律并识别空间相关性的衰减阈值。

Moran's I 计算公式如下（Moran，1950）：

$$I = \frac{N}{S} \cdot \frac{\sum\limits_{i=1}^{N}\sum\limits_{j=1}^{N} W(i,j)(X_i - \overline{X})(X_j - \overline{X})}{\sum\limits_{i=1}^{N}(X_i - \overline{X})^2} \tag{4-9}$$

式中，N 为研究对象的数目；X_i 为观测值；$\overline{X}$ 为 X_i 的均值；$W(i,j)$ 为城市 i 与 j 之间的空间权重矩阵，其中 $W(i,i)=0$；S 为所有样本城市空间权重之和，$S = \sum\limits_{i=1}^{N}\sum\limits_{j=1}^{N} W(i,j)$。如果 $W(i,i) \neq 0$ 表明城市 j 的雾霾污染影响了城市 i，如果 $W(i,j)=0$ 表明城市 j 对于城市 i 的雾霾污染水平不存在影响。

本章利用地理距离阈值法设置空间权重[1]，即基于不同阈值构建空间权重并以此计算 Moran's I。具体而言，首先选定某一常数 t_0 作为阈值的初始值，计算这一阈值下 Moran's I 及其显著性，重新选定阈值 $t'\left(如 t' = t_0 + d\right)$ 并计算新的 Moran's I，重复上述过程直到阈值达到样本城市间地理距离的上限或 Moran's I 不再发生明显变化。

1. 地理距离衰减规律的检验

基于上述思路，本部分利用 2014～2016 年 $PM_{2.5}$ 浓度日报数据，测度了其空间相关性随地理距离的变化规律，其中阈值初始值为 500 千米，并依照 200 千米的间隔向上增加直到阈值达到 2500 千米（此时 Moran's I 早已不再发生显著变化），图 4-2 为 2014～2016 年雾霾污染 Moran's I 估计值及其显著性检验结果。测度结果显示，雾霾污染的空间交互影响的确存在地理距离衰减现象。当选择阈值为 500 千米时，$PM_{2.5}$ 均呈现出一定强度的空间相关性，这一地理距离下 2014 年 Moran's I 估计值为 0.55，2015 年上升至 0.64，2016 年则进一步上升至 0.67。结果表明，$PM_{2.5}$ 具有相对较强的空间交互影响，因此雾霾污染存在相对较高的空间相关性。随着阈值的增加，Moran's I 估计值均出现了不同程度的下降，当阈值达到 2500 千米时，$PM_{2.5}$ 的空间相关性均接近于 0，可见雾霾污染的确存在空间交互影响随地理距离衰减的现象。

2. 阈值的识别

在检验雾霾污染空间交互影响地理衰减现象存在性的基础上，进一步识别雾霾污染空间相关性衰减阈值，即当城市之间的地理距离超过何值时，将不再具有显著的空间交互影响[2]。由图 4-2（b）可知，当阈值从 500 千米开始逐渐增加时，

---

[1] 如果城市 i 与 j 之间的地理距离小于给定的阈值，则 $W(i,j)=1$，反之 $W(i,j)=0$。

[2] 需要注意的是，这里提到的显著性是指统计显著性而非实质显著性。统计显著性指的是 p 值未超过给定显著性水平，而实质显著性指的是空间相关关系仍旧保持在一个较高的强度上。例如，尽管当阈值超过 1500 千米时，Moran's I 估计值已低于 0.1，不再具有明显的实质显著性，但此时其 p 值小于 1×10^{-7}，仍具有较强的统计显著性。

Moran's I 依旧保持了较高的显著性,而当阈值一旦超过某一给定值时,Moran's I 将迅速变得不再显著,显著性水平将会迅速上升至 1。因此基于 Moran's I 显著性 的变化趋势,可以识别出雾霾污染空间相关性的衰减阈值。利用这一阈值,可以为 式(4-3)的构建提供依据,即只有与给定城市 k 之间的地理距离小于这一阈值的 城市,才纳入向量自回归模型中。结合 Moran's I 测度结果可知,当地理距离为 1800 千米左右时 $PM_{2.5}$ 不再具有显著的空间相关性,因此本章选择 1800 千米作为雾霾 污染空间交互影响的衰减临界阈值。

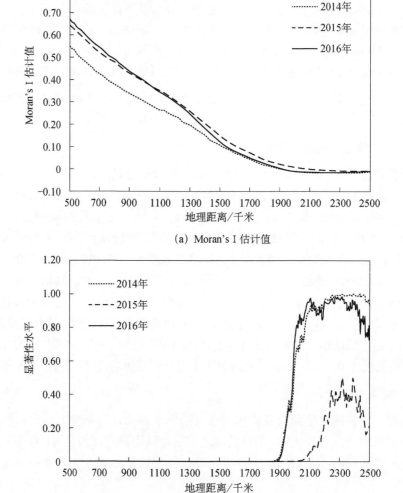

(a) Moran's I 估计值

(b) 显著性水平

图 4-2　2014~2016 年雾霾污染 Moran's I 估计值及其显著性水平

三、解析结果

依据雾霾污染空间相关性识别结果，将 1800 千米作为雾霾污染空间交互影响的衰减临界阈值，并以此进一步构建向量自回归模型以描述样本城市间雾霾污染的概率依赖关系，最终通过式（4-8）解析不同雾霾污染空间来源的贡献度。

1. 中国 161 个城市雾霾污染的本地空间来源与外部空间来源贡献度解析

基于 161 个城市 PM$_{2.5}$ 浓度日报数据，首先解析样本城市雾霾污染的空间来源。表 4-1 为 2014～2016 年中国 161 个城市 PM$_{2.5}$ 浓度变动的本地空间来源与外部空间来源贡献度，图 4-3 则描述了本地源与外部源贡献度的频数分布。

表 4-1　2014～2016 年中国 161 个城市 PM$_{2.5}$ 浓度变动的本地空间来源与外部空间来源贡献度　　　　　（%）

城市	本地	外部	城市	本地	外部	城市	本地	外部	城市	本地	外部	城市	本地	外部
北京	50.07	49.93	吉林	54.35	45.65	福州	47.07	52.93	岳阳	48.65	51.35	成都	47.17	52.83
天津	40.65	59.35	哈尔滨	63.48	36.52	厦门	53.22	46.78	常德	44.19	55.81	绵阳	48.40	51.60
石家庄	42.91	57.09	齐齐哈尔	56.77	43.23	泉州	50.12	49.88	张家界	48.89	51.11	宜宾	43.18	56.82
唐山	41.11	58.89	大庆	67.38	32.62	南昌	43.69	56.31	株洲	40.42	59.58	攀枝花	62.63	37.37
秦皇岛	52.77	47.23	牡丹江	52.38	47.62	九江	42.65	57.35	湘潭	43.05	56.95	泸州	50.55	49.45
邯郸	38.21	61.79	上海	51.74	48.26	济南	42.58	57.42	广州	52.65	47.35	自贡	50.54	49.46
邢台	41.42	58.58	南京	41.21	58.79	青岛	39.93	60.07	深圳	51.81	48.19	德阳	48.53	51.47
保定	45.78	54.22	无锡	41.31	58.69	淄博	42.51	57.49	珠海	52.23	47.77	南充	46.39	53.61
张家口	55.86	44.14	徐州	35.42	64.58	枣庄	40.94	59.06	佛山	48.65	51.35	贵阳	45.65	54.35
承德	52.71	47.29	常州	42.94	57.06	烟台	43.82	56.18	江门	52.35	47.65	遵义	49.74	50.26
沧州	43.22	56.78	苏州	43.01	56.99	潍坊	41.76	58.24	肇庆	48.10	51.90	昆明	64.34	35.66
廊坊	43.35	56.65	南通	47.11	52.89	济宁	40.78	59.22	惠州	48.25	51.75	曲靖	54.79	45.21
衡水	43.42	56.58	连云港	46.72	53.28	泰安	40.44	59.56	东莞	49.80	50.20	玉溪	69.71	30.29
太原	40.99	59.01	淮安	37.85	62.15	日照	38.29	61.71	中山	48.36	51.64	拉萨	85.39	14.61
大同	48.61	51.39	盐城	43.72	56.28	东营	41.90	58.10	韶关	47.28	52.72	西安	41.09	58.91
长治	39.15	60.85	扬州	41.61	58.39	聊城	43.63	56.37	汕头	53.31	46.69	咸阳	42.96	57.04
临汾	41.94	58.06	镇江	41.02	58.98	滨州	43.71	56.29	湛江	54.48	45.52	铜川	40.08	59.92
阳泉	49.87	50.13	泰州	41.37	58.63	菏泽	41.69	58.31	茂名	54.55	45.45	延安	44.11	55.89
呼和浩特	50.93	49.07	宿迁	37.67	62.33	威海	48.06	51.94	梅州	57.37	42.63	宝鸡	39.99	60.01
包头	52.30	47.70	杭州	45.12	54.88	莱芜	40.22	59.78	汕尾	43.73	56.27	渭南	41.96	58.04
鄂尔多斯	54.80	45.20	宁波	53.99	46.01	临沂	36.55	63.45	河源	58.12	41.88	兰州	53.00	47.00
赤峰	52.90	47.10	温州	44.47	55.53	德州	43.55	56.45	阳江	55.02	44.98	嘉峪关	82.25	17.75
沈阳	51.27	48.73	嘉兴	46.73	53.27	郑州	40.00	60.00	清远	56.00	44.00	金昌	70.77	29.23

续表

城市	贡献度		城市	贡献度		城市	贡献度		城市	贡献度		城市	贡献度	
	本地	外部		本地	外部		本地	外部		本地	外部		本地	外部
大连	46.20	53.80	湖州	41.33	58.67	平顶山	41.08	58.92	潮州	50.27	49.73	西宁	51.97	48.03
鞍山	48.43	51.57	绍兴	47.68	52.32	三门峡	38.02	61.98	揭阳	50.78	49.22	银川	45.56	54.44
抚顺	55.84	44.16	金华	45.30	54.70	洛阳	37.55	62.45	云浮	48.96	51.04	石嘴山	50.58	49.42
本溪	49.31	50.69	衢州	40.99	59.01	安阳	39.67	60.33	南宁	45.28	54.72	乌鲁木齐	95.87	4.13
锦州	52.98	47.02	舟山	55.27	44.73	开封	44.76	55.24	桂林	43.54	56.46	克拉玛依	81.45	18.55
丹东	54.13	45.87	台州	45.67	54.33	焦作	47.64	52.36	北海	47.54	52.46	库尔勒	96.38	3.62
营口	48.64	51.36	丽水	45.41	54.59	武汉	42.29	57.71	柳州	43.09	56.91			
盘锦	53.09	46.91	合肥	45.31	54.69	宜昌	46.42	53.58	海口	58.42	41.58			
葫芦岛	53.06	46.94	芜湖	48.95	51.05	荆州	42.87	57.13	三亚	62.84	37.16			
长春	59.13	40.87	马鞍山	44.61	55.39	长沙	43.21	56.79	重庆	48.99	51.01			

由测度结果可知，绝大多数样本城市 PM$_{2.5}$ 浓度的变化受外部空间来源的影响超过40%，其中北京为49.93%。161 个城市中，徐州、临沂、洛阳、宿迁、淮安、三门峡、邯郸、日照、长治、安阳、青岛、宝鸡、郑州 13 个城市 PM$_{2.5}$ 受外部空间来源的影响超过60%，库尔勒、乌鲁木齐的外部空间来源贡献度低于5%。从区域视角看，京津冀地区 [①] PM$_{2.5}$ 整体雾霾污染外部空间来源的贡献度超过54.50%，长三角地区 [②] 外部空间来源的贡献度为55.59%，珠三角地区 [③] 外部空间来源的贡献度为49.76%。从外部空间来源贡献度的频数分布看，31.7%的样本城市雾霾污染接收本地空间来源的贡献度 55%～61%，超过 39%的样本城市外部空间来源贡献度为54%～60%，约 27%的样本城市外部空间来源贡献度为48%～54%，外部空间来源贡献度低于29%的样本城市仅占样本总数的3%。

2. 中国代表性城市雾霾污染的主要外部空间来源

本章以北京、上海、广州、重庆 4 个代表性城市为例识别了影响各城市雾霾污染的主要外部空间来源（图 4-4）。解析结果表明，北京的主要外部空间来源除京津冀地区城市外，内蒙古、辽宁、山东等省份的城市对其也存在显著影响，如呼和浩特、锦州、淄博等。影响上海雾霾污染的主要外部空间来源主要集中在山东、内蒙古、江苏、山西、福建等省份，影响广州雾霾污染的主要外部空间来源主要集中在广东、广西、海南、浙江等省份，影响重庆雾霾污染的主要外部空间来源主要集中在四川、广东、贵州、内蒙古等省份。根据上述解析结果可以发现，现阶段中国

---

① 京津冀地区共包含北京、天津、石家庄等 13 个样本城市。

② 长三角地区共包含上海、南京、无锡等 39 个样本城市。

③ 珠三角地区共包含广州、深圳、佛山等 21 个样本城市。

不同城市间雾霾污染的空间交互影响，不仅发生于邻近的城市间，雾霾污染在相邻更远距离的城市间仍有可能存在较强的空间交互影响。远距离甚至超远距离雾霾污染空间交互影响的存在，意味着区域联防联控必然不能仅局限于距离相近的城市间，应将那些尽管相距较远但仍对区域雾霾污染存在重要影响的城市纳入联防范围，只有这样才能保证区域联防联控的有效性。

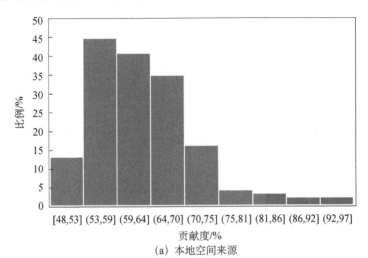

（a）本地空间来源

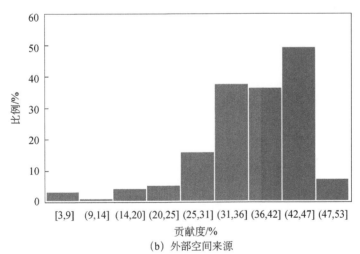

（b）外部空间来源

图 4-3　PM$_{2.5}$ 本地空间来源与外部空间来源贡献度分布

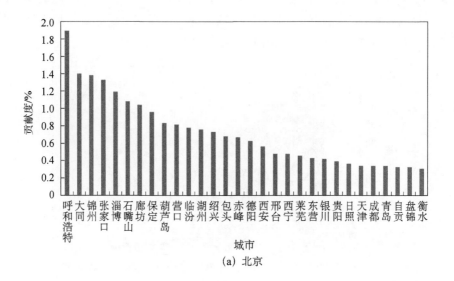

(a) 北京

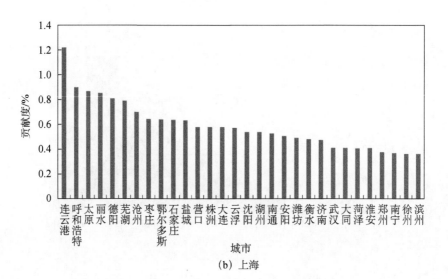

(b) 上海

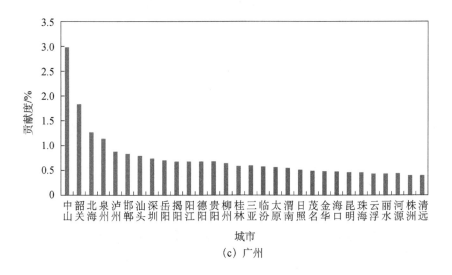

(c) 广州

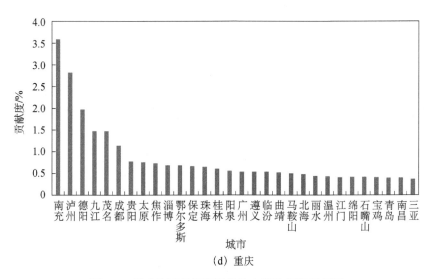

(d) 重庆

图 4-4　代表性城市雾霾污染的主要外部空间来源

3. 雾霾污染外部空间来源贡献度随地理距离递减特征分析

本章的研究证明了各样本城市雾霾污染均在一定程度上受到外部空间来源的影响，且进一步揭示出外部空间来源的影响并非仅来自距离相近的城市，相隔距离较远的城市间仍有可能存在雾霾污染的空间交互影响。在上述研究结论的基础上，进一步考察外部空间来源的影响是否会随地理距离增加而递减。换言之，尽管在较远地理距离上仍有可能存在较高贡献度的城市，但从总体趋势上看，雾霾污染的外部空间来源是否主要集中在较近距离内的城市。具体研究方法如下：针对样本城市内的某一城市 i，设定一定的地理距离 d，解析在这一距离之内的周边城市对该城市雾霾污染的贡献度，进而计算出该贡献度在总体雾霾污染外部空间来源贡献度中的比例，由此可以衡量特定距离内的周边城市在总体雾霾污染外部空间来源中的相对重要性。因此，通过比较不同地理距离内的周边城市在总体雾霾污染外部空间来源中的相对重要性，可以揭示出雾霾污染外部空间来源贡献度随地理距离递减特征。

表 4-2 以中国省会城市（直辖市）为研究对象，计算了不同空间范围内的城市在总体外部空间来源中的相对重要性。由表 4-2 可知，平均而言，每一城市接收到的外部雾霾污染空间交互影响约 50%来源于 700 千米以内的周边城市，70%来自 1000 千米以内的周边城市，1500 千米以外城市的空间来源贡献度不到 10%。其中，北京接收到的雾霾污染外部空间来源 44.40%来自 500 千米范围内的城市，73.18%来自 1000 千米范围内的城市。天津雾霾污染外部空间来源 49.60%来自 500 千米范围内的城市，72.07%来自 1000 千米范围内的城市。上海雾霾污染外部空间来源 48.25%来自 900 千米范围内的城市。重庆雾霾污染外部空间来源 52.03%来自 900 千米范围内的城市，64.04%来自 1000 千米范围内的城市。由上述测度结果可知，随着地理距离的增加，这一地理距离内的城市在总体雾霾污染外部空间来源中的占比越来越大，但所占比例的增速逐渐降低，表明 $PM_{2.5}$ 外部空间来源的贡献度与地理距离大致呈开口向下的二次曲线关系。

表 4-2　不同空间范围内雾霾污染外部空间来源贡献度占比　　　　（%）

城市	地理距离							
	500 千米	700 千米	900 千米	1000 千米	1200 千米	1400 千米	1600 千米	1800 千米
北京	44.40	58.31	67.77	73.18	79.00	92.05	95.82	100.00
天津	49.60	61.40	66.16	72.07	80.68	86.92	91.54	100.00
石家庄	42.74	54.42	68.24	72.27	84.08	90.28	96.05	100.00
太原	38.24	48.92	56.10	65.63	73.63	82.19	88.02	100.00
呼和浩特	30.76	42.68	57.10	65.90	73.38	87.59	97.12	100.00
沈阳	32.59	45.88	59.71	63.97	73.80	83.15	91.70	100.00
长春	32.19	36.40	37.53	48.37	57.05	79.48	86.91	100.00
哈尔滨	28.41	33.69	41.08	43.05	47.88	63.22	89.63	100.00

续表

城市	地理距离							
	500 千米	700 千米	900 千米	1000 千米	1200 千米	1400 千米	1600 千米	1800 千米
上海	24.17	35.30	48.25	58.23	74.70	84.88	94.31	100.00
南京	35.05	51.47	63.66	70.42	81.43	95.42	96.59	100.00
杭州	29.91	40.99	58.63	64.90	80.11	89.38	98.40	100.00
合肥	36.14	58.55	70.97	74.66	90.16	95.35	97.72	100.00
福州	31.20	54.69	62.06	65.88	70.37	83.20	93.18	100.00
厦门	22.89	43.95	55.69	63.47	70.92	78.40	92.15	100.00
南昌	34.01	50.06	63.44	75.61	88.79	93.48	98.91	100.00
济南	40.63	62.45	73.18	79.80	86.21	89.68	97.38	100.00
郑州	39.89	56.23	72.87	75.91	87.14	92.87	99.33	100.00
长沙	23.73	52.56	78.73	84.77	91.88	96.00	99.22	100.00
广州	44.47	51.99	61.53	65.60	74.19	84.59	94.47	100.00
南宁	38.44	61.45	74.35	77.91	81.25	88.87	93.89	100.00
海口	51.23	59.72	66.01	70.90	79.71	85.92	89.70	100.00
重庆	32.47	39.62	52.03	64.04	86.24	96.97	98.69	100.00
成都	28.50	43.98	47.82	58.79	72.80	84.18	95.97	100.00
贵阳	26.13	42.21	56.77	67.90	77.64	88.73	97.96	100.00
昆明	22.79	28.03	36.72	49.69	62.24	74.21	82.14	100.00
拉萨	0.00	0.00	0.00	0.00	0.21	59.05	86.18	100.00
西安	26.36	46.39	59.01	69.14	79.95	93.59	98.16	100.00
兰州	25.13	38.78	48.87	52.29	60.21	73.35	86.28	100.00
西宁	23.42	28.65	32.05	39.56	58.30	78.50	89.11	100.00
银川	12.41	27.09	42.43	48.16	55.16	66.49	76.34	100.00
乌鲁木齐	63.47	63.47	63.47	66.61	66.61	80.90	96.87	100.00

第五节　雾霾污染空间来源贡献度的动态解析

第四节基于 2014～2016 年 161 个城市 PM$_{2.5}$ 浓度日报数据，从静态视角出发揭示大范围雾霾污染的空间来源及贡献度。大气环境具有高度流动性特征，且各类污染物排放源存在周期性演进趋势（潘竟虎等，2014；Feng et al.，2015），因此雾霾污染的空间交互影响可能出现结构性变化。因此，本节利用子样本滚动窗口技术（Balcilar et al.，2014；Nyakabawo et al.，2015）对样本区间进行分段划分，以实现对区域雾霾污染空间来源贡献度的动态解析。

基于滚动窗口的雾霾污染空间来源贡献度动态解析过程如下：首先设定一定的窗口宽度，以此将样本分割为一个固定大小的子样本，然后依照固定的步幅 h 将这一子样本向前滚动，直到生成的子样本集能够完整覆盖全部样本。具体来讲，

假设全部样本数为 T，给定一个固定的滚动窗口长度 L，全部样本数据就转换为 $T-L$ 个子样本，子样本第一个观测值之间相隔 h 期。此后，不再对全部样本时期内雾霾污染的空间交互影响进行研究，而是分别针对每一子样本解析其空间来源贡献度。最终，通过对比不同窗口期解析结果的差异，揭示出雾霾污染空间交互影响的动态波动性，更重要的是，可以得到不同来源贡献度的长期演进趋势。

考虑到贡献度解析过程中向量自回归建模所需变量个数，为保证估计结果的稳健性，选取固定窗口长度为 500 天，并依照 7 天的步幅将子样本向前滚动。图 4-5 描述了不同窗口下本地空间来源与外部空间来源贡献度均值的演进趋势。从演进的整体趋势来看，雾霾污染空间来源贡献度的波动大致呈如下特征：一方面，雾霾污染空间交互影响在不同时间节点的波动大致趋于平缓，本地空间来源与外部空间来源贡献度的比例趋于不变；另一方面，尽管本地空间来源的贡献一直占据主要地位，但外部空间来源的贡献整体在不断上升。上述测度结果显示，随着不同地区间空间交互影响的加强，外部空间来源将对本地产生更大的影响，使雾霾污染的区域性特征大大增强，因此区域外影响有可能成为未来中国城市雾霾污染的主导因素。具体来讲，雾霾污染空间来源贡献度的动态演进大致存在三个周期，每一周期内外部空间来源的贡献度呈下降—上升趋势（与此相对应，本地空间来源的贡献度则呈上升—下降趋势）。在第一个周期内，随着冬季样本在窗口期中的减少，外部空间来源贡献度逐渐降低，而当夏季样本在窗口期中减少时，外部空间来源的贡献度逐渐上升，由此可见在这一时期内，冬季时来自外部的雾霾污染空间交互影响相对较强而夏季相对较弱。在第二个周期内，随着冬季样本在窗口期中的减少，外部空间来源贡献度逐渐上升。在第三个周期内，随着夏季样本在窗口期中的减少，外部空间来源的贡献度逐渐上升。上述测度结果表明，雾霾污染空间交互影响的周期性演进与季节的周期性演进趋势不符，这反映出雾霾污染的空间交互影响受更为复杂的因素（如经济、社会因素）影响，而自然因素（如气温、降雨等）在雾霾污染空间交互影响的周期性演进过程中并不占据主导地位。

以北京、上海、广州、重庆 4 个代表性城市为例，识别了城市雾霾污染外部空间来源贡献度的动态演进（图 4-6）。解析结果表明，北京雾霾污染外部空间来源贡献度的动态演进与样本城市整体演进趋势相仿，均大致呈现三个周期，每一周期中外部空间来源的贡献度呈下降—上升趋势。第一个周期内，随着冬季样本的减少外部空间来源贡献度逐渐降低，而当夏季样本减少时外部空间来源贡献度逐渐上升；第二个周期内，随着冬季样本的减少外部空间来源贡献度逐渐上升；第三个周期内，外部空间来源的贡献度大致保持不变。由此可知，与样本城市的整体趋势类似,北京雾霾污染空间交互影响的周期性演进与季节的周期性演进趋势不符。上海雾霾污染外部空间来源贡献度的动态演进并不存在显著的周期性趋势,样本期大部分时间内外部空间来源贡献度大致保持不变,自 2015 年冬季起外部空间来源贡献度小幅上升。广州雾霾污染外部空间来源贡献度呈波动上升趋势,外部源贡献度上升约 10%。重庆外部空间来源贡献度大致保持稳定,外部空间来源贡献度接近50%。

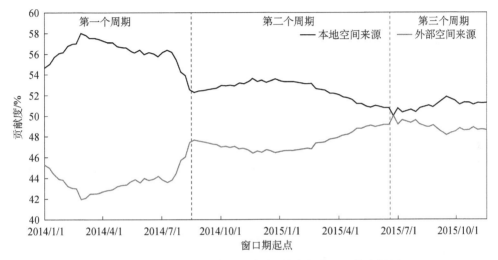

图 4-5 基于滚动窗口技术的雾霾污染空间来源贡献度解析

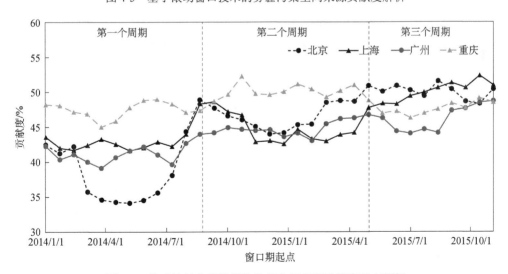

图 4-6 代表性城市雾霾污染外部空间来源贡献度动态解析

第六节 本章小结

　　本章基于时间序列分析方法，提出了一种简易、高效的雾霾污染空间来源解析技术，该技术不仅能够成功解析出雾霾污染空间来源的贡献度，而且能够有效避免数值模拟技术随样本空间范围扩大而模型复杂度过度增加的缺陷。利用该技术和中国 2014～2016 年 161 个城市 PM$_{2.5}$ 浓度日报数据，对中国雾霾污染的空间来源贡献度进行了解析。研究结论如下：①不同地区间雾霾污染的空间交互影响存在地理距离衰减现象，当超过一定阈值时这种交互影响变得不再显著。样本考察期内，以 PM$_{2.5}$ 浓度为指标测算，中国各城市在地理距离 1800 千米以内仍具有统计上显著的雾霾污染空间相关性。②根据空间来源贡献度解析结果，161 个城市其雾霾污染的变动均在一定程度上受到了外部空间来源的影响。总体来看，整个样本考察期内外部空间来源的贡献度约 36.96%，从频数分布看，约 45% 的样本城市接收到的外部空间来源影响超过 40%。③雾霾污染外部空间来源的贡献度与地理距离大致呈开口向下的二次曲线关系。平均而言，每一城市接收到的外部雾霾污染空间交互影响约 50% 来自 700 千米以内的周边城市，70% 来自 1000 千米以内的周边城市，1500 千米以外城市的空间来源贡献度不到 10%。④样本考察期内雾霾污染的空间交互影响存在动态结构性变化。外部空间来源的贡献度总体呈上升趋势。此外，自然因素在雾霾污染空间交互影响的周期性演进过程中并不占据主导地位，不同空间来源贡献度的变化可能受更为复杂的经济、社会因素影响。

　　随着现阶段中国雾霾污染区域性特征的不断增强，雾霾治理过程的复杂度不断增加，使得单一地区难以独立应对污染困境。因此，打破行政区划限制实现跨地区雾霾协同治理和联防联控成为解决雾霾污染问题的必然选择。从已有研究看，现有的区域联防联控与协同治理机制并未取得预期效果（石庆玲等，2016；杨骞等，2016），而未能取得预期效果的一个重要原因在于联防联控范围未能得到准确设定。换言之，即使采取所谓的正确协同治理机制，如果联防联控范围设定不正确则将抵消各项雾霾治理措施，使之难以有效应对频繁爆发的雾霾天气。当前，中国各级政府已然意识到联防联控范围设定所带来的问题，2017 年政府工作报告指出"加强对大气污染的源解析和雾霾形成机理研究，提高应对的科学性和精准性。扩大重点区域联防联控范围"。但是，目前中国政府应对联防联控范围设定问题时，采取的主要对策是依据行政隶属关系与地理邻近关系扩大已有联防联控区域的范围，如山东省会城市群雾霾污染联防联控范围的扩大 [①] 以及京津冀联防联控协作机制扩展至周边"2+26"城市 [②]。上述措施只是以城市间的地理距离与行政关系为标准扩大联防联控范围，忽视了真实的雾霾污染空间关联规律。依据本章的测度结果，雾霾污染空间交互影响并不仅只发生于相邻地区，相距更远的城市间同样也可能存在相互影响。鉴于此，本章认为联防联控范围的扩大应按照"地理距离关系-行政隶属关系-空间来源贡献"三位一体的思路进行。一方面，雾霾污染联防联控机制必须将对区域整体具有显著影响的城市纳入其中，否则将会损害联防联控机制的有效性；另一方面，联防联控范围不能一味盲目扩大，必须充分考虑成员城市间的地理距离与行政关系，降低联防联控机制的沟通成本与协调成本，以保证各城市合作治理雾霾的积极性。由于本章的目的在于通过揭示大范围雾霾污染的空间来源贡献度，仅为"地理距离关系-行政隶属关系-空间来源贡献"三位一体准则的建立提供事实依据，关于这一准则更加完整的论述已经脱离了本章的研究目标，这也是作者后续研究中需要进一步拓展和深化的主要方向。

① 山东省会城市群加强大气污染联防联控［EB/OL］. http://news.iqilu.com/shandong/yuanchuang/2016/0518/2796468.shtml［2020-05-22］.

② "2+26"城市今年大气污染治理任务公布［EB/OL］http://news.xinhuanet.com/local/2017-03/29/c_1120720357.htm［2020-05-22］.

第五章　中国大范围雾霾污染空间关联研究 [①]

　　本章利用非线性格兰杰因果检验方法识别了中国 279 个城市间雾霾污染的空间依赖关系，结合多样化的网络分析方法和滚动窗口技术揭示出雾霾污染空间关联的整体特征与微观模式，并基于指数随机图模型（exponential random graph model，ERGM）考察了决定雾霾污染空间关联形成的重要因素。研究结论如下：①样本城市间普遍存在雾霾污染依赖关系且这种空间关联的紧密程度逐渐上升。近年来，中国大范围雾霾污染的频繁爆发与雾霾污染区域性特征的日趋强化密切相关。②区域性雾霾污染并非其内部各城市污染水平的简单相加，雾霾污染空间关联不能还原为单个城市的属性。相应地，雾霾污染协同治理机制必须从整体论视角重构参与成员的协作方式。③指数随机图模型估计结果表明，除自然因素外，与人类活动相关的因素（如经济发展水平、冬季供暖等）同样在雾霾污染空间依赖关系的形成中发挥着重要作用。基于非线性时间序列计量技术和网络分析方法，本章从整体特征、微观模式、影响因素等层面考察了大范围雾霾污染的区域性特征，并反驳了关于雾霾及其区域传输的还原论、自然决定论等看法，有助于确立人在雾霾治理中的主观能动性。

第一节　引　言

　　随着中国工业化与城镇化的加速推进，大气环境污染问题日趋严重，极端雾霾天气的覆盖范围不断扩大。以中国 2016 年 12 月爆发的雾霾天气为例，覆盖范

---

①　本章是在刘华军和杜广杰发表于《统计研究》2018 年第 4 期上的《中国雾霾污染的空间关联研究》基础上修改完成的。

围为 17 个省份，影响面积达到 188 万平方千米[①]。根据世界卫生组织 2016 年发布的全球空气污染数据库[②]，全球空气污染最为严重的 100 个城市中有 76 个在中国，该数据库包含的 162 个中国城市中仅有 14 个城市达到《世界卫生组织空气质量准则》IT-2 目标值（$PM_{2.5}$ 年均浓度限值 25 微克/米^3）。面对严峻的大范围雾霾污染，仅凭单个城市自身的力量、各自为政的环境管理模式无法有效解决问题（柴发合等，2013）。目前，中国各级政府已建立和形成广泛共识，即面对雾霾污染区域性特征不断增强以及污染形势日趋严峻的现状，必须打破行政边界、统筹协调各地方雾霾污染防控政策，以此形成治污合力。2012 年《重点区域大气污染防治"十二五"规划》发布，2016 年 1 月 1 日起，修订后的《中华人民共和国大气污染防治法》正式施行，上述法律法规政策的出台为中国区域性雾霾污染协同治理提供了制度保障，标志着实现区域联防联控以应对雾霾污染已然成为各地治理雾霾的"新常态"。但从各项协同防控措施的实施效果看，尽管区域联防联控机制会对空气质量的改善具有一定的帮助，但总体来看治理效果与公众的要求存在较大差距（杨骞等，2016；石庆玲等，2016）。2017 年政府工作报告指出，应"加强对大气污染的源解析和雾霾形成机理研究，提高应对的科学性和精准性。扩大重点区域联防联控范围，强化预警和应急措施"。雾霾污染覆盖范围不断扩大而联防联控并未取得预期效果的现实背景，必然要求扩大乃至重构联防联控机制覆盖范围，但联防联控范围的盲目扩大并不一定意味着防控政策将取得预期效果，只有科学精确地认识雾霾污染区域性特征，才能保证联防联控机制的有效性。

从各地区雾霾污染联防联控范围与各项具体治霾措施来看，现阶段中国雾霾协作治理机制尚未充分建立在准确认识雾霾污染区域性特征的基础上，最终损害了各项治霾措施的有效性。具体而言，当前中国联防联控机制主要存在以下缺陷：第一，联防联控范围过于狭窄不符合大范围雾霾污染的现实特征。由于尚未在全国范围内推广建立跨地区环保监管机构，当前除京津冀等少数地区外雾霾污染联防联控机制大多局限于某一省份内部，使得联防联控范围与雾霾污染的区域性与流动性特征不相适应。第二，在制定各项具体的联防联控政策时，中国各级政府一般通过会议协商的方式，将区域整体的污染治理目标分解为由各地区独自完成的任务，如规定各地区的钢铁产能限产、化工企业产量调控以及压减燃煤等。上述还原论视角下的雾霾污染联防联控机制未能充分认识雾霾污染的区域性特征，最终将导致各项治霾政策趋于无效。究其原因在于，区域整体的雾霾污染水平并不只是其内部各城市污染水平的简单相加，各城市按一定结构和交互作用形成的雾霾污染

---

① 全国灰霾面积达 188 万平方公里　环保部辟谣七大误读 [EB/OL]. https://www.guancha.cn/society/2016_12_21_385451.shtml[2020-05-20].

② www.who.int/phe/health_topics/outdoorair/databases/cities/en/.

空间关联同样是决定区域整体污染水平的重要因素。第三，各级政府尤其是地方政府面对雾霾污染多陷入自然决定论。尽管在特定气象条件下（如持续性静稳天气等），污染物不易扩散使得大气中细微颗粒物（如 $PM_{2.5}$、PM_{10} 等）含量严重超标（Guan et al.，2014），往往导致恶劣雾霾天气的发生，但并不能因此忽视人类活动在雾霾形成过程中的作用。近二三十年来，中国社会、经济发生了显著变化，由人类活动排放的雾霾污染物迅速增加。这意味着，当前中国面临的严峻雾霾污染问题，其背后都有大量人类活动参与，已不再是完全的自然现象（张小曳等，2013）。然而，现阶段中国社会各界甚至包括各级政府普遍夸大了自然因素在雾霾形成过程中所发挥的作用，将空气质量的改善或恶化归结为完全由自然因素（如降雨、大风等）决定。最终，导致雾霾污染的治理陷入消极被动的自然决定论，难以发挥人的主观能动性，进而损害了各项污染防控政策的有效性。

合理、有效的雾霾污染协同治理机制必须建立在科学精准的雾霾污染空间关联认识之上，必须充分考虑大范围雾霾污染的空间依赖关系及其结构特征与影响因素。只有这样，才能打破当前普遍存在的对区域性雾霾污染的狭隘认识，厘清自然因素和人类活动在雾霾污染空间关联形成过程中所发挥的作用，由此确立人在雾霾治理过程中的主观能动性。梳理已有文献，可以发现当前雾霾污染空间关联相关研究均在一定程度上低估了雾霾区域性特征的复杂度。依据研究目标，现有雾霾污染空间关联研究可分为两类：①部分学者尝试利用时间序列分析方法（如线性格兰杰因果检验、广义脉冲响应函数等）识别不同地区间存在的雾霾污染空间关联（潘慧峰等，2015a；刘华军等，2017）。这类研究的主要目的在于定性识别雾霾污染在城市、城市群、地区等层面存在的空间依赖关系，即某一地区污染水平的加剧是否会导致其他地区空气质量随之恶化。这类研究多以线性模型为分析框架，然而雾霾污染的发生受到自然因素和社会经济因素等诸多复杂因素的影响，雾霾的形成及演进呈现典型的非线性过程（朱彤等，2010）。②部分学者利用探索性空间数据分析、网络分析等方法考察了雾霾污染空间关联的结构特征（Hu et al.，2014；Han et al.，2016）。这些研究揭示出雾霾污染在城市、城市群、地区层面存在的复杂依赖关系，为审视雾霾污染的空间关联提供了新的视角。但此类现有文献仅利用少量统计指标（如 Moran's I 或网络分析中的中心性分析指标等），识别雾霾污染空间关联的结构特征，将复杂的空间依赖关系简化为单一的统计量。上述做法无疑与现阶段中国雾霾污染日趋复杂的区域性特征不符，尤其是不能揭示出雾霾污染空间关联的微观模式。另外，现有文献研究内容局限于描述雾霾污染空间关联的结构特征，尚未进一步识别出决定雾霾空间依赖关系形成的关键因素，这无疑降低了现有文献的现实意义与决策参考价值。与已有研究相比，本章利用非线性格兰杰因果检验技术识别不同城市间存在的雾霾污染空间依赖关系，并利用复杂网络分析方法考察其结构特征；基于模体分析方法识别了雾霾污染空间关联的微观特征，揭示出城市间雾霾污染的主要连通模式；基于指数随机图模型，考察了人类活动与自然因素在雾霾污染空间关联形成过程中所发挥的作用。

第二节 数据与方法

一、样本数据

雾霾天气的直接诱因是大气中的颗粒物（$PM_{2.5}$、PM_{10}）含量严重超标（Guan et al.，2014）。在各项雾霾污染物中，$PM_{2.5}$近年来逐渐成为中国区域雾霾污染的首要污染物。$PM_{2.5}$的来源与组成更加复杂且危害程度更高，在大气中的停留时间更长，如直径在 0.1～1 微米的颗粒物生命周期可达 1～2 周，传输可达几千千米（Engling and Gelencsér，2010），因此采用 $PM_{2.5}$ 浓度作为雾霾污染水平的衡量指标。当前，中国环境监测总站实时发布 1436 个国控站点的 $PM_{2.5}$ 等雾霾污染物监测信息，然而该网站仅提供当前 1 小时内的监测数据，无法从中获得某一段时间内的数据。从生态环境部数据中心可以获得空气质量指数的历史数据值，然而该网站并未提供 $PM_{2.5}$ 的相关信息。目前，获取各监测站点 $PM_{2.5}$ 浓度历史值最方便的途径是基于各类第三方网站提供的数据接口抓取所需信息[①]。首先，通过采集各监测站点每小时 $PM_{2.5}$ 浓度数据，计算出各城市所有监测站点的 $PM_{2.5}$ 浓度平均值；然后，根据《环境空气质量指数（AQI）技术规定（试行）》（HJ633—2012）中的日报发布标准，计算得到各城市 $PM_{2.5}$ 浓度的日报数据。基于上述数据获取及处理方法，最终共搜集整理了中国 279 个城市 2015 年 1 月 6 日至 2017 年 7 月 31 日的 $PM_{2.5}$ 浓度日报数据。针对部分城市可能存在缺失数据的情况，做如下处理：如果某一城市缺失数据较多则删除这一城市；如果数据缺失较少则利用插值法进

---

① 目前，有多家第三方平台提供了空气质量指数以及各类雾霾污染物浓度监测数据的分发服务，如 hzexe.com 提供的开源的国家空气数据获取客户端（https://github.com/hzexe/openair），以及 https://www.aqistudy.cn/和 http://www.tianqihoubao.com/等。

行补全。

二、空间关联网络的构建及其结构特征分析

在中国雾霾污染区域性特征不断增强的现实背景下，大气环境污染已不再是局限于单一地区的局部问题，伴随污染物的扩散，各地区雾霾污染相互作用、相互影响。不同地区间的复杂依赖关系决定了区域性雾霾污染的研究必须摆脱传统计量与统计方法所施加的独立性假设，从空间关联与空间交互影响的视角进行研究。此外，由于雾霾在其生成、扩散、转移等过程中受大气环流和人类活动等复杂因素的影响，往往呈现出典型的非线性演进过程。这就要求对雾霾污染空间关联的识别必须符合雾霾污染时间演进的非线性趋势，以降低研究结果的统计推断误差。非线性格兰杰因果检验（Diks and Panchenko，2006；杨子晖，2010）能够突破线性分析框架的约束，以揭示非线性复杂系统内各变量彼此间的相互关系。因此，基于非线性格兰杰因果检验在考虑雾霾污染动态性、复杂性、非线性的基础上，识别研究样本内两两城市间雾霾污染空间交互影响的存在性，以此构建雾霾污染空间关联矩阵 M（如果城市 i 雾霾污染水平的变动并未对城市 j 的雾霾污染产生影响，则空间关联矩阵对应元素 $M_{ij} = 0$；反之，$M_{ij} = 1$）。

在构建完成雾霾污染空间关联矩阵后，利用网络分析方法从关系数据视角进一步深入挖掘非线性格兰杰因果检验传达的信息。网络是描述复杂系统中的元素及其相互连接的自然而形象的概念，一个典型的网络是由许多节点以及连接节点之间的边组成的（周涛等，2005），其中节点用来代表真实系统中的不同个体（元素），而边则代表了不同个体之间的关系（连接）。每一网络 G 可以借由图论概念来描述，图 $G = (V, E)$ 是一种包含节点集合 V 与边集合 E 的结构，其中 E 的元素是不同节点的组合 $\{u, v\}$，$u, v \in V$。若边集合 E 中每条边的两个节点都有次序[即对于 $u, v \in V$，(u, v) 与 (v, u) 不同]，则称图 G 为有向图（directed graph），否则称为无向图（undirected graph）。针对雾霾污染空间关联矩阵中任一元素 M_{ij}，如果 $M_{ij} = 1$，则图 G 的边集合 E 中 (i, j) 存在，反之则边集合 E 中 (i, j) 不存在。因此，依据雾霾污染空间关联矩阵 M 构造得到了空间关联网络 G，其中 (i, j) 称为从起点 i 指向终点 j 的有向边。

为了对雾霾污染空间关联网络有比较全面的认识，在此从整体特征与微观模式两大层面探讨关联网络的结构特征。网络图中的基本元素是节点和边，可以从以下角度分析其整体特征：①节点度的概率分布。在一个网络图 $G = (V, E)$ 中，节

点 i 的度 d_i 指的是与 i 相连的 E 中边的个数。给定一个网络图 G，定义 f_d 为度 $d_i = d$ 的节点 $i \in V$ 所占的比例。$\{f_d\}_{d \geq 0}$ 的集合称为 G 的度分布（degree distribution）。②网络中心势。测量的是一个网络在多大程度上围绕某个或某些特殊点建构起来。具体而言，度数中心势测度网络向某个点集中的趋势，中间中心势测度网络中是否存在少数节点起到了中介的作用，接近中心势测度网络中是否存在少数节点与其他节点均较为接近[①]。③密度与相对频率。一个图的密度是指实际出现的边与可能的边的频数之比。有向图的密度计算公式如式（5-1）所示，其中 $|E_G|$ 为图 G 边的实际数量，$|V_G|$ 为其最大可能数量。相对频率可用于定义图的聚集性概念，标准定义如式（5-2）所示。其中，$\tau_\triangle(G)$ 为图 G 的三角形个数，$\tau_3(G)$ 为连同三元组个数。$\mathrm{cl}_T(G)$ 衡量连通三元组闭合形成的三角形相对频率，也称图的传递性，表示传递性三元组的比例。④交互性。有向图中的一个独有概念是互惠性或交互性，即有向网络中的边在多大程度上是交互（双向）的。交互性的测度可以分别依照二元组或有向边进行，当采用二元组作为基本单位时，交互性定义为有双向边的二元组数量除以只有单一非双向边的二元组数量。当采用有向边作为基本单位时，交互性定义为双向边的数量除以所有边的数量。⑤趋同性。趋同性是指具有某种相似属性的节点间往往更容易产生关联关系。量化给定网络中的趋同性程度可以采用同配系数 r_a，r_a 的取值在 $-1 \sim 1$。当图的混合模式与随机分配一致时，该值为 0；当图的混合模式为完全同配时，该值为 1[②]。模体 M_i 在真实网络中的归一化 Z 得分（Z score）计算公式如式（5-3）所示，其中 N_{real}^i 为该模体在真实网络中的出现次数，N_{rand}^i 为它在随机网络中的出现次数，其均值记为 $< N_{\mathrm{rand}}^i >$，标准差记为 σ_{rand}^i。与 p 值相同，Z 得分同样可以衡量某一模体在真实网络中的重要性，归一化 Z 得分越大该模体在网络中的相对重要性越大，SP_i 是归一化 Z 得分。

$$\mathrm{den}(G) = \frac{|E_G|}{|V_G|(|V_G| - 1)} \tag{5-1}$$

$$\mathrm{cl}_T(G) = \frac{3\tau_\triangle(G)}{\tau_3(G)} \tag{5-2}$$

$$\mathrm{SP}_i = \frac{Z_i}{\sqrt{\sum_i Z_i^2}}, \quad Z_i = \frac{N_{\mathrm{real}}^i - < N_{\mathrm{rand}}^i >}{\sigma_{\mathrm{rand}}^i} \tag{5-3}$$

---

① 鉴于上述三类指标目前广泛应用于网络分析文献中，这里不再具体讨论其具体计算方式。读者如有需要，可以参考相关著作（刘军，2014）。

② 关于同配系数的具体计算方法，读者可以参考 Newman（2003）。

三、指数随机图模型分析方法

上面论述的网络分析方法主要是描述性的，无法揭示网络形成的内在机理。在此，进一步构建以网络结构为中心的概率模型，分析哪些属性变量与网络变量对雾霾污染空间关联关系的发生具有显著影响。传统的统计或计量分析方法建立在研究对象不相关或彼此相互独立的假设之上，无法将关系数据纳入定量分析中，基于独立性假设的研究可能会导致研究结论遗漏许多重要信息。随着中国雾霾污染区域性特征的日益增强，独立性假设显然难以符合现实，这就必然要求研究者将城市间雾霾污染的关联关系纳入实证分析中。指数随机图模型是以网络结构为中心的统计模型，能够通过类似逻辑回归（logistic regression）的形式来解释所观测到的网络结构特征。确切地说，指数随机图模型可用于解释观测网络中关联关系的形成是源于节点成员的某种属性特征，还是外生网络的影响效应，还是来源于网络内部的自组织结构效应。考虑随机图 $G = (V, E)$，令 M 为与 G 相关的（随机）空间关联矩阵，其中 M_{ij} 为 G 中存在一条由 i 指向 j 的有向边。记 $m = [m_{ij}]$ 是 M 的一个特定实现，指数随机图模型就是利用各类指数族分布定义 M 中元素联合分布的模型，其最简单的形式如式（5-4）所示（Frank and Strauss，1986）：

$$P_\theta(M = m) = \left(\frac{1}{K}\right)\exp\left\{\sum_H \theta_H g_H(m)\right\} \tag{5-4}$$

式中，$g_H(m)$ 为与空间关联矩阵 m 相关的网络统计量（network statistics），即与空间关联矩阵 m 相关的函数，统计量不同函数也不同；P 为概率；θ 为该统计量的系数；K 为归一化常数，有 $K = K(\theta) = \sum_m \exp\left\{\sum_H \theta_H g_H(m)\right\}$。

指数随机图模型允许有各种变形和扩展，能够将多类可能影响节点间关系形成的因素纳入模型中。一般而言，影响网络形成的各种因素可分为以下几类：①网络自组织效应。网络作为一类特殊的复杂系统，其节点间的关系可由网络自我组织形成，即某一些关系的出现往往会促进其他关系的形成。这类自组织效应通常又可称为内生结构效应，并不涉及节点属性或其他外生因素，仅来源于网络的内部过程。一类重要的自组织效应涉及网络闭合或称为传递性，当关联矩阵中 $M_{ij} = 1$ 与 $M_{jk} = 1$ 同时为真时，$M_{ik} = 1$ 很可能也为真，这就在网络中形成了传递三角形结构；另一类重要的自组织效应涉及网络关系的双向性或称为交互性，即当 $M_{ij} = 1$ 时，$M_{ji} = 1$ 的概率往往会增大。②个体属性影响。连接两个节点的边形成的概率不仅取决于其他节点间关系的状态, 还取决于各节点本身的属性。可以通过附加统计量的方式将个体属性的影响纳入指数随机图模型中, 这类统计量的自然形式如式 (5-5) 所示。其中, $x_i(x_j)$ 代表节点 i (j) 的某一类属性, h 为 x_i 和 x_j 的对称函数。h 通常有两种选择, 分别度量个体属性的主效应 (main effects) 和趋同效应 (homophily effects), 主效应采用加法形式定义: $h(x_i, x_j) = x_i + x_j$, 趋同效应采用节点属性的等价性指标定义: $h(x_i, x_j) = I\{x_i = x_j\}$ (Harris et al., 2012)。③外生网络效应。除内生结构和个体属性等自变量外, 指数随机图模型还可以采用其他网络或二元组属性作为模型的自变量。不同的网络关系往往相互间存在共生现象, 如果某一网络 G 中 $M_{ij} = 1$ 为真, 另一相关网络 G' 中 $M'_{ij} = 1$ 为真的概率也会随之增大。为了考察外生网络与观测网络是否有关联, 可以通过附加统计量的方式扩展指数随机图模型, 有向网络中这一统计量构建形式如式 (5-6) 所示, 其中 M' 表示与观测网络相关的某一外生网络。指数随机图模型中外生网络的选择并不局限于通常意义上的网络, 更加一般的二元关系也可以作为协变量加入模型中, 如节点间网络关系的状态可能依赖于节点间的地理距离。通过将空间交互作用函数[如逆幂律函数 $1/(1 + ad^r)$, 其中 a、r 为参数, d 为距离]纳入指数随机图模型中, 可以测度距离对网络关系形成的影响。

$$g(m, X) = \sum_{1 \leqslant i < j \leqslant N_v} m_{ij} h(x_i, x_j) \qquad (5\text{-}5)$$

$$g(m, M') = \sum_{i,j} m'_{ij} m_{ij} \qquad (5\text{-}6)$$

第三节　中国城市雾霾污染空间关联的整体特征与微观模式

随着中国雾霾污染区域性特征的日益增强, 雾霾污染在不同地区间呈现出典型的联动网络结构特征, 某一地区空气质量的恶化往往会导致其他地区随之爆发雾霾天气。为揭示出中国大范围雾霾污染空间关联的结构特征, 本节进一步从整体特征与微观模式两大维度考察雾霾污染空间关联的结构特征。

一、网络整体特征分析

利用非线性格兰杰因果检验技术[①]（Granger，1969；Diks and Panchenko，2006）识别样本城市间雾霾污染的关联关系，图 5-1 以网络可视化的方式列出了测度结果[②]。

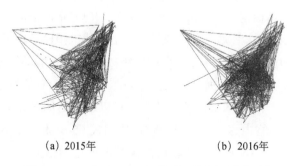

(a) 2015年　　　　　　　　　　(b) 2016年

图 5-1　2015 年和 2016 年雾霾污染空间关联网络

由图 5-1 可知，样本城市间普遍存在雾霾污染的关联效应，即使相隔较远的地区之间仍有可能存在雾霾污染的联动效应，如图 5-1 中的东部地区各城市间大多存在较为紧密的关联关系，西部地区新疆则与东部地区存在一定程度的雾霾污染空间关联。大范围空间关联的识别为重新认识雾霾污染的区域性特征及其形成机理创造了条件，大范围雾霾污染的形成，不应被认为是一种单一的污染现象，从空间层面看区域性雾霾污染的爆发可能由多种空间污染源诱发而成，少数城市$PM_{2.5}$ 浓度的增加将使得区域整体雾霾污染水平上升。从时间演进趋势看，雾霾污染空间关联的关系数呈上升趋势，样本城市间 $PM_{2.5}$ 浓度变化的联动关系更加紧密。从空间分布看，雾霾污染空间关联的关系数在不同地区的分布并不平衡，东部地区城市拥有更多的发出关系与接收关系，而西部地区城市与其他城市的关联相对较弱。

为了进一步揭示雾霾污染空间关联的非均衡性分布，利用核密度估计考察各城市点出度与点入度的概率密度分布（图 5-2）。由图 5-2 可知，2015 年各样本城市点入度的概率密度分布呈典型双峰分布特征，表明各样本城市接收到的关系数

[①]　限于篇幅，此处并未列出非线性格兰杰因果检验的具体操作过程和分析结果。

[②]　研究样本共包含 279 个城市，雾霾污染空间关联的最大可能关系数为 77 562，即使实际关系数仅为最大可能关系数的1%，仍将有超过 700 组关系。如此规模的关系数势必无法通过以图中连线方式将其可视化，所以选择通过随机抽样仅将3%的实际关系进行可视化。随机抽样过程中各城市发出的关系数与接收的关系数大致保持相同比例，因此可以图形化的方式反映出未抽样前关系的密度及其时间变化等特征。

存在两极分化，一部分样本城市雾霾污染水平的变化更容易受到其他城市的影响，而一部分样本城市相对较为封闭。2015 年，各样本城市点出度的概率密度分布同样呈一定程度的双峰分布特征，但峰值较接近，表明各样本城市发出的关系数两极分化现象并不显著。2016 年，各样本城市的点入度普遍增加，概率密度函数大幅右移且峰值下降，导致尽管各样本城市发出的关系数不再呈两极分化特征，但概率密度函数的极差拉大。2016 年，各样本城市的点出度普遍增加，但各样本城市点出度的增长并不均衡，导致两极分化现象更加显著。由上述测度结果可知，随着时间的推移各样本城市雾霾污染的空间关联逐渐更加紧密，但从点出度的变动趋势可知，关联关系数的增加并不均衡，少数城市发出关系数的大幅上升是导致空间关联更加紧密的重要推动力量。

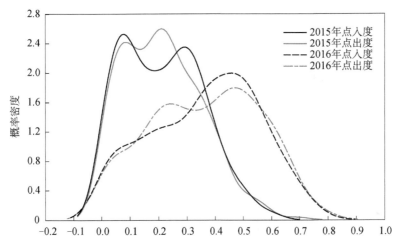

图 5-2　雾霾污染空间关联网络点出度与点入度的概率密度分布

利用图论中的各类描述性分析指标考察雾霾污染空间关联网络的结构特征，如图 5-3 所示。由图 5-3 可知，入度中心势与出度中心势均超过 0.4，表明网络整体中心性较高且存在向少数关键节点集中的趋势。从时间演进趋势看，出度中心势下降，入度中心势小幅上升。结合出度中心势的变化可知，造成入度中心势上升的原因可能是部分城市发出关系数的增加使得网络各节点接收的关系数普遍上升。中介中心势与接近中心势的数值较小，反映出尽管空间关联网络内存在一部分关键城市节点，但网络整体并不存在任何等级化的结构特征。对于存在间接雾霾污染空间关联的城市来说（即经由一个或多个中介 k，城市 i 的雾霾污染对城市 j 产生影响，$i \rightarrow \cdots \rightarrow k \rightarrow \cdots \rightarrow j$），中介节点并非仅由少数城市控制，换言之，城市间存在多样化的雾霾溢出通道。从网络密度、传递性、交互性测度结果看，推动雾霾污染空间关联日趋紧密的一个重要力量可能来源于网络的自组织结构特征。一般而言，现实世界中的各类关联关系可能具备传递性与交互性，而受大气环流等多种因素的影响，雾霾污染的区域传输也具备这两类特征。传递性与交互性的存在意味着各节点间的关联关系并非相互独立，某些关系的存在将会诱发网络中其他关系的出现。由图 5-3 可知，样本考察期内雾霾污染空间关联网络的传递性与交互性迅速上升，整体网络密度增加。上述测度结果表明，雾霾污染的溢出效应已超越单个的二元组（即城市节点对），雾霾污染空间关联存在复杂的相互依赖关系。

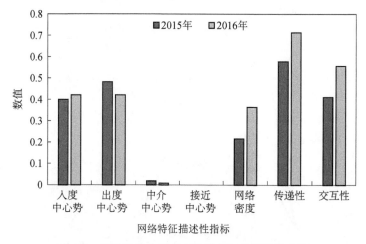

图 5-3　雾霾污染空间关联网络特征的描述性分析

为了更加细致地揭示出雾霾污染空间关联的动态演进特征，将滚动窗口技术与网络分析方法相结合，实现网络密度、传递性、交互性的动态化测度。考虑到非线性格兰杰因果检验对样本数据量的要求（杨子晖和赵永亮，2014），在此选择 365 天作为每一窗口的样本长度，同时为保证足够的窗口个数，将数据样本考察期拓展至 2017 年 7 月 31 日。滚动窗口操作过程如下（Balcilar et al.，2014）：首先，依照选定好的窗口期长度（365 天）将全体样本分割为多个子样本，其中每一子样本起始日期相差 k（在保证最终结果准确性的前提下，为了将滚动窗口操作耗费的时间保持在合理范围内，选择 $k=7$）；然后，针对每一子样本进行非线性格兰杰因果检验并构建雾霾污染空间关联网络；最后，测度每一雾霾污染空间关联网络的密度、传递性、交互性并记录结果，如图 5-4 所示。由图 5-4 可知，样本考察期内雾霾污染空间关联网络密度整体呈上升趋势，但仍存在一定程度的波动。2016 年前两个月网络密度小幅下降，在此之后大幅上升，2017 年 2 月之后网络密度小幅下降。样本考察期内传递性的波动趋势与网络密度大致相同，交互性呈小幅下降趋势但仍保持较高水平。根据上述测度结果，雾霾污染空间关联网络密度上升的一个重要原因在于雾霾污染传递性的增强。与此同时，雾霾污染的交互性依旧是推动空间关联关系形成的重要因素。

图 5-4　雾霾污染空间关联网络的动态演进特征

图 5-5 显示了城市节点度与雾霾污染水平的相关关系。由图 5-5 可知，节点度越高的节点其雾霾污染水平往往越高（节点度就是与该点直接相连的其他点个数，对于有向网络即点出度与点入度之和）。换言之，雾霾污染水平越高的城市其对外溢出的能力以及接收外部城市影响的强度也越高。图 5-6 显示了城市节点度与邻居雾霾污染水平的相关关系。依据图 5-6 的测度结果，2015 年城市节点度与其邻居的雾霾污染水平呈正向相关关系，某一城市邻居的雾霾污染水平越高则其节点度越高，而 2016 年正向相关关系消失，各类城市的邻近城市均具有较高的雾霾污染水平。由此可知，雾霾污染空间关联的形成可能受关系的接收者和发出者污染程度的影响，雾霾污染水平越高的城市之间形成雾霾溢出关系的概率越高。为了检验上述现象存在与否，利用同配系数考察了雾霾污染空间关联网络的混合模式。依据测度结果，2015 年雾霾污染空间关联网络的同配系数为 0.079，2016 年这一数值降至 0.039。根据这一结果，当以污染水平作为节点属性特征时，雾霾污染空间关联并不具有明显的同配性（或趋同性）。造成这一现象的原因可能在于，在雾霾污染空间关联形成过程中，关系发出者的雾霾污染发挥的作用更为显著，而关系接收

者的雾霾污染发挥的作用相对较小。

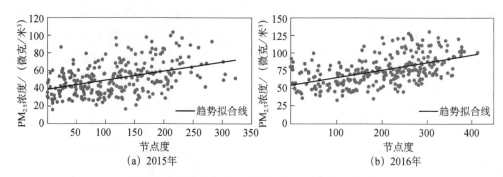

图 5-5　城市节点度与雾霾污染水平的相关关系

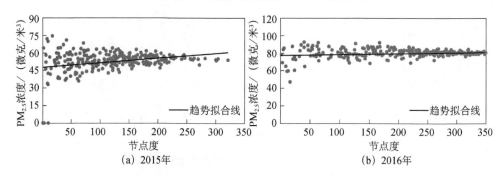

图 5-6　城市节点度与邻居雾霾污染水平的相关关系

二、网络微观模式分析

为了探究不同城市之间的微观关联模式，进一步利用模体分析方法对雾霾污染空间关联网络中反复出现的小型连通子图（即模体）进行识别，并判断哪些模体在关联网络中发挥显著作用（$P=1$，表示不显著；$P=0$，表示显著），如表 5-1 所示。

表 5-1　雾霾污染空间关联网络模体分析

代码	模体	频率/次	Z值	P值	前 5 位城市				
F8R	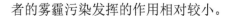	1714	-16.66	1	安阳	吴忠	通化	佛山	吉林
GCR		1633	0.00	1	新乡	周口	安阳	吴忠	荆门
F7F		1585	0.00	1	安阳	周口	吴忠	白山	通化
FKX		1368	48.80	0	抚顺	呼和浩特	吉林	通化	郑州
F8X		1341	17.85	0	抚顺	本溪	辽阳	通化	淄博

续表

代码	模体	频率/次	Z 值	P 值	前 5 位城市				
GOX		1283	20.15	0	吉林	抚顺	郑州	哈尔滨	沈阳
JQF		1060	29.20	0	抚顺	吉林	呼和浩特	鞍山	哈尔滨
FMF		1023	31.73	0	吉林	抚顺	通化	郑州	沈阳
GDF		1008	18.55	0	吉林	淄博	抚顺	通化	沈阳
IMF		1003	26.01	0	通化	吉林	抚顺	辽源	郑州
GQX		798	26.01	0	吉林	抚顺	聊城	淄博	郑州
K4F		648	25.13	0	抚顺	吉林	淄博	呼和浩特	郑州

根据表 5-1 的分析结果，模体 F8R、GCR、F7F 在雾霾污染空间关联网络中出现频率最高，但在网络中均不显著（$P=1$）。换言之，上述城市间雾霾污染的连通模式尽管出现最为频繁，但其存在与否并不会对网络的整体结构产生明显影响。出现这一现象的原因可能是，F8R、GCR、F7F 模体中缺乏交互关系或传递三角形，与雾霾污染空间关联网络中普遍存在的交互性和传递性相矛盾。从参与频率看，安阳、吴忠、周口等城市在 F8R、GCR、F7F 模体中出现最为频繁，在空间关联网络中大多只扮演了雾霾污染溢出关系的发出者或接收者，较少与其他城市形成双向的交互关系。FKX、F8X、GOX 等模体在网络中显著存在（$P=0$），且出现频率均超过 1200 次。FKX 与 GOX 形成了节点间的传递三角形结构，F8X 则存在节点间的交互关系，这一测度结果表明关系的传递性和交互性对雾霾污染空间关联网络的形成及其结构特征具有重要影响。出现频率较低的是 K4F、GQX 模体，但在网络中均显著，表明这两类模体可能仅在网络的某些局部结构中发挥一定作用。出现这一现象的原因可能是，雾霾污染空间关联网络中尽管存在一定程度的交互性特征，但某些城市仅扮演了关系的发出者或接收者。K4F 和 GQX 所描述的高度交互性倾向与中国雾霾污染的区域性特征并不相符，由此导致其出现频率相对较低。

第四节 中国城市雾霾污染空间关联的影响因素

第三节从整体特征与微观结构两个层面分别考察了雾霾污染空间关联的结构特征，本节进一步利用指数随机图模型揭示雾霾污染空间关联形成的影响因素。

一、指数随机图模型变量选择

指数随机图模型类似于传统计量中的广义线性模型，但其被解释变量为网络中节点间的关联关系，且解释变量的选择更灵活。指数随机图模型中的解释变量通常分为三类（表 5-2）：网络自组织效应、个体属性效应、外生网络效应，多样化的解释变量使得指数随机图模型能够很好地解释网络的形成机理。

表 5-2　指数随机图模型主要统计量及其含义

网络构局	统计量	变量名称	含义
○——▶○	$\sum_{i,j} m_{ij}$	边数	解释其他变量的基准（类似计量回归模型中的常数项）
○◀—▶○	$\sum_{i,j} m_{ij}m_{ji}$	交互性	网络节点间是否倾向形成交互关系
[三角形图]	GWESP	几何加权边共享伙伴	网络的度分布和传递性特征
●——▶●	$\sum_{i,j} m_{ij}\delta_i\delta_j$	趋同性	具有相同属性的节点间是否更容易形成关系
○——▶○	$\sum_{i,j} m_{ij}m'_{ij}$	网络协变量	其他网络中存在关系的节点是否更容易形成关系
●——▶○	$\sum_{i,j} m_{ij}\delta_i$	点协变量	某一属性强的节点是否更容易与其他节点形成关系

资料来源：迪安·鲁谢尔等（2016）；Harris（2013）；Lusher 等（2013）；Brashears（2014）

1. 网络自组织效应

指数随机图模型需考虑多种网络内生结构变量，如网络的边数、交互性、聚敛性、扩张性、传递性、交互 k 三角、交互 k 路径等。上述统计量从多角度考察了网络关系间的相互依赖，使得指数随机图模型能够揭示出观测网络 M 中存在的特定相依结构在网络形成过程中所发挥的作用。交互性考察网络节点间发生双向关系的倾向，聚敛性和扩张性考察每一节点的发出者效应与接收者效应，传递性和交互 k 三角考察网络中的传递性关系。受模型自由度限制，279 个城市节点的发出者效应与接收者效应无法纳入模型中，因此并未将聚敛性和扩张性纳入指数随机图模型中。在集聚性较强的网络中，如果将三角形结构引入指数随机图模型中，有可能导致估计结果不收敛或者面临近似退化问题。在实证研究过程中发现，将传递性和交互 k 三角纳入模型中的确会导致估计结果不理想，因此最终并未将传递性和交互 k 三角纳入模型中。为了弥补模型自由度和近似退化问题导致模型中内生结构变量的缺失，在此以几何加权项衡量观测网络内存在的复杂依赖关系。几何加权项共有三种：几何加权度（geometrically weighted degree，GWD）、几何加权边共享伙伴（geometrically weighted edgewise shared partner，GWESP）和几何加权二元组共享伙伴（geometrically weighted dyadwise shared partner，GWDSP）。将上述统计项纳入指数随机图模型中作为评价关系依赖性的工具，可以考察网络的度分布和传递性特征（关于边共享伙伴和二元组共享伙伴的特征如图 5-7 所示）。鉴于几何加权度无法应用于有向网络中，同时考虑到几何加权项的复杂算法所带来的模型估计时间小时级甚至指数级的增长，仅将几何加权边共享伙伴纳入模型中，并利用曲线指数族模型（curved exponential family models，CEF）确定其参数设定。

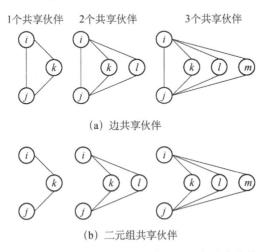

图 5-7　二元组 ij 的边共享伙伴和二元组共享伙伴

2. 个体属性效应

为了检验 $PM_{2.5}$ 浓度越高的城市是否越容易与其他地区产生雾霾污染空间关联，在此将各样本城市的 $PM_{2.5}$ 浓度分为高中低三类，将 279 个城市中 $PM_{2.5}$ 浓度排在前 33%的定为 HazeHigh，排在 33%～66%的定为 HazeMid，排在后 33%的定为 HazeLow。除考察 $PM_{2.5}$ 浓度在雾霾污染空间关联网络形成过程中所发挥的作用外（主效应），还将检验是否具有相同污染水平的城市更容易形成雾霾污染空间关联，即 $PM_{2.5}$ 是否在空间关联网络形成过程中发挥了趋同效应。在节点协变量方面，考虑到人类活动和自然因素可能会对雾霾污染空间关联的形成发挥重要作用，还将经济发展水平（以人均 GDP 衡量）、人口密度（以单位面积的人口数衡量）、工业发展水平（工业总产值与 GDP 之比）、低温天气（最高气温低于 5℃ 且最低气温低于 0℃ 的天气年均发生频数）、静稳天气（无持续风向且风力小于等于三级的天气年均发生频数）等引入指数随机图模型中，以厘清这些变量在雾霾污染空间关联关系形过程成中发挥的作用。本节所采用的样本数据，以及人均 GDP 等衡量人类活动的变量数据均来自《中国城市统计年鉴 2016》，气温、风向、风力等数据来自天气后报网（http://www.tianqihoubao.com/）。与 $PM_{2.5}$ 浓度类似，人均 GDP 等变量也分为高中低三类。

3. 外生网络效应

与传统计量方法相比，指数随机图模型的一个突出优点在于可以将网络变量纳入分析中，以此直接考察不同类型的二元关系的相互依赖。二次指派程序等方法尽管能研究不同网络之间的回归关系，但与指数随机图模型相比，难以充分考虑雾霾污染复杂的空间依赖关系。因此，本节将经济空间关联、气象空间关联、地理空间因素作为网络协变量引入指数随机图模型中，以此检验各相关网络对雾霾污染空间关联关系的影响。其中，经济空间关联是通过引力模型测度不同城市间经济相互作用的大小而构建的。气象空间关联测度方法如下：首先，将每日天气（晴、多云等）依据降雨/降雪情况转变为分类变量（暴雨/暴雪归为5，大雨/大雪归为4，中雨/中雪归为3，小雨/小雪归为2，其他则为1）；然后，通过斯皮尔曼（Spearman）相关系数测度两两城市间天气状况变化的相关程度，并依照 P 值显著性构建关联网络。地理空间因素以城市间地理距离来衡量。

二、指数随机图模型拟合

指数随机图模型拟合步骤如下：首先利用最大伪似然估计法（maximum pseudolikelihood）判别模型参数的初始值，然后利用马尔可夫链蒙特卡洛（Markov chain Monte Carlo，MCMC）参数估计法从所有可能实现的网络中选择一个网络，将网络节点间的二元关系随机进行转换（从0到1或从1到0），通过对比转换前后的网络，考虑接受转换后的新网络，还是进行新一轮的二元组选择和转换。上述过程将重复进行，直至整个马尔可夫链蒙特卡洛链全部完成。为了降低模型无法收敛和近似退化的概率，选择最大迭代次数为50，马尔可夫链蒙特卡洛样本规模为2048，老化次数（burn-in）为32 768，间隔（interval）为2048。

首先，考察只包含边数、交互性与各城市 $PM_{2.5}$ 浓度的基准模型，表5-3中模型①、②分别列出了 $PM_{2.5}$ 浓度的主效应和趋同效应。指数随机图模型的回归结果表明，无论考虑 $PM_{2.5}$ 浓度的哪种效应，交互性（mutual）在1%的水平上显著为正，且估计系数均超过1.1。换言之，以网络中的节点 i 和 j 为例，如果已知 $M_{ij} = 1$ 为真，则 $M_{ji} = 1$ 为真的概率将会提高约15.5%。上述结果表明，雾霾污染空间关联网络表现出了较多的双向关系，许多城市间的雾霾污染水平相互依赖，这与模体分析结果一致。$PM_{2.5}$ 浓度的主效应和趋同效应均在1%的水平上显著，表明雾霾污染水平越高的城市越容易与其他城市产生雾霾污染空间关联，相较于低污染水平的城市，高等污染水平的城市形成雾霾污染空间关联的概率将提高约63%[1]。此外，城市间雾霾污染水平的相近也将可能提高雾霾污染空间关联形成的概率，如果

---

[1]　概率测算参考 Harris（2013），下同。

两个城市的雾霾污染均处于中等水平（不考虑节点交互性的差异），雾霾污染空间关联形成的概率将上升至 19%，而如果两个城市的雾霾污染均处于高水平，这一概率将进一步上升至 41%。

表 5-3　指数随机图模型回归结果

效应	解释变量	基准模型		节点协变量		网络协变量	GWESP
		①	②	③	④	⑤	⑥
网络自组织效应	Edges	−2.247 2*** (0.021 3)	−1.728 9*** (0.012 7)	−2.643 2*** (0.051 1)	−2.632 2*** (0.053 3)	−2.940 2*** (0.066 1)	−3.339 2*** (0.155 6)
	mutual	1.190 7*** (0.029 7)	1.286 4*** (0.028 2)	1.029 8*** (0.028 3)	1.023 2*** (0.028 5)	0.961 8*** (0.030 0)	0.968 4*** (0.029 5)
	GWESP						0.114 9*** (0.040 6)
个体属性效应	Haze.Mid	0.312 4*** (0.014 9)	0.131 7*** (0.026 2)	0.181 5*** (0.016 6)	0.188 7*** (0.016 5)	0.144 7*** (0.017 4)	0.145 0*** (0.018 2)
	Haze.High	0.569 3*** (0.015 2)	0.681 6*** (0.023 4)	0.300 3*** (0.021 1)	0.266 2*** (0.020 7)	0.227 2*** (0.021 2)	0.226 6*** (0.022 1)
	rGDP.Mid			0.205 0*** (0.017 6)	0.177 7*** (0.016 1)	0.204 8*** (0.018 8)	0.205 7*** (0.017 7)
	rGDP.High			0.322 2*** (0.018 8)	0.319 6*** (0.018 6)	0.378 5*** (0.019 4)	0.380 9*** (0.020 0)
	pop.Mid			−0.095 0*** (0.016 6)	−0.057 2*** (0.019 1)	−0.091 6*** (0.018 7)	−0.093 6*** (0.019 1)
	pop.High			0.056 2*** (0.020 1)	0.088 7*** (0.022 1)	0.041 5* (0.023 8)	0.036 1 (0.022 7)
	industrial.Mid			0.026 1 (0.017 3)	0.034 4** (0.017 1)	0.008 7 (0.018 7)	0.008 5 (0.018 7)
	industrial.High			0.234 5*** (0.021 4)	0.222 6*** (0.021 4)	0.178 2*** (0.023 0)	0.177 8*** (0.023 0)
	lowTemp.Mid			0.145 0*** (0.020 5)	0.084 4*** (0.021 4)	0.008 1 (0.021 8)	0.016 7 (0.021 8)
	lowTemp.High			0.330 8*** (0.022 2)	0.108 9*** (0.030 3)	0.090 1*** (0.032 3)	0.097 5*** (0.032 1)
	static.Mid			−0.026 2* (0.014 6)	−0.056 1*** (0.015 0)	−0.071 4*** (0.016 1)	−0.073 7*** (0.016 0)
	static.High			−0.224 0*** (0.019 3)	−0.249 2*** (0.020 0)	−0.265 5*** (0.018 9)	−0.267 4*** (0.020 4)
	heat				0.236 5*** (0.022 5)	0.222 2*** (0.025 2)	0.220 1*** (0.023 2)
外生网络效应	weatherNet					0.146 0*** (0.027 2)	0.138 7*** (0.024 4)
	economicNet					0.299 0*** (0.030 9)	0.299 0*** (0.033 5)
	geographicalNet					1.696 1*** (0.228 4)	1.780 1*** (0.229 2)
	AIC	76 847	78 315	74 379	74 282	73 378	73 368
	BIC	76 884	78 343	74 509	74 421	73 544	73 544

*、**、***分别表示在 10%、5%、1%的显著性水平下通过显著性检验，括号内为标准误

其次，在基准模型①的基础上，将经济发展水平（rGDP）、人口密度（pop）、工业发展水平（industrial）等表征人类活动的变量，以及低温天气（lowTemp）、静

稳天气（static）等表征自然因素的变量引入指数随机图模型中。由包含节点协变量的模型③测度结果可知，人类活动和自然因素均在不同程度上塑造了雾霾污染空间关联的形成。其中，经济发展水平、低温天气在1%的水平上显著，且估计系数均为正。其中，人口密度尽管在1%的水平上显著，但估计系数较小，对雾霾污染空间关联的形成并未发挥重要作用。静稳天气的发生能显著降低雾霾污染空间关联形成概率，静稳天气发生频率位于中等水平的城市雾霾污染空间关联形成概率是低水平城市的0.974倍，高水平静稳天气城市的雾霾污染空间关联形成概率是低水平城市的0.799倍。中等水平的工业发展水平未通过显著性检验，高水平的工业发展水平在1%的水平上显著，表明只有当工业在地区经济中占很大比重时才会导致区域雾霾污染的蔓延。出现上述现象的原因可能是，近年来中国工业化进程加速发展，部分城市粗放的管理体制使其资源利用效率降低，工业经济的发展在一定程度上依赖其他城市能源等资源的输入。尽管模型③的测度结果显示，低温天气在雾霾污染空间关联的形成中发挥了极为重要的作用，但考虑到中国冬季集中供暖的国情，这一结果很可能未剔除冬季供暖燃煤的影响。因此，将供暖（heat）作为虚拟变量加入模型中（如果某一城市冬季时集中供暖heat=1，否则heat=0），模型④列出了相关测度结果。当将供暖加入模型后，除低温天气的估计系数发生明显变化外，其他变量的系数及其显著性均保持稳定。当未将供暖加入模型时，高水平的低温天气发生频率使得雾霾污染空间关联形成概率提高1.39倍（相对于低水平的低温天气发生频率），而加入供暖后这一概率仅为1.12倍。模型⑤进一步考虑了网络协变量的影响，分别将地理空间因素（geographicalNet）、气象空间关联（weatherNet）、经济空间关联（economicNet）引入指数随机图模型中。由测度结果可知，气象空间关联和经济空间关联均在1%的水平上显著，且估计系数为正。当两城市间存在气象空间关联时雾霾污染空间关联形成概率将提高1.16倍，而当城市间存在经济空间关联时，雾霾污染空间关联形成概率将提高1.35倍。地理空间因素估计系数同样显著为正，表明城市间地理距离越小雾霾污染空间关联形成概率越高[①]。模型①~⑤中网络自组织效应均只考虑了边数和关系的交互性，由于未能将关系间的复杂依赖特征纳入模型中，估计结果可能面临较高的统计推断误差。因此，选择将几何加权边贡献伙伴（图5-7）引入模型中，以表征节点 i、j 之间关系的发生是否受其共同伙伴 l、k、m 的影响。由模型⑥的测度结果可知，几何加权边共享伙伴的估计系数显著为正，表明两个城市如果存在较多的共同伙伴将会提高雾霾污染空间关联形成概率。但几何加权边共享伙伴的引入并未显著改变模型中其他变量的估计系数和显著性，也并未显著提高模型的拟合程度。

①　气象空间关联与经济空间关联均以0-1矩阵的形式引入指数随机图模型中，而地理空间因素（geographicalNet）则以加权网络（weighted network）的形式加入指数随机图模型中，网络中每一元素的取值并未局限于0或1，因此其估计系数与前两者并不可直接相比较。

第五节　本章小结

本章在充分考虑雾霾污染时间演变的非线性特征基础上，利用非线性格兰杰因果检验识别了中国 279 个城市之间雾霾污染水平变动的关联关系，并进一步利用网络分析方法从整体特征与微观模式两大维度考察了雾霾污染空间关联的结构特征。最终，通过指数随机图模型测度了影响雾霾污染空间关联关系形成的关键因素。主要研究结论如下：①样本城市间普遍存在雾霾污染的关联效应，即使相隔较远的地区之间仍有可能存在雾霾污染的溢出效应，当前中国区域性雾霾污染呈现典型大范围特征。②从时间趋势看，中国区域雾霾污染空间关联网络日趋紧密，但关联关系数等的增加并不均衡，部分城市雾霾污染对外溢出能力大幅提升。③推动雾霾污染空间关联紧密程度上升的一个重要力量来自网络的自组织特征，样本考察期内雾霾污染传递性的增强极大地促进了各城市间雾霾溢出关系的形成，与此同时，交互性依旧是推动空间关联关系形成的重要因素。④指数随机图模型测度结果表明，除网络的自组织效应外，自然因素和人类活动同样将影响雾霾污染空间关联的形成，自然因素（如气象空间关联、低温天气）将提高空间关联形成概率，而静稳天气则会显著降低城市间雾霾污染的依赖关系。⑤在自然因素作为控制变量的前提下，指数随机图模型拟合结果仍旧显示人类活动在雾霾污染空间关联形成过程中发挥了重要作用，各地区经济发展水平以及相互间的经济依赖关系、冬季供暖均会推动雾霾污染空间关联的形成，人口密度则并未在雾霾污染空间关联形成过程中发挥着明显作用，只有当工业经济在地区经济中占有很大比重时，才会促进区域性雾霾污染的蔓延。

随着现阶段中国雾霾污染区域性特征的不断增强，雾霾治理过程的复杂度不断增加，导致单一地区难以独立应对污染困境。因此，打破行政区划限制实现跨地区雾霾协同治理和联防联控成为解决雾霾污染问题的必然选择。本章的研究有助于厘清对雾霾污染区域性特征的错误认识，为构建合理有效的雾霾污染联防联控机制提供科学依据与决策支持。首先，应纠正对雾霾污染区域性特征的狭隘认识。现阶段，除京津冀等少数地区外，雾霾污染协同防控体系仍局限于省级行政边界内。应将省份外部但仍对联防联控区域空气质量具有显著影响的地区纳入联防联控范围，以切合雾霾污染的区域性、流动性特征。其次，应突破雾霾污染区域性特征的还原论立场。雾霾污染协同治理机制的构建不能只采取任务分摊的方式，将区域整体的治霾任务分解为由各个地区单独完成的目标。雾霾污染协同治理机制的构建必须充分考虑不同地区间雾霾污染水平变化的依赖关系，这必然要求从整体论视角出发重构参与成员间的协作模式。最后，应确立人在雾霾污染治理过程中的主观能动性。针对当前频繁爆发的区域性雾霾污染，普遍流行的自然决定论将其完全归因为降雨、风力等自然因素，忽视了人类活动在雾霾污染形成及其区域传输过程中的作用。本章的研究结论有助于确立人在雾霾污染协同治理过程中的主观能动性。

第二篇　协同治理

第六章　中国雾霾污染的
环境库兹涅茨曲线检验 [①]

　　面对频繁爆发的区域性雾霾污染，揭示雾霾污染与经济发展之间的关系对雾霾污染的治理以及促进绿色发展具有重要的理论价值和现实意义。本章以中国 160 个地级及以上城市作为研究样本，以 $PM_{2.5}$ 和 PM_{10} 作为雾霾污染的衡量指标，在考虑雾霾污染空间集聚特征的基础上，构建空间 Tobit 模型（spatial Tobit model，STM）对雾霾污染的环境库兹涅茨曲线（Environmental Kuznets Curve，EKC）假说进行了实证检验。研究发现：①中国城市雾霾污染呈现明显的空间集聚特征和空间溢出效应。②在控制经济规模、产业结构、人口密度等变量之后，雾霾污染与经济发展之间不支持倒"U"形的环境库兹涅茨曲线假说，而是呈现线性递减关系。中国的雾霾污染治理已经取得了阶段性的成效。③在诸多控制变量中，经济规模、产业结构、人口密度对雾霾污染存在显著的正向影响，而经济集约化程度的提高有助于降低雾霾污染；此外，雾霾污染与地理区位之间存在密切关联，淮河以北的雾霾污染比淮河以南更为严重。尽管雾霾污染的治理取得了一定成效，但应清醒地认识到雾霾污染的治理是一个长期的过程，不可能"毕其功于一役"。因此，在未来经济发展的过程中，要更加注重加快转变经济发展方式、调整优化经济结构、积极推进绿色城市建设，在绿色发展进程中实现雾霾污染状况的持续改善和城市居民生活质量的不断提高。

第一节　引　言

　　改革开放 40 多年以来，中国经济始终保持持续、快速增长。然而，在中国经

---

　　① 本章是在刘华军和裴延峰发表于《统计研究》2017 年第 3 期上的《我国雾霾污染的环境库兹涅茨曲线检验》基础上修改完成的。

济高速增长的背后，"高投入、高消耗、高污染"的粗放型发展问题仍旧突出，中国为此也付出了巨大的资源环境代价，资源环境的承载能力已经逼近极限。面对日益恶化的环境问题，中国做出了生态文明建设和绿色发展的战略抉择，"十一五"以来，实施了一系列节能减排政策，环境治理取得了一定成效。"十二五"期间，中国单位 GDP 的能源消耗和 CO_2 排放分别累计降低 18.2% 和 20.0%，主要污染物排放持续减少，4 种主要污染物 COD、SO_2、氨氮和氮氧化物分别累计降低 12.9%、18.0%、13.0% 和 18.6%[①]。尽管节能减排政策的实施实现了主要污染物排放的持续减少以及环保水平的明显提升，然而自 2013 年以来，中国持续暴发大面积、高强度的雾霾天气，而且雾霾污染的区域性特征非常明显（马丽梅和张晓，2014a；向堃和宋德勇，2015；王振波等，2015；张殷俊等，2015），频繁发生的雾霾天气已经严重影响到人民群众的健康和生活（Yang et al.，2013；Chen et al.，2013a），因此加快转变经济发展方式，以生态文明理念引领绿色发展成为经济社会健康发展的必然选择。在此背景下，认识雾霾污染与经济发展之间的关系对雾霾污染的治理以及促进经济与环境协调发展具有重要的理论意义和应用价值。

作为认识环境污染与经济发展之间关系的重要工具（Grossman and Krueger，1991；Stern，2004；Dinda，2004），环境库兹涅茨曲线假说在环境污染领域得到了广泛应用。从污染物指标的选择看，实证研究更多地选择 CO_2（林伯强和蒋竺均，2009；许广月和宋德勇，2010；Selden and Song，1994；Marzio et al.，2006）、SO_2（包群和彭水军，2006；朱平辉等，2010；Grossman and Krueger，1991；Panayotou，1993）作为污染物指标。雾霾的主要成分——PM_{10} 和 $PM_{2.5}$，因受数据的限制，较少应用于环境库兹涅茨曲线假说的实证检验。随着数据可得性的不断提高，部分文献开始将环境库兹涅茨曲线假说应用到雾霾污染领域。其中，一部分文献实证考察了 PM_{10} 与经济发展之间的关系（李根生和韩春民，2015；王敏和黄滢，2015）。另外，少量文献实证考察了 $PM_{2.5}$ 与经济发展之间的关系[②]（马丽梅和张晓，2014a；何枫等，2016；邵帅等，2016）。从研究方法看，由于雾霾污染在空间上是非均质

① 国务院关于 2015 年度环境状况和环境保护目标完成情况的报告[EB/OL]. http://www.npc.gov.cn/wxzl/gongbao/2016-07/11/content_1994454.htm[2020-05-20].
② 马丽梅和张晓采用哥伦比亚大学国际地球科学信息网络中心公布的数据，借助 van Donkelaar 等（2010）的思路利用卫星搭载设备对气溶胶光学厚度（aerosol optical depth，AOD）进行测度，得到 2001~2010 年中国分省 $PM_{2.5}$ 人口加权浓度年均值数据，研究发现雾霾污染与经济发展不存在或者还未出现倒"U"形关系，即随着人均 GDP 的增长，雾霾污染程度仍不断加剧。何枫等也采用哥伦比亚大学国际地球科学信息网络中心公布的全球 $PM_{2.5}$ 数据，经过 ArcGIS 软件处理后提取出 2001~2012 年中国分省 $PM_{2.5}$ 浓度数据，实证考察了经济发展与雾霾污染之间的关系，研究发现雾霾污染与经济发展之间存在"N"形关系，未出现传统的倒"U"形关系。邵帅等则基于 1998~2012 年中国省域 $PM_{2.5}$ 浓度数据，研究发现中国省域雾霾污染呈现明显的空间溢出效应和空间集聚特征，且雾霾污染与经济增长之间存在显著的"U"形关系，大部分东部省份处于雾霾污染随经济增长水平提高而加剧的阶段。

分布的，呈现明显的空间溢出效应和空间集聚特征（马丽梅和张晓，2014a，2014b；向堃和宋德勇，2015；王振波等，2015；张殿俊等，2015；邵帅等，2016），由于传统计量方法是基于空间均质假设的，利用传统计量方法无法准确揭示雾霾污染与经济发展之间的关系。而空间计量方法充分考虑了地区之间的空间溢出效应，因此采用空间计量方法能够确保研究结论更加准确。从现有研究进展看，空间计量方法在雾霾污染环境库兹涅茨曲线假说的实证检验中已经得到了初步应用，如马丽梅和张晓（2014a）、邵帅等（2016），然而他们使用的数据都是国外机构发布的中国 $PM_{2.5}$ 省域数据。城市是雾霾污染的重灾区，因此采用城市数据开展实证研究可能更为恰当 [1]。中国自 2003 年才开始公布 113 个重点城市的 PM_{10} 浓度数据，$PM_{2.5}$ 的监测数据则是 2014 年开始才逐步完善，因此尚未有文献利用空间计量方法和城市数据对雾霾污染环境库兹涅茨曲线假说进行实证检验。

本章基于 2014 年中国 160 个地级及以上城市 $PM_{2.5}$ 和 PM_{10} 浓度数据，充分考虑雾霾污染的空间相关性和空间溢出效应，在此基础上构建空间 Tobit 模型，对中国雾霾污染的环境库兹涅茨曲线假说进行实证检验。

第二节　中国雾霾污染的客观事实

在雾霾污染中，$PM_{2.5}$ 和 PM_{10} 是最主要的两种污染物。其中，PM_{10} 是在空气中长期飘浮的颗粒直径小于等于 10 微米的颗粒物，对大气能见度影响很大。PM_{10} 可以直接被人体吸入，沉积在呼吸道、肺泡等部位从而危害人类健康。$PM_{2.5}$ 即细颗粒物，是颗粒直径小于等于 2.5 微米的颗粒物，对空气质量有重要影响（李根生和韩春民，2015）。与较大的颗粒物相比，$PM_{2.5}$ 活性更强且易附带有毒、有害物质。虽然 $PM_{2.5}$ 在空气中的含量很少，但是可以在空气中停留较长时间且输送距离较远，因此对空气污染和人类健康产生的危害更大（宋伟民，2013；Schlesinger，2007；Kioumourtzoglou，2014）。以 $PM_{2.5}$ 和 PM_{10} 为主要成分的雾霾污染已经严

---

① 环保监测站直接测量的数据相对比较客观，而基于监测数据的雾霾污染浓度指标分析更能真实地反映出雾霾污染与经济发展之间的关系。中国的环保监测站点设在城市，目前还不能覆盖农村地区，若采用省际数据则无法体现省内雾霾污染情况的空间异质性。

重制约了社会经济的可持续发展，威胁人民群众身体健康，导致人类罹患癌症的概率上升[①]。

一、样本数据

本章以 PM$_{2.5}$ 和 PM$_{10}$ 浓度表征雾霾污染。2003 年，环境保护部开始发布 PM$_{10}$ 浓度数据，但是仅有 113 个重点城市的数据，城市数量有限，而对 PM$_{2.5}$ 的监测则开始于 2012 年。2012 年 2 月发布的《关于实施〈环境空气质量标准〉（GB3095—2012）的通知》指出，2012～2015 年，环境保护部按照《环境空气质量标准》（GB3095—2012）（简称空气质量新标准），实施空气质量监测"三步走"方案，实现 338 个地级及以上城市空气质量监测，并发布实时监测结果。2013 年 1 月 1 日起，京津冀、长三角、珠三角等重点区域及直辖市、省会城市和计划单列市共 74 个城市的 496 个监测站点开始实施空气质量新标准监测，并向社会发布 PM$_{2.5}$、PM$_{10}$ 等 6 项污染物的实时浓度数据；2014 年 1 月 1 日起，空气质量新标准监测扩大至包括国家环保重点城市在内的 161 个地级及以上城市的 884 个监测站点；2014 年底，在中国 338 个地级及以上城市共 1436 个监测站点全部开展了空气质量新标准监测，并从 2015 年 1 月 1 日起实时发布中国所有地级及以上城市的空气质量监测数据。因此，目前可以获取 161 个地级及以上城市 2014 年和 2015 年全年的 PM$_{2.5}$ 和 PM$_{10}$ 浓度数据。本章选取的社会经济发展数据主要来自《中国城市统计年鉴 2015》中 2014 年的中国城市数据，这也是研究时（2017 年）可以获取的最新数据。根据《中国城市统计年鉴 2015》，新疆的库尔勒是县级城市，经济数据（如 GDP 等）与其他城市不具有可比性，故将其剔除，因此最终选取的样本城市为 160 个地级及以上城市。时间跨度为 2014 年 1 月 1 日至 12 月 31 日，共 365 天。城市年度污染数据按照 160 个城市全年的 PM$_{2.5}$ 和 PM$_{10}$ 浓度数据取算数平均值而得。

二、雾霾污染的时空分布特征

1. 中国雾霾污染的基本情况

根据《2014 中国环境状况公报》，在中国已经开展空气质量新标准监测的 160 个

[①] 2013 年 10 月 17 日，世界卫生组织下属国际癌症研究机构（International Agency for Research on Cancer, IARC）发布报告，首次认定雾霾污染"对人类致癌"，并视其为普遍和主要的环境致癌物。

地级及以上城市中，仅有舟山、福州、深圳、珠海、惠州、海口、昆明、拉萨、泉州、湛江、汕尾、云浮、北海、三亚、曲靖和玉溪 16 个城市空气质量年均值达标[①]，占全部城市的 10.0%；144 个城市空气质量超标，占全部城市的 90.0%。根据测算，从 160 个样本城市 PM$_{2.5}$ 和 PM$_{10}$ 的年均值来看，PM$_{2.5}$ 和 PM$_{10}$ 年均浓度分别达到61.11 微克/米^3 和 103.17 微克/米^3。从达标城市的比例来看（图 6-1），PM$_{2.5}$ 年均浓度达标城市占全部城市的 11.25%，浓度在 75～100 微克/米^3 的城市最多，占比为 68.13%。PM$_{10}$ 年均浓度达标城市占全部城市的 21.25%，浓度在 70～150 微克/米^3 的城市最多，占比为 67.50%。

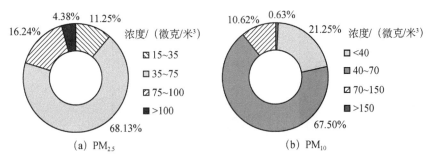

图 6-1　中国城市 PM$_{2.5}$ 和 PM$_{10}$ 年均浓度

从日均浓度来看，160 个监测城市的 PM$_{2.5}$ 日均浓度超过 75 微克/米^3（即污染）的平均天数为 95.2 天，其中 74 个城市污染天数在 100 天以上，污染天数最多的前 10 个城市分别为邢台（255 天）、保定（228 天）、邯郸（227 天）、衡水（227天）、石家庄（223 天）、济南（213 天）、聊城（211 天）、淄博（198 天）、菏泽（181天）和枣庄（180 天），各城市污染天数占全年总天数的比例均超过 55%。160 个监测城市的 PM$_{10}$ 日均浓度超过 150 微克/米^3（即污染）的平均天数为 66.7 天，其中 35 个城市污染天数在 100 天以上，污染天数最多的前 10 个城市分别为邢台（250天）、保定（235 天）、邯郸（234 天）、石家庄（232 天）、德州（227 天）、聊城（225天）、衡水（218 天）、莱芜（218 天）、淄博（210 天）和菏泽（210 天），各城市污染天数占全年总天数的比例均超过 49%。

---

①　根据《环境空气质量标准》（GB3095—2012），空气质量一级标准 PM$_{2.5}$ 浓度的年均限值和日均限值分别为15 微克/米^3 和 35 微克/米^3，PM$_{10}$ 浓度的年均限值和日均限值分别为 40 微克/米^3 和 50 微克/米^3，空气质量二级标准 PM$_{2.5}$ 浓度的年均限值和日均限值分别为 35 微克/米^3 和 75 微克/米^3，PM$_{10}$ 浓度的年均限值和日均限值分别为70 微克/米^3 和 150 微克/米^3。

2. 中国雾霾污染的时空格局

首先，从时间演变趋势看，根据图6-2，中国城市的PM$_{2.5}$和PM$_{10}$日均浓度全年的变化趋势呈"U"形。而且，雾霾污染呈现出很强的季节性[①]，由于中国秦岭—淮河以北地区冬季集中供暖，且供暖的主要能源是煤炭，煤炭的燃烧会产生大量颗粒污染物（如PM$_{2.5}$、PM$_{10}$等）。另外，春季还是北方地区沙尘暴多发的季节（杜吴鹏等，2009），产生的主要污染物是PM$_{10}$（巩英洲，2005），所以冬季和春季的PM$_{2.5}$和PM$_{10}$日均浓度高于夏季和秋季。

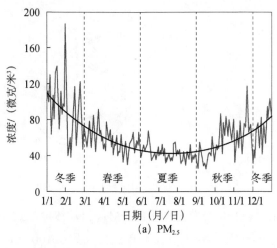

(a) PM$_{2.5}$

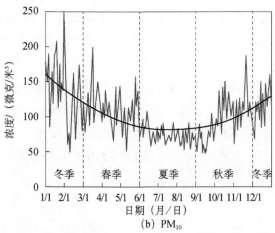

(b) PM$_{10}$

图6-2 中国城市PM$_{2.5}$和PM$_{10}$日均浓度变化

---

① 春季为3～5月，夏季为6～8月，秋季为9～11月，冬季为12～2月。

其次，从中国雾霾污染的空间格局看，中国雾霾污染较为严重的区域主要集中在京津冀、长三角、山东半岛、长江中下游等地区，呈现出明显的"东重西轻、北重南轻"的空间格局。结合标准差椭圆（standard deviation ellipse）的分析来看（赵璐和赵作权，2014；Lefever，1926），相对于全国的均匀分布椭圆，$PM_{2.5}$ 和 PM_{10} 浓度分布椭圆偏向东部地区和北部地区，其椭圆长、短轴长度均显著减小且长轴向东倾斜，短轴向南倾斜，这从一个侧面反映了中国雾霾污染具有明显的空间分异特征。

三、中国雾霾污染的空间相关性

为了进一步刻画中国城市雾霾污染的空间分布特征，采用空间统计中常用的 Moran's I 和 Moran 散点图，检验中国城市雾霾污染的全局空间相关性和局域空间相关性。

1. 全局空间相关性

采用 Moran's I 对中国城市雾霾污染的全局空间相关性进行检验，具体计算公式见式（1-1）。

根据测算结果，中国 160 个城市 $PM_{2.5}$ 和 PM_{10} 的 Moran's I 分别为 0.4440 和 0.5190，如表 6-1 所示。$PM_{2.5}$ 和 PM_{10} 的 Moran's I 均为正值且通过了 1% 的显著性检验，这说明中国的雾霾污染存在明显的正向空间相关性特征。因此，在对雾霾污染与经济发展之间的关系进行计量检验时要充分考虑雾霾污染的空间特征，否则会导致估计结果有偏。

表 6-1　中国城市 $PM_{2.5}$ 和 PM_{10} 的 Moran's I

污染指标	Moran's I	E (I)	sd (I)	Z	P 值
$PM_{2.5}$	0.4440	0.0060	−0.0420	10.6460	0.0000***
PM_{10}	0.5190	0.0060	−0.0420	12.4280	0.0000***

***表示 1% 的显著性水平

2. 局域空间相关性

Moran's I 可以揭示出雾霾污染的全局空间相关性，而通过绘制 Moran 散点图可以直观地刻画局域空间相关性和空间集聚特征。图 6-3 为 $PM_{2.5}$ 和 PM_{10} 的 Moran 散点图，图中显示绝大多数城市位于第一、第三象限（即典型观测区），表明雾霾污染具有显著的空间正相关性和空间集聚效应，即对于雾霾污染较严重的城市来说，通常会存在一个或者多个雾霾污染较严重的城市与之相邻（即高-高正相关）；同理，对于雾霾污染较轻微的城市来说，通常会存在一个或者多个雾霾污染较轻微的城市与之相邻（即低-低正相关）。位于第二、第四象限（即非典型观测区）的城市很少，进一步说明了 $PM_{2.5}$ 和 PM_{10} 空间正相关的稳定性。

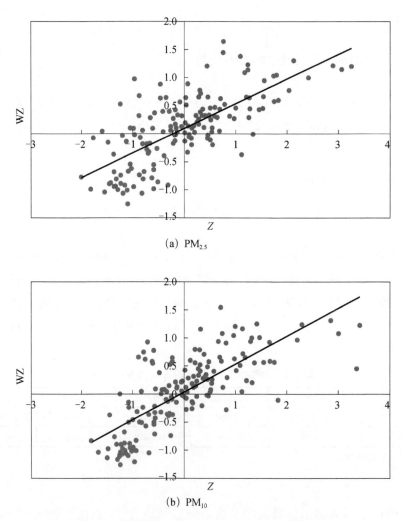

(a) $PM_{2.5}$

(b) PM_{10}

图 6-3　中国城市 $PM_{2.5}$ 和 PM_{10} 的 Moran 散点图

第六章　中国雾霾污染的环境库兹涅茨曲线检验 113

第三节　模型与变量

一、模型设定

环境库兹涅茨曲线模型已经在研究环境污染与经济发展之间的关系中得到了广泛应用（Dinda，2004），在此借助环境库兹涅茨曲线假说的分析框架探究雾霾污染与经济发展之间的关系，采用加入控制变量的简单环境库兹涅茨曲线回归模型，构建计量模型如式（6-1）所示。

$$y_i = \alpha_i + \beta_1 x_i + \beta_2 x_i^2 + \beta_3 z_i + \varepsilon_i \tag{6-1}$$

式中，y_i 为雾霾污染指标；x_i 为人均 GDP；x_i^2 为人均 GDP 的平方；α_i 为常数项；z_i 为控制变量；ε_i 为随机误差项；下标 i 表示城市；β_1、β_2、β_3 为变量的估计系数，β_1、β_2 的符号决定了雾霾污染环境库兹涅茨曲线的具体形态，而 β_3 的符号会影响环境库兹涅茨曲线的拐点位置。

雾霾污染具有明显的区域性特征，而且测算的 Moran's I 和绘制的 Moran 散点图也表明雾霾污染具有显著的空间集聚特征和空间相关性，因此在检验雾霾污染与经济发展之间的关系时要充分考虑到空间因素，否则会导致估计结果有偏（Anselin，1988，2001；Dinda，2005；Jessie et al.，2006）。因此，在传统环境库兹涅茨曲线模型的基础上加入空间变量构建空间计量模型，如式（6-3）和式（6-4）所示。

$$y_i = \alpha_i + \rho W y_i + \beta_1 x_i + \beta_1 x_i^2 + \beta_3 z_i + \varepsilon_i \tag{6-2}$$

$$y_i = \alpha_i + \beta_1 x_i + \beta_1 x_i^2 + \beta_3 z_i + \varepsilon_i \tag{6-3}$$

$$\varepsilon_i = \varphi W \varepsilon_i + \mu_i$$

式（6-2）为空间滞后模型（spatial lag model，SLM），在式（6-1）的基础上引入了被解释变量（雾霾污染）的空间变量，用 $W y_i$ 来表示，W 为空间关联网络权重矩阵；ρ 为空间自回归系数，若 $\rho > 0$ 且通过了显著性检验，说明雾霾污染具有正向的空间溢出效应；若 $\rho < 0$ 且通过了显著性检验，说明雾霾污染具有负向的空间溢出效应。式（6-3）为空间误差模型（spatial error model，SEM），在式（6-1）的基础上引入了误差的空间变量，用 $W \varepsilon_i$ 来表示，φ 为空间误差项的系数，μ_i 为随机误差

项。被解释变量 PM$_{2.5}$ 和 PM$_{10}$ 的观测值均大于 0，属于受限因变量，因此本章选择能够较好地解决受限因变量问题的空间 Tobit 模型进行回归分析（周华林和李雪松，2012）。

关于空间权重矩阵的设置，本章使用地理距离空间权重矩阵，用地理距离平方的倒数来构造，可表示为式（6-4）。

$$\text{权重矩阵 } w_{ij} \text{ 的设定原则：} \quad w_{ij} = \begin{cases} \dfrac{1}{d^2} & i \neq j \\ 0 & i = j \end{cases} \tag{6-4}$$

式中，d 为两城市之间的球面距离；i 和 j 为城市。按照地理距离构造空间权重矩阵符合地理学第一定律（Tobler，1970），因此采用地理距离空间权重矩阵来表征空间关联。

根据经验估计结果，雾霾污染与经济发展之间环境库兹涅茨曲线的不同形态和拐点包括以下五种情况：①若 $\beta_1 = \beta_2 = 0$，说明二者之间没有直接关系，即雾霾污染和经济发展之间没有必然的联系。②若 $\beta_1 > 0$，$\beta_2 = 0$，说明雾霾污染与经济发展之间存在单调递增的线性关系，换言之，随着经济发展水平的不断提升，雾霾污染日趋严重。③若 $\beta_1 < 0$，$\beta_2 = 0$，说明雾霾污染与经济发展之间存在单调递减的线性关系，即随着经济发展水平的降低，雾霾污染程度随之减缓。④若 $\beta_1 > 0$，$\beta_2 < 0$，说明雾霾污染与经济发展之间存在倒 "U" 形关系，拐点位置位于 $x^* = \exp[-\beta_1/2\beta_2]$。即当经济发展水平处于较低阶段时，随着经济发展水平的提高，雾霾污染程度将不断加剧；而当经济发展达到一定水平时，雾霾污染由上升转为下降即出现拐点，经济发展水平越过拐点后，雾霾污染程度会随着经济发展水平的继续提高呈不断减缓趋势。⑤若 $\beta_1 < 0$，$\beta_2 > 0$，说明雾霾污染与经济发展之间存在 "U" 形关系。与倒 "U" 形关系相反，在经济发展初期，雾霾污染很严重，随着经济发展水平的不断提高，雾霾污染程度随之减缓；但当经济发展到一定水平后，即越过拐点之后，雾霾污染程度将随着经济发展水平的继续提高而不断加剧。

二、变量选取

选取雾霾污染作为被解释变量，用 PM$_{2.5}$ 和 PM$_{10}$ 两种污染物指标作为其代理变量。选取经济发展（pgdp）作为解释变量。由于人均 GDP 可以很好地体现一个地区的经济发展水平，已有文献多采用人均 GDP 作为经济发展的代理变量（王敏和黄滢，2015；何枫等，2016；王星，2016）。另外，随着经济发展水平的逐步提高，人们对环境保护的意识在逐渐增强，对环境质量，尤其是空气质量的要求将不断提高。与此同时，经济发展也能为雾霾污染的治理提供必要的物质基础。此外，借鉴已有文献并考虑数据可得性，选择经济规模、产业结构、经济密度、人口密度和地理区位等因素作为控制变量加入模型[①]，详细控制变量设置如表 6-2 所示。

表 6-2　控制变量详细定义

变量含义	变量符号	变量解释
经济规模	gdp	GDP
产业结构	indstru	第二产业增加值占 GDP 的比重
经济密度	ecodens	GDP 与市辖区面积的比值
人口密度	popdens	人口规模与全市面积的比值
地理区位	geoloca	秦岭—淮河以北的城市记为 1，秦岭—淮河以南的城市记为 0

1）经济规模（gdp），用 GDP 作为代理变量。GDP 是经济规模的综合衡量指标，由于经济规模往往与化石能源消费存在密切关系，在其他条件不变的情况下，经济规模越大，消耗的化石能源往往越多，排放的颗粒物往往越多，雾霾污染往往越严重。因此，经济规模的回归系数预期为正。

2）产业结构（indstru），用第二产业增加值占 GDP 的比重作为代理变量。城市的产业结构对每个城市的雾霾污染状况有很大影响，第二产业是社会中能源消耗和污染排放最主要的产业部门，因此在其他条件不变的情况下，第二产业在国民经济中所占的比重越大，雾霾污染就越严重。虽然目前中国正在进行产业结构的调整和优化升级，但是环境污染特别是雾霾污染问题一直没有得到妥善解决。因此，产业结构的回归系数预期为正。

3）经济密度（ecodens），用 GDP 与市辖区面积的比值作为代理变量。城市的发展和人口的扩张是导致经济集聚的重要原因，居民需求和消费的变化有助于产业结构的集中和优化，进而增强经济密度，所以一般来说，在不考虑其他影响因素的前提下，经济密度的增大会有效改善城市的雾霾污染（张可和汪东芳，2014）。因此，经济密度的回归系数预期为负。

4）人口密度（popdens），用人口规模与全市面积的比值作为代理变量。人口集聚会给城市带来严峻的环境压力，随着城市人口密度的不断增大，能源消费和污染排放随之增大（李静和彭飞，2013）。一般来说，在排除其他因素的影响下，人口越集聚的地区，雾霾污染程度越高。因此，人口密度的回归系数预期为正。

5）地理区位（geoloca），将秦岭—淮河以北的城市（简称北方城市）记为 1，秦岭—淮河以南的城市（简称南方城市）记为 0。中国雾霾污染具有极强的区域性

[①] 本章还尝试在回归中加入房地产开发、金融发展、投资强度、能源强度、能源消费结构、城市绿化面积、人均公共汽车数量等控制变量。但是，这些控制变量的系数均较小且极度不显著，对模型的回归结果和显著性影响不大，因此在最终的回归中没有选用这些控制变量。

特征,自 20 世纪 50 年代起,中国以秦岭—淮河为界,划定了北方集中采暖区(Chen et al.,2013a),而冬季供暖有可能会加剧雾霾污染(李静和彭飞,2013)。因此,本章在模型中加入地理区位这一控制变量,回归系数预期为正。表 6-3 对全部影响因素所涉及的变量进行了描述性统计。

表 6-3 变量描述性统计

变量	单位	符号	均值	最大值	最小值	标准差
细颗粒物	微克/米³	$PM_{2.5}$	61.113 7	130.455 9	18.579 2	21.396 3
可吸入颗粒物	微克/米³	PM_{10}	103.174 4	234.636 4	34.863 8	37.064 4
经济发展	万元/人	pgdp	7.634 0	25.596 6	2.511 1	3.501 5
经济规模	亿元	gdp	2 208.057 0	23 292.030 0	166.004 1	3 506.877 0
产业结构	%	indstru	49.541 1	80.070 0	17.970 0	11.325 6
经济密度	亿元/千米²	ecodens	1.013 0	8.012 9	0.006 2	1.046 4
人口密度	人/千米²	popdens	1 071.340 0	5 279.210 0	20.000 0	790.777 7
地理区位	—	geoloca				

因为对数据进行对数化处理不改变数据的原有特征,而且会消除原始数据的异方差性和多重共线性(李静和彭飞,2013),所以本章对 $PM_{2.5}$、PM_{10}、经济发展、经济规模、人口密度等数据取自然对数,分别表示为 ln($PM_{2.5}$)、ln(PM_{10})、ln(pgdp)、ln(gdp)、ln(popdens)。其中,$PM_{2.5}$、PM_{10} 数据来自全国城市空气质量实时发布平台[①],其他数据均来自《中国城市统计年鉴 2015》。

第四节 实证结果分析

本节分别对 $PM_{2.5}$ 和 PM_{10} 的普通最小二乘(ordinary least square,OLS)模型、空间滞后 Tobit 模型(SLM-Tobit)和空间误差 Tobit 模型(SEM-Tobit)进行了回归分析,表 6-4 和表 6-5 分别列出了以 $PM_{2.5}$ 和 PM_{10} 为雾霾污染指标的回归结果。其中,模型①、②、③仅包含人均 GDP(对数,下同)的一次项和二次项,模型

---

① $PM_{2.5}$ 和 PM_{10} 数据均来源于全国城市空气质量实时发布平台公布的各城市各站点空气质量的实时数据(监测点位 1 小时平均值指该点位 1 小时内所测项目浓度的算数平均值)。首先根据该平台公布的 1 小时数据对每个站点每天的数据取算数平均值,然后对各城市各站点取均值得到各城市每天的浓度数据,最后全年取算数平均值得到 2014 年 160 个城市的日报数据。

④、⑤、⑥包含所有变量，模型⑦包含除人均 GDP 一次项之外的所有变量。

表 6-4　PM₂.₅ 的环境库兹涅茨曲线回归估计结果

变量	OLS ①	SEM-Tobit ②	SLM-Tobit ③	OLS ④	SEM-Tobit ⑤	SLM-Tobit ⑥	SEM-Tobit ⑦
常数项	4.0662*** (0.4338)	3.5482*** (0.3569)	0.3440 (0.4013)	1.8380*** (0.4544)	2.2439 (0.3442)	−0.7929 (0.4151)	2.5148*** (0.2668)
ln（pgdp）	0.0863 (0.4536)	0.3944 (0.3126)	0.3547 (0.3179)	0.0429 (0.3794)	0.1096 (0.2765)	0.1497 (0.2828)	−0.2238*** (0.0634)
ln²（pgdp）	−0.0465 (0.1155)	−0.1314* (0.0778)	−0.1164 (0.0810)	−0.0413 (0.0970)	−0.0861 (0.0695)	−0.0827 (0.0724)	
ln（gdp）				0.0783** (0.0341)	0.0685*** (0.0237)	0.0768*** (0.0254)	0.0693*** (0.0239)
indstru				0.5121** (0.2273)	0.5851*** (0.1714)	0.4981*** (0.1693)	0.5579*** (0.1710)
ln（ecodens）				−0.0680* (0.0359)	−0.0215 (0.0266)	−0.0357 (0.0269)	−0.0274 (0.0263)
ln（popdens）				0.2110*** (0.0408)	0.1465*** (0.0327)	0.1354*** (0.0312)	0.1550*** (0.0322)
geoloca				0.2904*** (0.0487)	0.2065*** (0.0728)	0.1113*** (0.0398)	0.2015*** (0.0727)
ρ			0.8504*** (0.0600)			0.7739*** (0.0706)	
φ		0.8550*** (0.0588)			0.8111*** (0.0664)		0.8053*** (0.0672)
Log likelihood		−18.8878	−20.1611		7.0237	5.4147	6.2621
LR		211.6996***	200.8892***		149.2912***	120.0352***	143.7555***
Moran's I	11.0770***			9.7530***			9.7530***
LM-lag	109.7230***			78.8350***			78.8350***
Robust LM-lag	1.9460			1.8520			1.8520
LM-error	113.1210***			82.3840***			82.3840***
Robust LM-error	5.3440**			5.4000**			5.4000**

*、**、***分别表示在 10%、5%、1%的显著性水平下通过显著性检验，括号内为标准误，下同

表 6-5　PM₁₀ 的环境库兹涅茨曲线回归估计结果

变量	OLS ①	SEM-Tobit ②	SLM-Tobit ③	OLS ④	SEM-Tobit ⑤	SLM-Tobit ⑥	SEM-Tobit ⑦
常数项	4.4681*** (0.4345)	3.7008*** (0.2629)	0.1024 (0.3517)	2.5479*** (0.4261)	2.9903*** (0.3179)	−0.3614 (0.4094)	3.4352*** (0.2496)
ln（pgdp）	0.1700 (0.4543)	0.6305** (0.2513)	0.4635* (0.2782)	0.4852 (0.3558)	0.4100 (0.2544)	0.4656* (0.2624)	−0.1391** (0.0590)
ln²（pgdp）	−0.0570 (0.1157)	−0.1766*** (0.0631)	−0.1348* (0.0709)	−0.1354 (0.0909)	−0.1418** (0.0639)	−0.1477** (0.0671)	
ln（gdp）				0.0483 (0.0320)	0.0489** (0.0218)	0.0522** (0.0236)	0.0500** (0.0222)
indstru				0.4442** (0.2131)	0.4668*** (0.1580)	0.4169*** (0.1572)	0.4218*** (0.1594)

续表

变量	OLS	SEM-Tobit	SLM-Tobit	OLS	SEM-Tobit	SLM-Tobit	SEM-Tobit
	①	②	③	④	⑤	⑥	⑦
ln（ecodens）				−0.0527 （0.0337）	−0.0142 （0.0244）	−0.0230 （0.0250）	−0.0238 （0.0245）
ln（popdens）				0.1337*** （0.0382）	0.0838*** （0.0301）	0.0725** （0.0287）	0.0975*** （0.0299）
geoloca				0.4472*** （0.0456）	0.3407*** （0.0687）	0.1870*** （0.0410）	0.3328*** （0.0691）
ρ			0.8936*** （0.0472）			0.7593*** （0.0685）	
φ		1.2221*** （0.0651）			0.8206*** （0.0642）		0.8138*** （0.0654）
Log likelihood		12.8382	−0.9480		19.7729	17.8083	17.3563
LR		352.5799***	359.0772***		163.5058***	122.9279***	154.6772***
Moran's I		13.656***			10.2450***		10.2450***
LM-lag		171.025***			86.9460***		86.9460***
Robust LM-lag		1.023			3.1210*		3.1210*
LM-error		172.997***			91.2250***		91.2250***
Robust LM-error		2.995*			7.4000***		7.4000***

一、模型诊断检验

空间计量模型的诊断是进行回归估计的前提，本章根据 Anselin（2005）的模型选择机制进行最优模型的选择。具体步骤如下：①需要考察 Moran's I 统计量，检验是否需要引入空间变量。②运用拉格朗日乘数 LM 统计量进行检验，在 SEM-Tobit 和 SLM-Tobit 模型中做出选择。比较 LM-lag 和 LM-error 的显著性水平，若只有其中一个通过显著性检验，则选择该模型作为最终的回归模型；若二者均通过显著性检验则继续比较 Robust LM-lag 和 Robust LM-error 的显著性水平，其中显著性水平较优的为最终模型。下面根据上述准则与步骤进行最优模型选择。

1. 不加入控制变量的回归

在 PM$_{2.5}$ 和 PM$_{10}$ 的环境库兹涅茨曲线回归中，表 6-4 和表 6-5 中模型①、②、③的诊断检验结果显示 Moran's I 均为正值，且通过了 1%的显著性检验。同时，模型②的 φ 值和模型③的 ρ 值均显著为正，说明 PM$_{2.5}$ 和 PM$_{10}$ 具有极强的正向空间相关性。同时，LR 检验结果显示，表 6-4 和表 6-5 中模型②、③均在 1%的显著性水平下拒绝了 OLS 模型，由此可以推断，OLS 模型不适用于 PM$_{2.5}$ 和 PM$_{10}$ 与经济发展关系的分析，需采用空间计量模型进行回归，因此需在 SEM-Tobit 模型和

SLM-Tobit 模型中选择一个最优模型进行回归分析。其中，表 6-4 显示 LM-error 和 LM-lag 的显著性相同，均通过了 1%的显著性检验。继续考察 Robust LM-error 和 Robust LM-lag，结果显示 Robust LM-error 的显著性优于 Robust LM-lag。同样地，表 6-5 也显示 LM-error 和 LM-lag 的显著性相同，而 Robust LM-error 的显著性优于 Robust LM-lag，说明模型②最优。此外，表 6-4 和表 6-5 中模型②的对数似然函数值（Log likelihood）均大于模型③，进一步说明模型②优于模型③，因此 PM$_{2.5}$ 和 PM$_{10}$ 均选择模型②作为最终的回归模型。

2. 加入控制变量的回归

表 6-4 和表 6-5 中模型④、⑤、⑥的诊断检验结果显示，Moran's I 均通过了 1%的显著性检验，且模型⑤的 φ 值和模型⑥的 ρ 值仍显著为正，说明加入控制变量后，PM$_{2.5}$ 和 PM$_{10}$ 依旧具有极强的正向空间相关性。同时，LR 检验的结果显示，模型⑤、⑥均显著地拒绝了 OLS 模型，由此可以推断，在 PM$_{2.5}$ 和 PM$_{10}$ 与经济发展关系的分析中需引入空间变量，采用空间计量模型进行回归分析。但是，为了保证回归结果的稳健性，还需要对空间计量模型进行选择，根据 Anselin（1998）的模型选择机制，观察表 6-4 和表 6-5 中模型④、⑤、⑥的诊断检验结果可以发现，表 6-4 中 LM-error 的显著性优于 LM-lag，表 6-5 中 LM-error 和 LM-lag 均通过了 1%的显著性检验，但 Robust LM-error 的显著性优于 Robust LM-lag，说明模型⑤为最优回归模型。另外，表 6-4 和表 6-5 中模型⑤的对数似然函数值（log likelihood）均大于模型⑥，也从另一个角度说明模型⑤优于模型⑥，因此加入控制变量后，PM$_{2.5}$ 和 PM$_{10}$ 均选择模型⑤作为最终的回归模型。

二、实证结果

1. 经济发展与雾霾污染

不考虑控制变量，观察表 6-4 的回归结果，模型②、③人均 GDP 一次项的回归系数为正值，二次项的回归系数为负值，但除模型②的二次项的回归系数通过了 10%的显著性检验之外，其他项的回归系数均不显著，说明在不考虑控制变量的情况下 PM$_{2.5}$ 与经济发展之间不存在倒"U"形关系。表 6-5 的回归结果显示，模型②、③人均 GDP 一次项的回归系数为正值，二次项的回归系数为负值，且回归系数均通过了显著性检验，说明在不考虑其他变量影响的情况下 PM$_{10}$ 与经济发展之间存在倒"U"形关系。根据测算，拐点为人均 GDP 5.9602 万元，如图 6-4

所示。在全部样本城市中，有 100 个城市的人均 GDP 越过这一拐点，占所有样本城市的 62.5%。结果表明，随着城市经济发展水平的不断提高，PM_{10} 浓度将随之降低。

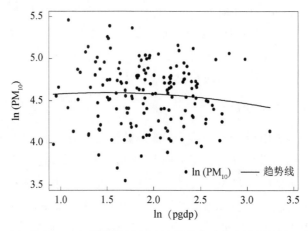

图 6-4　PM_{10} 与经济发展之间的关系（不考虑控制变量）

考虑控制变量，表 6-4 中模型⑤人均 GDP 一次项和二次项的回归系数均不显著，说明在回归中加入控制变量后，$PM_{2.5}$ 与经济发展之间依旧不存在倒 "U" 形关系。表 6-5 中模型⑤人均 GDP 一次项的回归系数为正值，二次项的回归系数为负值，但人均 GDP 一次项的回归系数不显著，二次项的回归系数在 5%水平上显著。说明在回归中加入控制变量后，改变了环境库兹涅茨曲线的形状，PM_{10} 与经济发展之间不存在倒 "U" 形关系。

由于模型⑤不显著，去掉人均 GDP 的二次项进行回归，考察 $PM_{2.5}$ 和 PM_{10} 与经济发展之间的关系。①$PM_{2.5}$ 与经济发展。根据表 6-4 中模型⑦的回归结果，人均 GDP 一次项的回归系数为-0.2238，且通过了 1%的显著性检验，说明 $PM_{2.5}$ 与经济发展之间呈向右下方倾斜的线性关系，即随着经济发展水平的不断提高，$PM_{2.5}$ 浓度逐渐下降。这一结论与马丽梅和张晓（2014b）的结论相同之处在于，$PM_{2.5}$ 和经济发展之间不存在倒 "U" 形曲线，不同的是本章的回归结果显示，在其他条件不变的情况下，随着经济发展水平的不断提高，$PM_{2.5}$ 浓度会逐渐下降。②PM_{10} 与经济发展。根据表 6-5 中模型⑦的回归结果，人均 GDP 一次项的回归系数为-0.1391，且通过了 5%的显著性检验，说明 PM_{10} 与经济发展呈线性递减的关系，即随着经济发展水平的不断提高，PM_{10} 浓度逐渐下降。这与王敏和黄滢（2015）研究得出的 PM_{10} 与人均 GDP 之间呈 "U" 形曲线关系的结论不同。图 6-5 分别对

PM_{2.5} 和 PM₁₀ 与经济发展之间的关系做了直观描述。

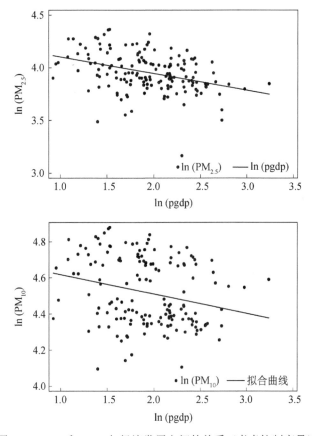

图 6-5　PM_{2.5} 和 PM₁₀ 与经济发展之间的关系（考虑控制变量）

　　雾霾污染与经济发展之间呈线性递减关系，说明中国的绿色发展以及近几年开展的包括雾霾污染区域联防联控等在内的污染治理措施取得了一定的成效[①]。根据 2016 年 4 月 25 日环境保护部部长陈吉宁在第十二届全国人民代表大会常

---

　　① 2010 年 5 月发布的《关于推进大气污染联防联控工作改善区域空气质量指导意见》，首次提出中国将在重点区域开展雾霾联防联控，从国家层面开启了中国雾霾污染治理区域联防联控的新局面，此后，2012 年 9 月国务院批复《重点区域大气污染防治“十二五”规划》，成为中国第一部综合性雾霾污染防治规划。2013 年 9 月国务院发布了《大气污染防治行动计划》，成为中国有史以来力度最大的空气清洁行动。在区域层面，近年来京津冀、长三角、珠三角等重点区域也启动了区域雾霾污染防联控：2013 年 10 月，京津冀及周边地区大气污染防治协作机制正式启动，雾霾污染的联防联控成为京津冀协同发展战略的重要组成部分；2014 年 1 月，长三角区域大气污染防治协作小组成立，协调解决长三角地区突出的雾霾污染问题；2014 年 3 月，珠三角建立了大气污染联防联控技术示范区，制定了中国第一个区域层面的清洁空气行动计划——“珠三角清洁空气行动计划”；2015 年 11 月，山东省会城市群大气污染联防联控工作会议在济南召开，会议决定建立省会城市群雾霾污染治理联防联控机制。

务委员会第二十次会议上所做的《2015 年度全国环境状况和环境保护目标完成情况》，2015 年，首批实施空气质量新标准的 74 个城市空气质量优良天数比例为 71.2%，较 2013 年提高 10.7%；重度及以上污染天数比例为 4.1%，下降 4.6%；PM$_{2.5}$ 平均浓度为 55 微克/米^3，下降 23.6%。338 个地级及以上城市 PM$_{10}$ 年均浓度同比下降 7.4%，其中京津冀地区重度及以上污染天数比例为 10%，同比下降 7%。

雾霾污染的治理能够取得目前的成效，与各个城市在资金、技术和政策等方面的优势以及大规模投入有关。中央从法律法规到资金、技术等方面都给予各地方政府大力支持：①《中华人民共和国大气污染防治法》的重新修订，加强了对雾霾污染违法行为的执法和监管，依法落实了地方政府环保责任，加大了对污染企业的监管和处罚力度。②加大雾霾污染投资力度，设立雾霾污染防治专项资金，2013 年资金额度为 50 亿元，2015 年增加至 106 亿元。③积极推动转方式、调结构，化解产能过剩，进一步推进煤炭清洁高效利用，京津冀等重点区域实现煤炭消费负增长。

尽管雾霾污染随着经济发展水平的提高以及污染治理有所改善，但数据的回归结果和人们的真实感受还存在一定差别。回归结果只是强调一个平均的状况，雾霾污染虽然总体呈改善趋势，但污染程度仍然较高，部分城市雾霾污染有加重和反弹趋势。因此，要清醒地认识到雾霾污染治理是一个长期的、复杂的过程[①]，要想彻底治理好雾霾污染，就要继续坚持绿色发展理念，加强雾霾污染联防联控等治理措施。

2. 经济规模与雾霾污染

根据表 6-4 中模型⑤、⑥、⑦的回归结果，经济规模的回归系数分别为 0.0685、0.0768 和 0.0693，均为正值，且均通过了 1% 的显著性检验。根据表 6-5 中模型⑤、⑥、⑦的回归结果，经济规模的回归系数分别为 0.0489、0.0522 和 0.0500，均显著为正，这表明 PM$_{2.5}$ 和 PM$_{10}$ 和以 GDP 表征的经济规模之间存在显著的正向关系，即经济规模越大，雾霾污染越严重，换言之，经济发展的规模效应不能有效降低 PM$_{2.5}$ 和 PM$_{10}$ 浓度。这是因为，一个地区经济规模的扩大往往伴随着对自然资源的加速开发和利用，从而加剧雾霾污染程度。改革开放以来，中国城市

---

① 根据《中国低碳经济发展报告（2014）》，要从根本上治理好雾霾、重现蓝天白云，按照目前中国的经济发展模式和技术水平，需要 20～30 年，即使是采取最严厉的措施，采用最先进的技术，最快地实现经济结构转型，奇迹性地改善环境，也需要 15～20 年。

的发展方式过于粗放，呈"摊大饼式"的扩张方式，在发展过程中没有很好地考虑到对环境的保护，这种发展模式是不科学的、不可持续的。因此，城市在未来的发展过程中不能过分追求经济规模，要逐步建立现代、集约、生态的城市发展新模式，转变城市经济发展方式，不断提升城市环境质量和人民生活质量，科学规划城市空间布局，充分结合资源和区位优势，实现城市经济的紧凑集约和高效绿色发展。

3. 产业结构与雾霾污染

根据表 6-4 和表 6-5 中模型⑤、⑥、⑦的回归结果，产业结构的回归系数均为正值，且均通过了 1%的显著性检验。这表明，以第二产业增加值占 GDP 的比重表征的产业结构对 $PM_{2.5}$ 和 PM_{10} 具有显著正向影响，即产业结构会加剧雾霾污染程度。这一回归结果表明，目前的城市产业结构合理，第二产业增加值占 GDP 的比重过高。根据全部样本城市产业的核密度分布（图 6-6），在 160 个城市中有 66 个城市第二产业增加值占 GDP 的比重为 45%~55%。虽然重工业的扩张和城镇化的高速发展为中国经济增长提供了强劲动力。然而，这种粗放的经济发展方式代价很大，形成了第二产业增加值占 GDP 的比重过高的产业结构，较高的能源需求和煤炭占主导的能源消费结构，进而导致雾霾污染排放总量远远超过环境容量，在京津冀、长三角以及中东部地区尤为严重。因此，在未来城市的发展中，要统筹协调好城市空间、规模、产业结构，尤其要重视对产业结构的调整。通过产业结构的不断调整，逐步降低高消耗、高污染和高排放工业所占比重，增加绿色产业和高新技术产业等第三产业所占比重，加快传统产业的改造升级，对于改善城市雾霾污染的现状具有重要的积极作用。

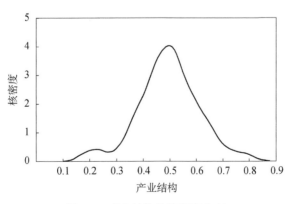

图 6-6　产业结构的核密度分布

4. 经济密度与雾霾污染

根据表 6-4 中⑤、⑥、⑦的回归结果，经济密度的回归系数分别为-0.0215、-0.0357 和-0.0274，且均未通过显著性检验。根据表 6-5 中模型⑤、⑥、⑦的回归结果，经济密度的回归系数也均为负值且均未通过显著性检验。这一回归结果表明，$PM_{2.5}$ 和 PM_{10} 与经济密度之间呈负相关关系，即经济密度越大，雾霾污染程度越小。即经济的集约式发展有助于降低雾霾污染水平，换言之，经济密度的提高将有助于改善雾霾污染的状况（张可和汪东芳，2014）。但是，回归结果均不显著，说明目前城市经济集约程度还不够高。根据全部样本城市经济密度的核密度分布（图 6-7），在 160 个样本城市中有 103 个城市的经济密度低于 1 亿元/千米^2，占所有城市的 64.38%，且呈现明显的右拖尾现象。经济密度最高的深圳为 8.1029 亿元/千米^2，经济密度最低的拉萨仅为 0.0062 亿元/千米^2，深圳是拉萨的 1307 倍。

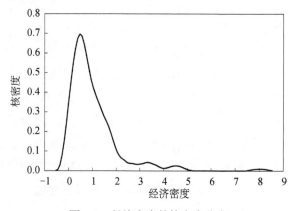

图 6-7　经济密度的核密度分布

5. 人口密度与雾霾污染

根据表 6-4 和表 6-5 中模型⑤、⑥、⑦的回归结果，可以发现人口密度的回归系数均显著为正，且回归系数之间差值不大，说明不同模型的回归结果比较稳健。这表明，人口过度集中到城市，给城市环境带来了严峻压力。人口的集聚一方面提高了生活能源需求和机动车保有量，导致局部区域能源消耗和汽车尾气排放量不断提高；另一方面导致城区土地紧缺，建筑密集程度过高，容易造成道路拥堵和城市空气流通不畅，使得 $PM_{2.5}$ 和 PM_{10} 浓度升高，加剧了城市的雾霾污染（李静和彭飞，2013）。人口向城市集中本来是为了寻求良好的工作机会和享受诸如教育、医疗、养老等社会福利，但部分大城市主城区人口压力偏大，综合承载能力严重不足，甚至会导致福利效应的抵消。国家统计局公布的数据显示①，2015 年中国城镇化率为 56.1%，而到 2020 年中国城镇化率的目标是达到 60% 左右。因此，随着城镇化进程的进一步加快，未来城市人口密度也将进一步加大，这就要求在城市规划中要适度控制城市人口密度，注重科学的空间规划，不断提升基本公共服务的质量和水平，进一步扩大公共服务供给。

6. 地理区位与雾霾污染

根据表 6-4 和表 6-5 中模型⑤、⑥、⑦的回归结果，地理区位的回归系数均显著为正。这表明，地理区位对雾霾污染具有显著的正向相关性，即中国的雾霾污染与地理区位之间存在密切关系。一般来说，鄂尔多斯、榆林、大同、吕梁等北方城市是原煤的主产城市，而煤炭是主要的生产、生活能源，因此北方城市因燃煤消费产生的颗粒物的排放量远远大于南方城市（李静和彭飞，2013），这就造成北方城市的雾霾污染比南方城市严重。

第五节　本章小结

环境库兹涅茨曲线假说是认识环境污染与经济发展之间关系的重要工具。本章利用中国 160 个地级及以上城市作为研究样本，以 $PM_{2.5}$ 和 PM_{10} 作为雾霾污染的衡量指标，充分考虑雾霾污染空间集聚特征，构建空间 Tobit 模型对雾霾污染的环境库兹涅茨曲线假说进行了实证检验。研究发现，中国城市雾霾污染呈现明显的空间集聚特征和空间溢出效应。在控制经济规模、产业结构、人口密度等变量后，雾霾污染与经济发展之间不支持倒 "U" 形的环境库兹涅茨曲线假说，而是呈现线性递减关系。中国的雾霾污染治理已经取得了阶段性的成效。在诸多控制变量中，经济规模、产业结构、人口密度对雾霾污染存在显著的正向影响，而合理的经济密度则会减轻雾霾污染状况，同时雾霾污染呈现明显的 "北重南轻" 的空间格局，北方城市冬季供暖更是加剧了雾霾污染。

根据以上结论，本章提出如下政策建议：①继续推进转方式、调结构，尤其是不断调整产业结构，对于重污染产业要进一步削减过剩产能，积极引导企业生产方

---

① 发改委：2015 年城镇化率达 56.1% 市民化进展较慢 [EB/OL]. http://www.chinanews.com/cj/2016/01-29/7739692.shtml [2020-05-20].

式和经营理念的升级转型。进一步完善绿色产业的发展扶持政策,加快推广新技术、新装备的使用,推进煤炭等传统能源的清洁和高效利用,提高新能源和可再生能源利用比例,进一步减少颗粒物的排放。②推进绿色城市建设,将绿色发展理念全面融入城市的规划建设中,稳步推进循环发展和绿色发展。倡导绿色出行,加快清洁能源和新能源汽车的推广和政策扶持,推动生产、生活方式以及城市建设模式的"绿色化"。另外,将雾霾污染纳入绩效考核指标,以新的城市绩效考核机制和体制来倒逼城市绿色发展。③城镇化进入转型发展新阶段,不能再延续过去粗放式的发展方式,要注重科学规划,建立起与资源环境承载能力相适应的城市发展模式。一方面,城市人口规模仍有一定的拓展空间,城市发展仍需吸引更多的人口进入城市。另一方面,在扩大人口规模的同时,要防止人口密度过大,将城市人口进行合理分流和布局。稳步推进义务教育、基本医疗卫生等城市基本公共服务的全覆盖,以提高城市可持续发展能力。

第七章　经济发展与中国城市雾霾污染 [①]

中国城市雾霾污染的区域性特征与空间交互影响日益突出，而这种交互影响已演变为空间网络形态。本章采用2014~2016年中国160个城市的雾霾实时监测数据，精确识别雾霾污染的空间关联网络形态并揭示其整体特征和微观模式，进而设置雾霾污染的空间权重，对雾霾污染与经济发展的关系进行实证检验。研究发现，中国城市雾霾污染已经呈现出空间关联网络形态，网络具有紧密性、连通性和叠加性的特征；雾霾污染空间关联网络中各城市之间呈现出"传递三角形"的连通模式；在不同的空间关联网络情形下，城市雾霾污染的环境库兹涅茨曲线呈现出不同的状态。然而存在社会经济关联而非纯自然关联的空间网络更符合雾霾污染的现状，有力地反驳了还原论和自然决定论的观点。本章的研究结论意味着中国的雾霾污染治理需要在经济合作框架下继续探索和完善区域联防联控机制，加强治霾的顶层设计和公众参与，继续巩固蓝天保卫战成果。

第一节　引　言

党的十九大报告指出，要"着力解决突出环境问题。坚持全民共治、源头防治，持续实施大气污染防治行动，打赢蓝天保卫战。"当前，中国城市雾霾污染问题日趋严重，造成了巨大的社会经济损失且严重威胁着人民群众健康，已经成为全面建成小康社会决胜阶段亟须解决的重大现实问题。更为严峻的情况是，雾霾污染的区域性特征与空间交互影响日益突出。从区域性特征看，范围不断扩大，多个区域的雾霾污染呈现连片发展的态势。以2016年12月爆发的雾霾污染为例：全国空气质量日均值达到重度及以上污染的城市共90个，中东部地区出现大面积雾霾污

[①] 本章是在刘华军和裴延峰发表于《城市与环境研究》2018年第3期上的《经济发展与中国城市雾霾污染——基于空间关联网络情形下的考察》基础上修改完成的。

染，遥感监测数据显示此次雾霾污染的最大覆盖面积为 188 万平方千米，影响范围达 17 个省份。其中，重度雾霾污染面积超过 92 万平方千米，占雾霾污染总面积的 49%。从空间交互影响看，不仅程度日益增强而且已呈现空间关联网络形态（刘华军和刘传明，2016；刘华军等，2017）。雾霾污染是通过一系列大气物理化学过程而形成的复合型雾霾污染现象，成因复杂。然而无论过程如何复杂，人类社会经济活动才是导致雾霾污染的根源。学术界关于重点区域严重雾霾污染频发的原因基本达成一致观点，即除特殊的气象条件外，经济的粗放式发展、产业结构的比例失衡、能源消费的不够合理等诸多经济发展过程中的问题是雾霾污染频发的主要"元凶"（马丽梅和张晓，2014a；Cheng，2016）。严重雾霾频发是一定经济发展阶段的产物，因此厘清我国雾霾污染所处阶段是打赢治霾攻坚战的重要一环。基于上述现实背景，本章试图解决的问题是如何精确识别雾霾污染的空间关联网络[①]，雾霾污染与经济发展之间究竟呈何种关系。并在此基础上为准确、有针对性地制定相应的防控政策提供决策依据。

环境库兹涅茨曲线作为研究经济发展与环境污染的重要工具，已经得到了广泛应用（Selden and Song，1994；林伯强和蒋竺均，2009）。但与传统污染不同的是，雾霾污染的首要污染物是细颗粒物（$PM_{2.5}$）。$PM_{2.5}$ 具有构成复杂且传输距离长等特点，因此某一地区雾霾污染的恶化会加剧周边甚至更远地区的雾霾污染水平，并且这种远距离雾霾的交互影响会随着污染源排放量的增加而增强（Engling and Gelencsér，2010；Lüthi et al.，2015）。因此，雾霾污染并非局部环境问题，各地区的雾霾污染呈现出显著的相互作用、相互影响状态。不同地区间的雾霾污染存在复杂的相互依赖关系和较强的空间交互影响，这为空间计量技术探究雾霾污染与经济发展之间的关系找到了用武之地。但囿于数据限制[②]，现有运用环境库兹涅茨曲线和空间计量技术对雾霾污染和经济发展之间的关系进行经验考察的文献较少，研究结论大致可以归纳为以下三种：一是雾霾污染与经济发展之间与传统环境库兹涅茨曲线的假设相一致，存在倒"U"形关系（Cheng et al.，2017；严雅雪和齐绍洲，2017a）。二是雾霾污染与经济发展之间不存在倒"U"形关系，而是存在"U"形关系（邵帅等，2016；黄寿峰，2017；严雅雪和齐绍洲，2017b）。三是雾霾污染与经济发展之间存在"N"形关系，即随着经济的发展，雾霾呈现"加重—减轻—加重"的特征（何枫等，2016）。除此之外，齐绍洲和严雅雪（2017）通过研究发现中国不同类型的城市环境库兹涅茨曲线的形式不同。

---

① 雾霾污染的空间关联网络是指各城市间雾霾污染的空间交互影响日益增强，且这种交互影响彼此叠加，呈现出关联网络形态。

② 自 2010 年环境保护部开始发布 113 个重点城市的 PM_{10} 浓度数据，直到 2013 年开始发布 74 个城市的 $PM_{2.5}$ 监测数据，并在 2014 年逐步扩大到 190 个城市，从 2015 年 1 月起扩大到 367 个城市。

上述研究从不同角度分析了雾霾污染与经济发展之间的关系，但仍存在三方面局限。一是从雾霾污染的空间交互影响看，空间关联网络能够更真实地模拟雾霾污染的现实状况，而已有文献均未充分考虑，这可能是导致研究结论存在差异的重要原因。二是从空间关联特征的识别看，已有研究仅使用 Moran's I 等指标简单分析了雾霾污染的空间溢出效应，将雾霾污染复杂的空间依赖关系简化为单一的统计量。上述做法会掩盖城市间雾霾污染关联的具体信息，无法精确分析雾霾污染的空间关联网络特征，尤其是不能揭示出雾霾污染空间关联的微观模式，无法清楚地认识到城市间雾霾污染的主要连通模式。三是从空间权重矩阵的设置上看，空间权重的设置是空间计量的关键和基础（Anselin，1988），而错误地设置空间权重将导致严重的后果。现有研究在空间权重的设置上均未考虑雾霾污染空间网络关联，可能导致研究结论出现偏误。

本章可能的边际学术贡献在于精确地识别雾霾污染的空间关联网络形态，揭示不同空间关联网络的整体特征和微观模式，设置雾霾污染的空间权重，实证考察中国雾霾污染与经济发展之间的关系。

第二节　文献综述

针对环境污染对经济发展的影响问题，国内外学者很早就展开了大量的研究。Grossman 和 Krueger（1991）最早提出了环境污染与人均收入之间的关系，指出污染在低收入水平上随人均 GDP 的增长而上升，而在高收入水平上随人均 GDP 的增长而下降。Panayotou（1993）在 Grossman 和 Krueger（1991）研究的基础上进一步拓展深化，借鉴 Kuznets（1955）的理论框架，将环境污染与人均收入之间的关系阐释为环境库兹涅茨曲线，其成为认识环境污染与经济发展之间关系的重要工具（Grossman and Krueger，1995；林伯强和蒋竺均，2009）。

雾霾污染已经成为突出的大气环境问题，而学界对于中国雾霾污染的研究起步较晚。主要原因如下：一方面，雾霾污染的原理和成因极其复杂，增加了研究的难度；另一方面，由于对雾霾污染的认识不足，往往会陷入自然决定论的陷阱。雾霾污染的首要污染物 $PM_{2.5}$ 构成复杂、传输距离长，使得雾霾污染成为与传统环境污染不同的非局部环境问题。而且，各地区雾霾污染呈现出显著的相互作用、相互影响状态，因此不同地区间存在复杂的相互依赖关系和较强的空间交互影响。

鉴于雾霾污染的上述特征，对于雾霾污染的研究不能仅停留在自然科学领域，这使得空间计量技术在雾霾污染的研究中逐渐找到了用武之地，大量文献运用空间计量技术探究雾霾污染和经济发展之间的关系。马丽梅和张晓（2014a）采用哥伦比亚大学发布的 2001～2010 年中国分省 $PM_{2.5}$ 人口加权浓度年均值数据，借助空间滞后模型和空间误差模型进行实证检验，发现雾霾污染与经济发展之间不存在或者还未出现倒 "U" 形关系，即随着人均 GDP 的增长，中国的雾霾污染程度仍不断加剧。邵帅等（2016）、严雅雪和齐绍洲（2017b）将数据进行拓展，利用 1998～2012 年中国省域年均 $PM_{2.5}$ 浓度数据，运用动态空间面板模型对雾霾进行经验估计，进一步印证了马丽梅和张晓（2014b）的结论，雾霾污染与经济发展之间不存在倒 "U" 形关系，而是存在 "U" 形关系。另外，黄寿峰（2017）和 Liu 等（2017）也得到了相同的研究结论。然而上述研究均使用省际数据，忽视了雾霾污染的区域性特征和空间非均质特征，而采用城市雾霾污染数据可以很好地克服该局限（王敏和黄滢，2015）。还有一些学者利用城市数据研究了雾霾污染与经济发展之间的关系。Hao 和 Liu（2016）基于 2013 年中国 73 个城市的 $PM_{2.5}$ 和空气质量指数数据，运用空间滞后模型和空间误差模型进行经验估计，研究发现雾霾污染与经济发展之间与传统环境库兹涅茨曲线的假设相一致，存在倒 "U" 形关系，即随着经济的发展雾霾污染呈先下降后上升的趋势。Ma 等（2016b）则将样本范围拓展到 152 个城市，研究结论与 Hao 和 Liu（2016）一致，发现由于经济发展水平不同，各地区在环境库兹涅茨曲线上所处的位置也不同。严雅雪和齐绍洲（2017a）将研究时间跨度和样本范围扩大，利用 1998～2012 年 241 个城市的空间面板数据，借助动态空间面板模型进行实证检验，进一步印证了中国雾霾污染与经济增长的倒 "U" 形关系。除上述两种主流的结论外，还有研究发现雾霾污染与经济发展之间存在 "N" 形关系（何枫等，2016）。齐绍洲和严雅雪（2017）基于面板门槛模型，将 232 个样本城市分成 4 组进行经验检验，研究发现不同城市的环境库兹涅茨曲线具有不同的特征，样本城市分别呈倒 "U" 形、"U" 形以及单调递增的线性关系。

上述研究均为判断雾霾污染与经济发展之间的关系提供了有益的参考，但仍有一些问题值得商榷，如数据选取上的误差、对于雾霾污染现实状况认识的不够充分以及空间权重设置上的错误等，都会对雾霾污染与经济发展之间关系的判断产生影响，这也可能是造成上述研究结论莫衷一是的重要原因。从样本数据看，已有研究开始广泛采取卫星数据，但卫星数据会受到气象和监测精度等因素的影响，准确性往往较低①。目前，生态环境部已经对外公布了城市的雾霾实时监测数据，随着国家空气监测网络的逐步完善以及监管能力的提升，空气质量监测事权上归国家，数据准确性和完整性不断提高，因而运用城市监测数据可以准确地刻画雾霾污染的真实状况。从现实状况看，雾霾污染空间关联网络能够更真实地模拟雾霾污染的现实状况，而已有研究均未充分考虑到雾霾污染的空间关联网络形态，可能导致研究结论产生偏误。刘华军和刘传明（2016）发现京津冀地区城市间雾霾污染存在较显著的非线性传导关系，且构成了复杂的联动网络。刘华军等（2017）进一步将样本范围拓展到京津冀、长三角等五大地区，研究发现城市雾霾污染之间存在普遍动态关联且呈现出空间关联网络形态。不论是在地区内部，还是在全部样本城市中，均不存在孤立的城市节点，任何一个城市都不能独善其身，均受到其他城市以及雾霾污染空间关联网络的影响。但遗憾的是，上述研究未能进一步对雾霾污染的空间关联网络进行精确解析，没有识别出城市间雾霾污染的连通模式，不能明确每个城市在网络中的作用，更无法提出有针对性的对策建议。同时，空间权重设置是空间计量的关键和基础（Anselin，1988），而已有研究在空间权重设置上的草率可能会导致错误的研究结论。现有研究采用了邻接权重、地理距离权重、经济权重、嵌套权重等非空间网络权重（Ma et al.，2016b；黄寿峰，2017），这些空间权重的设置均未考虑雾霾污染的空间网络关联，而雾霾污染空间关联网络形态才是雾霾污染最真实的表现形式，忽略雾霾污染空间关联网络可能导致研究结论出现偏误。

与已有研究不同，本章首次基于2014～2016年中国160个城市的雾霾实时监测数据，精确识别雾霾污染的空间关联网络形态，并在此基础上进一步分析雾霾污染空间关联网络的整体特征和微观模式，进而设置雾霾污染的空间权重，借助环境库兹涅茨曲线的分析框架和动态空间面板模型，实证考察雾霾污染与经济发展之间的关系。

---

① 已有研究采用的雾霾数据来自哥伦比亚大学国际地球科学信息网络中心发布的遥感卫星数据，不过遥感卫星虽然观测的范围较大，但现有技术仅通过大气反射的波谱来获取信息，无法较为准确地衡量雾霾（如难以准确区分云、雾和霾）。值得庆幸的是，目前我国的环境遥感监测发展较快，在精度、广度上均有较大突破，根据北京市生态环境监测中心发布信息，随着遥感技术、遥感算法的改进和提高，数据精度会大大提升。遥感监测的范围越来越大，现已由京津冀扩大到周边7省（市），未来还将不断扩大。因此，在未来的研究中，采用遥感数据是一个新的方向，但就目前掌握的数据而言，城市监测数据质量优于遥感卫星数据。

第三节　研究设计及数据说明

一、雾霾污染空间关联网络形态识别

雾霾污染已经呈现出空间关联网络形态，其不仅受污染物和地理距离的影响，还可能受自然因素和社会经济因素的影响。因此，雾霾污染的空间关联网络绝不可能呈现单一、固定的网络形态，那么究竟雾霾污染呈现出何种网络形态需要进一步探究。在此，分别采取 4 种识别方案对雾霾污染的空间关联网络进行经验识别，具体如下。

1. 线性格兰杰空间关联网络（N_1）

现有研究已从时间序列角度表明，雾霾污染已呈现出空间关联网络形态，时间序列计量技术为识别雾霾污染空间关联网络形态提供了可行的研究方法。本章基于 2014~2016 年城市雾霾污染实时监测数据，计算出各城市每天的均值[①]，形成 160 个城市三年雾霾污染日报数据序列。进一步地，在时间序列框架下，根据 Hsiao（1981）提出的方法，借助线性格兰杰因果关系检验对雾霾污染空间关联网络形态进行经验识别。从时间序列角度看，若一个时间序列的历史信息有助于提高另一时间序列当期值的预测能力，则称前者是后者的格兰杰原因；否则称前者不是后者的格兰杰原因（Granger，1969）。换言之，城市 X 的雾霾污染水平的当期或历史信息有助于提高对城市 Y 的雾霾污染未来值的预测能力，称 X 是 Y 的格兰杰原因。此外，本章在最优滞后阶数的选择上采用赤池信息准则（AIC）（Kilian，2001），且数据均通过了 ADF 平稳性检验[②]。

2. 非线性格兰杰空间关联网络（N_2）

真实世界几乎都是由非线性关系组成的，非线性模型代表了模拟真实世界的正确方向（Granger and Newbold，2014）。为此，本章借鉴 Diks 和 Panchenko（2006）的思路，在平稳时间序列基础上构建双变量向量自回归模型，通过提取向量自回归残差的方式过滤雾霾污染变量间的线性成分，然后在此基础上进行非线性检验（采用常见的 BDS 方法）。在确认序列间存在显著的非线性动态变化趋势的前提下，利用非线性格兰杰因果关系检验方法识别雾霾污染空间交互影响，构建雾霾污染

[①] 具体计算过程在第四部分"变量选择和样本数据"中有详细介绍，此处不再赘述。

[②] 限于篇幅，ADF 检验和后文 BDS 检验的结果均未列出。

的非线性格兰杰空间关联网络。数据处理方式与 N_1 相同,此处不再详述。在非线性格兰杰因果关系检验滞后阶数的选择上,借鉴李自然等(2011)的遍历性分析做法,即如果在所有滞后阶数下检验结果均不拒绝不存在非线性格兰杰因果关系的原假设,则雾霾污染变量间一定不存在空间关联网络;如果在所有滞后阶数下检验结果均显著地拒绝不存在非线性格兰杰因果关系的原假设,则无法排除雾霾污染变量间存在空间关联网络。

3. 污染物-地理距离空间关联网络(N_3)

地理因素在雾霾污染空间交互影响和空间关联网络的形成中必然扮演着极其重要的角色(Tobler,1970)。地理环境要素属性的空间非均质和非静止性,使得各个地理空间单元之间相互关联,这是导致雾霾污染空间交互影响以及空间关联网络形成的重要因素[①]。雾霾污染空间关联网络的形成与雾霾污染水平和地理距离因素具有极其密切的关系。一般而言,城市间雾霾污染水平的相似程度越高,其空间关联越密切,因此可以用城市间 $PM_{2.5}$ 年均浓度差值的倒数来表征雾霾污染在污染物层面的关联程度。换言之,年均浓度差值越小,关系越密切;年均浓度差值越大,关系越疏远。城市间的距离越远,关联程度越小;距离越近,关联程度越大。这种关联程度绝非线性的而是非线性的,因此可以用城市间距离平方的倒数来表征雾霾污染在地理距离层面的关联程度。将污染物层面与地理距离层面的关联程度进行组合,最终形成雾霾污染的污染物-地理距离空间关联网络[②]。

4. 污染物-地理距离-社会经济空间关联网络(N_4)

雾霾形成原因极其复杂,社会经济因素也是影响城市间雾霾污染空间交互影响和空间关联网络形成的重要因素。经济发展过程中的生活和工业污染排放、城市人口集聚、重工业占比过大的产业结构等因素,均是造成雾霾污染日趋严重的原因。因此,本章在空间关联网络中加入社会经济因素。为了简化分析,选择经济发展作为雾霾污染空间关联网络社会经济因素的代理变量。参照 N_3 的构建方式,经济发展水平相近的城市其雾霾污染的关联程度越大,反之关联程度越小。采用城市间人均 GDP 的倒数来表征雾霾污染在社会经济层面的关联程度,并将污染物层面、地理距离层面和社会经济层面的关联程度进行组合,最终形成雾霾污染的污染物-地理距离-社会经济空间关联网络。

---

① 为了检验地理距离对雾霾污染空间相关性的影响,本章利用 2014~2016 年 $PM_{2.5}$ 浓度日报数据,运用 Moran's I 检验了雾霾污染空间相关性随地理距离的变化规律,其中阈值初始值为 500 千米,并依照 1 千米的间隔向上增加直到阈值达到 2500 千米。测度结果显示,雾霾污染的空间交互影响的确存在地理距离衰减现象。随着阈值的增加,各时期内所测度的 Moran's I 均出现了不同程度的下降,当阈值达到 2500 千米时,每一年份 $PM_{2.5}$ 浓度的空间相关性均接近于 0,可见雾霾污染存在空间交互影响随地理距离衰减现象。限于篇幅具体结果不再列出。

② 为了简化分析,运用乘积的方式对不同层面的关联效应进行组合。

二、社会网络及模体分析方法

在识别雾霾污染空间关联网络形态的基础上，采用社会网络分析方法和模体分析方法进一步考察其整体特征和微观模式，解析雾霾污染的空间关联网络结构，识别城市间雾霾污染的连通模式。

1. 整体特征

基于社会网络分析方法，本章分别从网络密度、网络关联度、网络效率和网络交互性4个维度对雾霾污染空间关联的整体特征进行刻画。其中，网络密度能够反映空间关联网络的紧密程度；网络关联度能够体现空间关联网络自身的稳定性；网络效率能够体现空间关联网络中各城市之间的连接效率；网络交互性能够刻画空间关联网络中各城市之间的交互影响[①]。

2. 微观模式

本章将利用模体分析方法辨析雾霾污染空间关联网络中不同城市节点的微观交互模式，揭示城市雾霾污染的基本连接形态，具体从以下两个方面考察：一是模体的频率。通过测度共享节点但不共享边的小型连通子图在观测网络中的出现频次，揭示雾霾污染空间关联网络中出现频率较高的各类模体；二是模体的 P 值和 Z 得分。模体的 P 值和 Z 得分可以衡量该模体在网络中的重要性。通过计算模体的 P 值与 Z 得分识别出在雾霾污染空间关联网络中发挥重要作用的模体。

三、计量模型设定与空间权重设置

1. 计量模型设定

环境库兹涅茨曲线假说已经在研究环境污染与经济发展之间的关系中得到了广泛应用，目前研究环境污染影响因素常用的理论框架是可拓展的随机性环境影响评估（stochastic impacts by regression on population，affluence，and technology，STIRPAT）模型（York et al.，2003）。在此以环境库兹涅茨曲线假说和 STIRPAT 模型为基础进行影响因素的选取，其中 STIRPAT 模型的具体形式为

$$I_{it} = \alpha P_{it}^b A_{it}^c T_{it}^d \varepsilon_{it} \tag{7-1}$$

式中，i 为城市；t 为年份；I_{it} 为环境影响；α 为常数项；P_{it} 为人口；A_{it} 为财富；T_{it} 为技术；ε_{it} 为随机误差项；b、c、d 分别为各影响因素的指数。STIRPAT 模型是多变量的非线性模型，将式（7-1）两边同时取对数得到线性模型。同时，STIRPAT

[①] 限于篇幅，没有给出4种指标的详细定义和计算公式，若需要请参考刘军（2014）。

模型也是一个开放的模型，允许引入其他影响因素对被解释变量进行分析。本章基于 STIRPAT 模型，构建空间计量模型以考察在空间关联网络情形下中国雾霾污染状况。在空间计量模型的选择上，Lesage 和 Pace（2009）建议首先使用空间杜宾模型。原因在于，无论真实的数据生成过程是空间滞后模型还是空间误差模型，空间杜宾模型仍可得到无偏估计（胡安俊和孙久文，2014）。值得注意的是，雾霾污染存在显著的空间交互影响，与样本城市周边关联城市的雾霾污染会对本地区产生"贡献"。由于雾霾影响的作用机制可能会存在累积效应，因此还需考虑其上一期的雾霾污染水平。有鉴于此，本章在计量模型的设定中考虑周边关联城市的"贡献"（WY_t）和累积效应（WY_{t-1}）。此外，雾霾污染随着影响因素的变化会存在一定的时间滞后影响，因此还需要考虑雾霾污染的时间滞后效应（Y_{t-1}）。上述空间滞后项和时间滞后项还能在一定程度上解决变量遗漏等内生性问题。建立的计量模型如式（7-2）所示。

$$Y_t = \tau Y_{t-1} + \delta WY_t + \eta WY_{t-1} + X_t\beta_1 + WX_t\beta_2 + \varepsilon_t \tag{7-2}$$

式中，t 为年份；被解释变量 Y_t 为雾霾污染；X_t 为相关影响因素；ε_t 为随机误差项；W 为空间权重矩阵；δWY_t 和 $WX_t\beta_2$ 则分别考虑了被解释变量和解释变量的空间依赖；β_1 为影响因素系数；δ 和 β_2 为空间滞后系数，分别反映当期其他城市雾霾污染对样本城市雾霾污染的影响情况以及其他城市影响因素对样本城市雾霾污染的影响情况；τY_{t-1} 和 ηWY_{t-1} 分别为时间滞后变量和时空滞后变量，τ 为被解释变量的时间滞后系数，反映上一期雾霾污染对当期雾霾污染的影响，η 为被解释变量的时空滞后系数，反映上一期其他城市雾霾污染对样本城市的影响情况。

需要注意的是，已有研究在构建空间杜宾模型时，往往未对解释变量的空间滞后项进行空间相关性检验，就将所有解释变量的空间滞后项全部加入模型中，导致模型出现过度解释和多重共线性等问题（Wang and Fang，2016；马丽梅等，2016；黄寿峰，2017）。有鉴于此，本章在加入 WX_t 项时首先进行双变量 Moran 检验。同时，以上模型的回归系数并不能直接衡量解释变量对被解释变量的影响效应，因此需要进一步对其进行效应分解，将模型改写为

$$Y_t = (I-\delta W)^{-1}(\tau I + \eta W)\,Y_{t-1} + (I-\delta W)^{-1}(X_t\beta_1 + WX_t\beta_2) + (I-\delta W)^{-1}\varepsilon_t \tag{7-3}$$

在特定的时间点上，从城市 1 到城市 n 的 X_t 中的第 k 个解释变量对应的 Y_t 期望值的偏导数矩阵可以写为式（7-3），I 为单位矩阵。这些偏导数表示一个城市的特定解释变量发生一个单位的变化对其他所有城市被解释变量的效应，上述效应分为直接效应和间接效应。本章采用的是动态面板模型，因此直接效应和间接效应在时间维度上又可分为短期效应和长期效应，具体计算方法如表 7-1 所示。

表 7-1　动态空间杜宾模型的效应分解

效应分解	直接效应	间接效应
短期效应	$\left[(I-\delta W)^{-1}(\beta_{1k}I_N+W\beta_{2k})\right]^{\overline{d}}$	$\left[(I-\delta W)^{-1}(\beta_{1k}I_N+W\beta_{2k})\right]^{\overline{\mathrm{rsum}}}$
长期效应	$\left\{\left[(1-\tau)I-(\delta+\eta)W\right]^{-1}(\beta_{1k}I_N+W\beta_{2k})\right\}^{\overline{d}}$	$\left\{\left[(1-\tau)I-(\delta+\eta)W\right]^{-1}(\beta_{1k}I_N+W\beta_{2k})\right\}^{\overline{\mathrm{rsum}}}$

注：I 为单位矩阵，N 表示全部空间单元数，k 表示第 k 个空间单元，$\overline{d}$ 表示计算矩阵对角线元素均值的运算符，rsum 表示计算矩阵非对角线元素行和平均值的运算符。表中公式参考 Elhorst（2014），但书中 Table 4.1 列出长期直接效应和长期间接效应公式时，出现了笔误，作者在此进行了更正

2. 空间权重设置

空间权重设置是空间计量回归的关键，Anselin 和 Florax（1995）认为空间权重与样本数据真实空间结构吻合性越高，模型的拟合度越好，解释能力越强。本章在识别雾霾污染空间关联网络的基础上，进一步设置与雾霾污染数据真实空间结构高度吻合的空间权重。行标准化处理后的空间权重如图 7-1 所示。

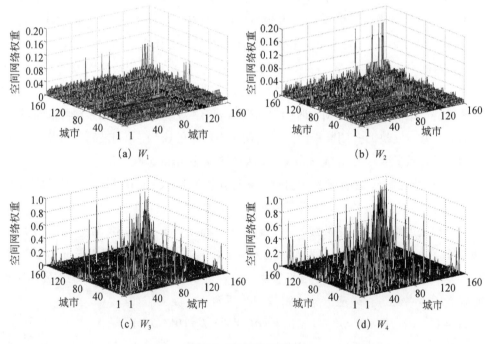

图 7-1　空间权重矩阵

1）基于线性格兰杰和非线性格兰杰空间关联网络的权重设置。根据线性格兰杰和非线性格兰杰空间关联网络识别结果，设置权重 W_1 和 W_2，矩阵元素可以表示如下：

$$w_{ij} = \begin{cases} 1 & j \to i \\ 0 & i=j, j \not\to i \end{cases} \qquad (7\text{-}4)$$

式中，w_{ij} 为矩阵元素，i，j 为城市，i，$j=1, 2, \cdots, n$，n 为城市个数。如果 j 指向 i（$j \to i$），即第 j 个城市的雾霾污染是第 i 个城市雾霾污染的线性（非线性）格兰杰原因，则 $w_{ij}=1$；如果 j 不指向 i（$j \not\to i$），即第 j 个城市的雾霾污染不是第 i 个城市雾霾污染的非线性格兰杰原因，则 $w_{ij}=0$；当 $i=j$ 时，$w_{ij}=0$。

2）基于污染物-地理距离空间关联网络的权重设置。根据污染物-地理距离空间关联网络识别结果设置权重 W_3。其中，$PM_{2.5}$ 为各城市 2014～2016 年 $PM_{2.5}$ 浓度均值，d 为城市之间的距离，且对角线元素全为 0（即当 $i=j$ 时，$w_{ij}=0$）。

$$w_{ij} = \begin{cases} \dfrac{1}{\left| PM_{2.5i} - PM_{2.5j} \right|} \times \dfrac{1}{d_{ij}^2} & i \neq j \\ 0 & i = j \end{cases} \qquad (7\text{-}5)$$

3）基于污染物-地理距离-社会经济空间关联网络的权重设置。根据污染物-地理距离-社会经济空间关联网络识别结果设置权重 W_4。其中，$PM_{2.5}$、$pgdp$ 为各城市 2014～2016 年均值，d 为城市之间的距离，且对角线元素全为 0（即当 $i=j$ 时，$w_{ij}=0$）。

$$w_{ij} = \begin{cases} \dfrac{1}{\left| PM_{2.5i} - PM_{2.5j} \right|} \times \dfrac{1}{\left| pgdp_i - pgdp_j \right|} \times \dfrac{1}{d_{ij}^2} & i \neq j \\ 0 & i = j \end{cases} \qquad (7\text{-}6)$$

四、变量选择和样本数据

1. 被解释变量

被解释变量为雾霾污染，本章采用 $PM_{2.5}$ 浓度表征雾霾污染。近年来，$PM_{2.5}$ 逐渐成为中国区域雾霾污染的首要污染物（Ma et al., 2016b），具有构成复杂、传输距离长等特点（Engling and Gelencsér, 2010; Lüthi et al., 2015）。$PM_{2.5}$ 浓度作为雾霾污染的代理变量能较好地反映雾霾污染状况（马丽梅和张晓，2014a；黄寿峰，2017）。因此，本章选择 $PM_{2.5}$ 浓度作为雾霾污染的代理变量。

2. 解释变量

经济发展（pgdp）。通常认为人均 GDP 可以很好地体现一个城市的经济发展水平，因此本章采用各城市人均 GDP 作为经济发展的代理变量。环境库兹涅茨曲线假说认为，经济发展与环境污染之间存在倒 "U" 形曲线关系（Grossman and

Krueger，1995）。而在空间关联网络下，雾霾污染与经济发展之间究竟呈现何种关系，目前尚无定论，因此本章还将考虑人均 GDP 的二次项，综合考察经济发展与雾霾污染之间的关系。

3. 控制变量

1）人口密度（popdens）。人口密度越高，城市的社会经济活动越活跃，能源消费和污染排放越大，给环境带来的压力也就越大（杨冕和王银，2017）。因此，本章采用各城市人口规模与地区面积的比值，并预期其系数为正。

2）产业结构（indstru）。第二产业的化石燃料燃烧及建筑扬尘等是雾霾污染的重要来源，我国正处于工业化加速期，工业能耗规模高于其他部门，进一步加剧了雾霾污染。因此，本章采用各城市第二产业增加值占 GDP 的比重来反映产业结构对雾霾污染的影响，回归系数预期为正。

3）技术进步（rdint）。科技进步尤其是绿色科技的发展无疑为雾霾污染治理提供了重要的技术支持。本章采用各城市科学研究和技术服务人员占总从业人员的比重作为技术进步的代理变量，回归系数预期为负。

4）能源强度（enerint）。中国经济的高速发展伴随着高污染、高耗能，给环境造成了巨大的压力，存在能源强度大、能源利用效率低等问题，这也是雾霾污染的主要诱因之一（马丽梅等，2016）。因此，本章采用万元 GDP 能耗，即各城市能源消费总量与 GDP 的比值作为能源强度的代理变量，回归系数预期为正。

5）对外开放（fdi）。关于外商直接投资（foreign direct investment，FDI）对雾霾污染的影响，现有研究尚未得出一致结论。有学者研究发现外商直接投资对我国雾霾污染表现出显著的"叠加效应"和"溢出效应"（严雅雪和齐绍洲，2017b）；也有学者研究发现针对雾霾污染的"环境避难所"假说在我国不成立，外商直接投资对我国雾霾污染具有改善作用（邵帅等，2016）。因此，本章选择各城市实际使用外资额与 GDP 的比值作为对外开放的代理变量，进一步考察在空间关联网络情形下，对外开放对雾霾污染的影响。

6）自然因素。气象等自然因素也是影响雾霾污染的重要因素，考虑到低温和无风（Li et al.，2014b）不利于雾霾污染的改善，因此本章引入低温天气（low-temp）和有风天气（wind）两个自然因素变量。其中，各城市最高气温低于 5℃且最低气温低于 0℃的天气占比作为低温天气的代理变量，回归系数预期为正；各城市有持续风向且风力大于三级的天气占比作为有风天气的代理变量，回归系数预期为正。所有变量详细定义如表 7-2 所示。

表 7-2　变量详细定义

解释变量	代理变量	变量符号	变量解释
经济发展	人均 GDP	pgdp	各城市人均 GDP
人口密度	—	popdens	各城市人口规模与地区面积的比值
产业结构	第二产业占比	indstru	各城市第二产业增加值占 GDP 的比重
技术进步	研发强度	rdint	各城市科学研究和技术服务人员占总从业人员的比重
能源强度	万元 GDP 能耗	enerint	各城市能源消费总量与 GDP 的比值
对外开放	外商直接投资	fdi	各城市实际使用外资额与 GDP 的比值
低温天气	低温频率	low-temp	各城市最高温低于 5℃ 且最低温低于 0℃ 的天气占比
有风天气	有风频率	wind	各城市有持续风向且风力大于等于三级的天气占比

4. 样本数据

中国环境监测总站实时发布 1436 个国控站点的 $PM_{2.5}$ 等雾霾污染物监测信息，然而该网站仅提供 1 小时内的监测数据，无法从中获得某一段时间内的数据。为保证雾霾污染数据的准确性，本章选择使用环境监测站点每小时数据计算各城市日报数据。然而由于数据是基于页面形式的，并未直接提供下载链接且数据量庞大，人工采集的方式不仅工作量大而且容易出错，很难满足需要。为了更快捷准确地获得数据，本章选择在 R 语言平台下利用 rvest、RCurl 等工具设计网络爬虫系统，从中国环境监测总站的页面中抓取数据，最终构建以 $PM_{2.5}$ 为主的雾霾污染数据库，为雾霾污染研究创造了条件[①]。其他社会经济影响因素数据来自历年《中国城市统计年鉴》和《中国能源统计年鉴》，自然因素数据来自中国气象数据网。

第四节　雾霾污染空间关联网络形态、
整体特征及其微观模式

一、雾霾污染空间关联网络形态

本章根据 4 种空间关联网络构建方法识别了雾霾污染的空间关联网络，可以

---

① 通过采集各监测站点每小时 $PM_{2.5}$ 浓度数据，计算各城市所有监测站点的 $PM_{2.5}$ 浓度平均值，然后根据《环境空气质量指数（AQI）技术规定（试行）》（HJ633—2012）中的日报发布标准，计算得到各城市 $PM_{2.5}$ 浓度的日报数据。

发现在样本考察期内，雾霾污染的空间关联网络均呈现出复杂性、全局性和集聚性的特征。雾霾污染的空间关联网络纵横交错，样本城市间均存在普遍的空间关联效应，这种空间关联效应不仅局限在样本城市周边区域，使地理距离较远的城市仍可能存在紧密的空间关联。无论雾霾污染的空间关联网络呈现何种形态，中东部地区城市间雾霾污染均存在较为密切的空间关联，并呈现出明显的集聚特征。

二、雾霾污染空间关联网络整体特征和微观模式

1. 雾霾污染空间关联网络的整体特征

本部分基于社会网络分析法，从网络密度、网络关联度、网络效率和网络交互性4个维度进一步探究雾霾污染空间关联网络的整体特征，结果如表7-3所示。

表7-3　雾霾污染空间关联网络整体特征指标

指标	N_1	N_2	N_3	N_4
网络密度	0.255	0.185	0.102	0.087
网络关联度	1.000	1.000	1.000	1.000
网络效率	0.749	0.813	0.904	0.934
网络交互性	0.736	0.827	0.938	0.941

从网络密度看，4种空间关联网络的密度分别为0.255、0.185、0.102和0.087，除N_4外其他3种网络的密度均超过0.1，网络密度较大，说明雾霾污染空间关联较紧密，其空间关联的网络结构对雾霾污染的影响较大。网络关联度均为1.000，意味着空间关联网络具有较强的连通性与通达性，城市之间雾霾污染存在普遍的空间交互影响。网络效率均超过0.7，空间关联网络存在冗余交互影响，表明雾霾污染的空间溢出存在明显的多重叠加现象，网络结构较稳定。网络交互性均大于0.7，说明雾霾污染并非单向溢出而是双向溢出。

2. 雾霾污染空间关联网络的微观模式

为了探究雾霾污染空间关联网络的微观模式，进一步利用模体分析统计空间关联网络中反复出现的局部结构，并基于空间关联网络的1阶零模型进行2000次模拟，通过对网络中某种模体真实出现的频率与模拟过程中出现的频率进行比较，以判断该模体在空间关联网络中是否显著（P值为1，表示不显著；P值为0，表示显著），结果如表7-4所示。

表 7-4　模体分析

代码	模体	N₁		N₂		N₃		N₄	
		频率	Z 得分	频率	Z 得分	频率	Z 得分	频率	Z 得分
F8R		1570	−18.34	1054	−13.49	852	−73.32	679	−58.88
F7F		1595	0.00	1064	0.00	865	0.00	658	0.00
GCR		1584	0.00	1001	0.00	907	0.00	657	0.00
FKX		1272***	100.47	717***	30.74	596***	238.08	422***	82.61
F8X		1268***	16.77	703***	13.56	581***	68.79	341***	49.42
GCX		1266***	19.23	707***	13.99	616***	69.55	366***	54.47
GOX		1234***	22.76	687***	22.08	504***	111.81	235***	28.11
IMF		1023***	33.11	500***	19.62	376***	278.68	202***	126.97
JQF		1053***	41.34	507***	21.25	428***	279.34	258***	140.91
FMF		1088***	39.39	498***	20.05	433***	265.80	240***	124.83
GDF		1139***	20.10	514***	14.90	432***	248.99	211***	210.67
GQX		905***	33.25	385***	17.11	307***	873.53	155***	433.77
K4F		808***	33.12	310***	15.36	248***	1413.55	78***	692.77

***表示显著（P 值为 0）

由表 7-4 可知，模体 F8R、F7F 和 GCR 在 4 种雾霾污染的空间关联网络中出现频率均最高，且均不显著，即在真实网络中出现的频率低于在其 1 阶零模型中出现的平均频率，表明其存在与否对雾霾污染的空间关联网络结构不会产生明显影响。造成这种结果的主要原因可能是，这三种模体体现了不平衡的空间溢出模式，即一个城市和另外两个城市间只有溢出或被溢出的关系（如 F7F 和 GCR）。表明模体结构中缺乏交互关系或传递三角形结构，而这与雾霾污染空间关联网络中存在空间交互影响的现实状况相矛盾。FKX、F8X、GCX 等模体在 4 种空间关联网络中显著存在，且出现频率较高。其中，FKX 存在节点间的传递三角形结构，同时在 4 种空间关联网络中的 Z 得分也最高，表明在雾霾污染空间关联网络中，城市间最重要的连通方式是模体 FKX 的形式。F8X 和 GCX 在 4 种空间关联网络中的重要程度仅次于 FKX，主要是因为其存在节点间的交互关系。上述结果充分表明，关系的传递性和交互性对雾霾污染空间关联网络的形成及结构特征具有重要影响。出现频率较低的是 K4F 和 GQX 两类模体，不过这两类模体的 P 值仍显著，表明这两类模体可能仅在网络的某些局部结构发挥了一定作用，可能的原因是这两类模体中存在过多的交互关系。尽管雾霾污染空间关联网络具有较明显的"集团化"特征，但部分城市间的交互影响关系是非对称的，即某些城市在空间关联网络中仅扮演发出者或接收者。即 K4F 和 GQX 描述的高度交互倾向与中国雾霾污染的空间集聚特征和区域集团化特征的现实状况并不相符。

第五节　实证检验

一、客观事实描述

总体来看，我国的雾霾污染治理已取得了一定成效[①]，但污染状况尚未得到有效遏制，局部地区污染依然严重，仍面临着诸多问题和挑战。为直观了解我国雾霾污染的实际状况和变化趋势，本章基于中国《环境空气质量标准》（GB3095—2012）中 $PM_{2.5}$ 年均浓度和日均浓度限值，将月均浓度划分为 5 个区间，进一步分析样本考察期内各区间城市数量，结果如图 7-2 所示。①从各年度纵向比较的结果看，每年 5～9 月是雾霾污染程度较轻的时期，90%左右的城市 $PM_{2.5}$ 浓度小于 75 微克/米 ^{3}，其中 8 月最低。而每年的 1～3 月和 11～12 月是雾霾污染较严重的时期，30%以上的城市 $PM_{2.5}$ 浓度高于 75 微克/米 ^{3}，1 月和 12 月比例甚至超过 50%。2014 年 1 月 50%左右的城市雾霾污染处于 $PM_{2.5}$ 浓度高于 100 微克/米 ^{3} 的极高污染区间。②从各年度横向比较的结果看，总体而言，雾霾污染情况有所改善，月均浓度低于 35 微克/米 ^{3} 的城市平均比例由 2014 年的 20.89%上升到 2015 年的 29.64%，进而上升到 2016 年的 37.60%。月均浓度高于 75 微克/米 ^{3} 城市平均比例分别为 25.10%、18.54%和 14.01%，出现明显下降。然而值得注意的是，虽然总体呈改善趋势，但仍存在反弹现象。例如，2014 年 11 月，高污染区城市比例为 35%，2015 年 11 月下降到 26.88%，2016 年 11 月又上升到 28.13%，表明雾霾治理是一个长期的工程，必须常抓不懈。

---

① 《2016 中国环境状况公报》显示，2016 年，74 个重点监测城市平均优良天数比例为 74.2%，比上一年上升 3%，比 2013 年上升 13%。平均超标天数比例为 25.8%，其中轻度污染天数比例为 18.1%，比上一年降低 1.4%，比 2013 年降低 4.8%。重度污染天数比例为 2.4%，比上一年降低 0.8%，比 2013 年降低 3.8%。严重污染天数比例为 0.6%，与上一年持平。

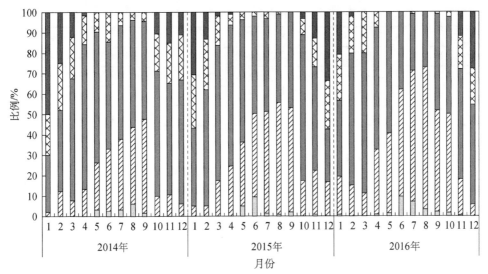

图 7-2　2014～2016 年中国 PM$_{2.5}$ 浓度月均变化趋势

二、空间相关性检验

为了刻画中国城市雾霾污染的空间分布特征，本章采用空间统计学中常用的空间相关性检验——探索性空间数据分析（exploratory spatial data analysis，ESDA），考察中国雾霾污染的空间相关性和空间集聚特征。

1. 全局空间相关性

全局空间相关性通常用于分析空间数据的整体分布特征，一般通过 Moran's I 和 Geary's C 进行刻画 [1]。在此测算了 2014～2016 年中国 160 个城市 PM$_{2.5}$ 的 Moran's I 和 Geary's C（表 7-5）。结果显示，在 4 种空间权重下，Moran's I 均为正，Geary's C 全部小于 1，二者且均通过了 1%的显著性检验。表明中国的雾霾污染具有明显的正向空间相关性特征，存在显著的高-高型和低-低型集聚。因此，在对雾霾污染与经济发展之间的关系进行计量检验时，要充分考虑雾霾污染的空间特征，否则会导致估计结果有偏。

---

① 限于篇幅，不再给出 Moran's I 和 Geary's C 的具体计算公式。

表 7-5　中国城市 PM₂.₅ 的 Moran's I 和 Geary's C

年份	W_1		W_2		W_3		W_4	
	Moran's I	Geary's C	Moran's I	Geary's C	Moran's I	Geary's C	Moran's I	Geary's C
2014	0.378***	0.635***	0.494***	0.632***	0.822***	0.145***	0.478***	0.516***
2015	0.364***	0.626***	0.502***	0.594***	0.858***	0.116***	0.543***	0.467***
2016	0.398***	0.606***	0.538***	0.588***	0.843***	0.125***	0.548***	0.468***

***表示在 1%的显著性水平下通过显著性检验

2. 局域空间相关性

　　Moran 散点图是刻画局域空间相关性的常用工具。在此绘制了 4 种空间权重下 2016 年中国城市 PM₂.₅ 的 Moran 散点图 [①]，如图 7-3 所示。

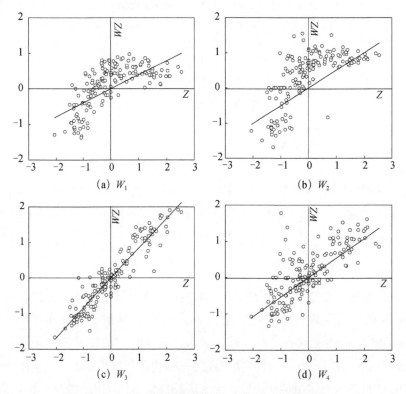

图 7-3　2016 年中国城市 PM₂.₅ 的 Moran 散点图

　　观察图 7-3 可以发现，在 4 种空间权重下，绝大多数城市均位于第一象限和第三象限，表明雾霾污染具有显著的空间正相关性和空间集聚效应，即对于雾霾污染较严重的城市来说，通常会存在一个或者多个雾霾污染较严重的城市与之存在空

---

① 限于篇幅，2014 年和 2015 年的 Moran 散点图未给出。

间关联；同理，对于雾霾污染较轻微的城市来说，通常会存在一个或者多个雾霾污染较轻微的城市与之存在空间关联。在此，重点关注高-高型集聚区，2014~2016年4种空间权重下的城市数量均超过60个，主要集中在北京、天津、河北、河南、山东、江苏、山西、陕西和安徽等地区，说明我国高雾霾污染集团主要聚集在中东部地区。从动态趋势看，以 W_4 为例，高雾霾污染集团城市2014年为67个，2015年下降为65个，2016年下降为60个。7个城市相继退出高雾霾污染集团，说明雾霾污染治理取得了一定成效，但效果不太显著，退出城市数较少，仍有大量城市留在高雾霾污染集团中。

3. 双变量 Moran 检验

为进一步刻画雾霾污染与其影响因素之间的空间相关性，在 Moran's I 的基础上进一步拓展，进行双变量自相关分析，公式可表示为

$$I = Z_l W Z_k \tag{7-7}$$

式中，Z_k 表示标准化的 Y_k 值（被解释变量）；Z_l 表示标准化的 X_l 值（解释变量），即 $Z_k = [Y_k - \mu_k]/\sigma_k$，$Z_l = [X_l - \mu_l]/\sigma_l$，$Y_k$ 和 X_l 表示对应值，μ_k 和 μ_l 表示均值，σ_k 和 σ_l 表示对应值的方差；W 表示行标准化的空间权重矩阵。在实证检验前首先进行雾霾污染和其影响因素之间的双变量 Moran 检验，若影响因素与雾霾污染之间具有显著的空间相关性，在模型中加入空间杜宾项；若影响因素与雾霾污染之间没有显著的空间相关性，在模型中不加入空间杜宾项。双变量 Moran'I 结果如表7-6所示。

表 7-6　双变量 Moran's I 结果

变量	W_1 双变量 Moran'I	0/1	W_2 双变量 Moran'I	0/1	W_3 双变量 Moran'I	0/1	W_4 双变量 Moran'I	0/1
PM$_{2.5}$-pgdp	−0.159***	1	−0.038**	1	−0.107***	1	−0.126***	1
PM$_{2.5}$-popdens	0.142***	1	0.120***	1	0.281***	1	0.163***	1
PM$_{2.5}$-indstru	−0.003	0	0.035	0	0.001	0	−0.044	0
PM$_{2.5}$-rdint	0.055***	1	0.090	1	0.006	0	0.015	0
PM$_{2.5}$-enerint	0.214***	1	0.286***	1	0.226***	1	0.219***	1
PM$_{2.5}$-fdi	0.073***	1	0.072***	1	0.131***	1	0.072***	1
PM$_{2.5}$-low-temp	0.233***	1	0.331***	1	0.306***	1	0.276***	1
PM$_{2.5}$-wind	−0.048***	1	0.041***	1	0.196***	1	0.128***	1

注：每个空间权重矩阵的第二列0/1表示是否添加空间杜宾项，若显著则添加，表示为1，若不显著则不添加，表示为0；**、***分别表示在5%、1%的水平下通过显著性检验

三、回归结果分析

在进行空间计量回归之前，首先对模型进行选择性检验，运用极大似然估计并得到似然比（LR）。之后运用 Wald 检验和 LR 检验对两个原假设进行检验，分别为 H_0: $\beta=0$ 和 H_0: $\beta+\alpha\rho=0$。前者用来检验空间杜宾模型是否可以转化为空间滞后模型，后者用来检验空间杜宾模型是否可以转化为空间误差模型，如果两个原假设都被拒绝，则空间杜宾模型最优。同时，运用空间豪斯曼（Hausman）检验来选择固定效应还是随机效应，表 7-7 列出了模型诊断检验结果。4 种空间权重的 Wald 检验和 LR 检验均显著拒绝了原假设，说明空间杜宾模型最优。4 种空间权重的空间杜宾模型的 Hausman 检验均显著为正，拒绝了随机效应，即固定效应优于随机效应。综上所述，选择固定效应的空间杜宾模型进行回归分析。

表 7-7　雾霾污染影响因素的动态空间面板模型估计结果

变量	W_1		W_2		W_3		W_4	
	①	②	③	④	⑤	⑥	⑦	⑧
$\ln(PM_{2.5})_{t-1}$	1.407***	0.120**	0.410***	1.271***	0.337***	0.559***	0.664***	3.264***
$W \cdot \ln(PM_{2.5})_{t-1}$	−3.815***	−0.036***	−0.045***	−0.494***	−0.212***	−4.055***	−0.088***	−2.974***
$W \cdot \ln(PM_{2.5})$	1.662***	0.199***	0.084***	0.139***	0.785***	1.346***	0.133***	3.992***
$\ln(pgdp)$	0.291***	−0.022	0.003***	−0.058	0.014*	−0.050	0.024***	0.924***
$\ln^2(pgdp)$	−2.065***	0.010*	−0.021**	0.027**	−0.007*	0.022*	−0.014***	−0.210***
$\ln(popdens)$		0.056***		0.014***		0.161***		0.350***
$\ln(indstru)$		0.166*		0.259***		0.519***		0.648***
$\ln(rdint)$		0.111		0.014		0.034		0.524
$\ln(enerint)$		0.033*		0.112***		0.047**		0.149***
$\ln(fdi)$		−0.026***		−0.019***		−0.008*		−0.083***
$\ln(low\text{-}temp)$		0.007*		0.021***		0.009***		0.098***
$\ln(wind)$		−0.01***		−0.029***		−0.014***		−0.099***
$W \cdot \ln(pgdp)$	0.406***	−0.095***	0.004**	−0.114***	0.003*	−0.065***	0.004*	−0.394***
$W \cdot \ln(popdens)$		0.020***		0.069***		0.100***		0.081***
$W \cdot \ln(rdint)$		0.051***						
$W \cdot \ln(enerint)$		0.045***		0.024***		0.751***		0.276***
$W \cdot \ln(fdi)$		0.005***		−0.043***		0.241***		0.044***
$W \cdot \ln(low\text{-}temp)$		0.005***		0.016***		0.067***		0.060***
$W \cdot \ln(wind)$		0.003***		0.012**		0.139***		0.126***
Wald-spatial-lag	138.87***		176.54***		17.54***		65.18***	
LR-spatial-lag	146.18***		122.48***		17.66***		41.25***	
Wald-spatial-error	69.80***		45.17***		26.63***		15.59***	
LR-spatial-error	33.50***		22.66***		22.82***		58.40***	
Hausman	21.42**		15.58*		8.43*		41.35***	

*、**、***分别表示在 10%、5%、1%的水平下通过显著性检验，限于篇幅，标准误未报告

采用基于偏差修正的极大似然估计法，分别对 4 种空间权重下的动态空间面

板杜宾模型进行回归估计（Lee and Yu，2010；Elhorst，2014），结果如表 7-7 所示。其中，模型①、③、⑤、⑦不包含控制变量，②、④、⑥、⑧包含控制变量。另外，根据双变量 Moran 检验的识别结果，模型②包含空间滞后项 $W \cdot \ln$（pgdp）、$W \cdot \ln$（popdens）、$W \cdot \ln$（rdint）、$W \cdot \ln$（enerint）、$W \cdot \ln$（fdi）、$W \cdot \ln$（low-temp）和 $W \cdot \ln$（wind），模型④、⑥、⑧包含 $W \cdot \ln$（pgdp）、$W \cdot \ln$（popdens）、$W \cdot \ln$（enerint）、$W \cdot \ln$（fdi）、$W \cdot \ln$（low-temp）和 $W \cdot \ln$（wind）。

首先，从雾霾污染的时间滞后效应看，在 4 种空间权重下 $\ln$（$PM_{2.5}$）$_{t-1}$ 的系数均显著为正，即滞后一期与当期的雾霾污染水平呈明显的正相关关系，充分说明中国城市雾霾污染具有显著的"惯性"特征。中国雾霾污染治理之路注定"道阻且长"，不能一蹴而就、急于求成。雾霾污染治理是持久战，不能稍有改善就放松警惕，我国雾霾污染状况虽然近年来有所改善，但仍存在一定程度的反弹现象，因此雾霾污染治理应"警钟长鸣"。其次，从雾霾污染的空间滞后效应看，4 种空间权重下 $W \cdot \ln$（$PM_{2.5}$）的系数均显著为正，充分说明雾霾污染存在显著的空间集聚效应，即其他城市 $PM_{2.5}$ 浓度的提高会加重本城市的雾霾污染程度。这与邵帅等（2016）和黄寿峰（2017）的研究结论一致。在空间关联网络情形下，雾霾污染呈现出更加显著的扩散效应，城市间雾霾污染的交互影响越来越显著。这表明，雾霾污染治理"单兵作战"是徒劳的，单个城市或者少数城市的雾霾防控政策所起的作用越来越不明显，只有进行有效的联防联控才能避免"唇亡齿寒"状况的发生。最后，从雾霾污染的时空滞后效应看，所有模型 $W \cdot \ln$（$PM_{2.5}$）$_{t-1}$ 的系数均显著为负，表明与样本城市具有显著空间关联城市的前一期雾霾污染水平对当期样本城市雾霾污染水平存在显著的促降作用。一种可能的解释是，目前雾霾污染治理联防联控效果初步显现，治理责任制和雾霾政绩考核的压力迫使样本城市转变原有"逐底竞争"的观念，避免成为"负面典型"。下面根据回归结果，进一步对各影响因素展开分析。

1. 经济发展

对不考虑控制变量的实证结果进行分析，在 4 种空间权重下，经济发展一次项的回归系数均为正、二次项的回归系数均为负，且均通过了显著性检验。这表明，当不考虑其他影响因素时，雾霾污染与经济发展之间在四种空间权重下均存在倒"U"形曲线关系。符合经典的环境库兹涅茨曲线假说，即随着经济发展水平的不断提高，雾霾污染水平呈先上升后下降的趋势。进一步地，通过计算拐点可以发现，几乎所有城市均越过拐点。这一结果表明，我国城市雾霾污染治理已经进入随着经济的持续发展，雾霾污染水平逐渐下降的阶段，即经济发展水平已实现与雾霾污染脱钩，显然这与我国雾霾污染的现实状况不符，因此考虑控制变量后进行参数估计。

根据表 7-7 可以发现一个有趣的现象，在前三种空间权重（W_1、W_2、W_3）下，经济发展一次项的回归系数均为负且不显著，二次项的回归系数均显著为正，表明雾霾污染与经济发展之间存在"U"形曲线关系。通过计算拐点可以发现，在前三种空间权重下，几乎所有城市均越过了拐点，说明我国几乎所有城市均进入雾霾高污染集团，这显然不符合中国雾霾污染的实际。一种可能的解释是，前三种空间权重在识别雾霾污染传导关系时，更多地考虑了污染因素和地理因素，而事实上雾霾污染是社会经济问题，具有十分复杂的关联关系，单纯考虑地理因素必然会造成结果的偏误。这一发现也在一定程度上驳斥了还原论和自然决定论的观点。在空间权重 W_4 下，雾霾污染与经济发展之间存在显著的倒"U"形曲线关系，说明在自然因素-经济社会的复合关联下，中国雾霾污染与经济发展之间存在"脱钩"阶段。但是，通过进一步计算拐点可以发现，在 160 个城市中仅有 65 个城市越过拐点，说明仅有少部分城市的雾霾污染与经济发展之间呈负相关关系，大部分地区仍处于雾霾高污染集团中。上述发现表明，雾霾污染归根结底是社会经济问题，在城市间经济联系的框架下有助于雾霾污染协同治理的开展，京津冀及周边地区的雾霾污染协同治理（即"2+26"）就是一个很好的例证，京津冀地区经济联系密切，又同时面对雾霾污染严重的现实状况，具有共同利益。在中央权威的强有力领导下，雾霾污染治理可以通过落实责任和强化考核等强有力措施，达成初步成效。但雾霾污染治理是持久战，不能稍有改善就放松警惕，应持续保持高压状态，进一步细化和优化雾霾治理政策制度。

2. 控制变量

1）人口密度。表 7-7 显示，4 种空间权重下，人口密度的回归系数均显著为正，说明人口密度与雾霾污染之间具有显著的正相关关系。随着城市化进程的加快，人口迅速集聚到大中城市，超过了城市环境的承载能力，从而导致化石能源消费量的增加和交通拥堵等，间接导致雾霾污染加剧。因此，在城市建设中应对产业合理规划、城市功能再分配，形成人口的有序布局，以减少对雾霾污染的正向效应。

2）产业结构。4 种空间权重下，产业结构的回归系数均显著为正，说明产业结构中高排放、高污染、高耗能的第二产业比重越高，雾霾污染状况越严重。在经济发展的高质量阶段，推动产业结构的"高级化"和"绿色化"，有助于实现雾霾污染与经济发展的"脱钩"效应。

3）技术进步。在 4 种空间权重下，研发强度对雾霾污染的作用不显著。表明技术进步未能成为降低雾霾污染的有效因素，造成这一现象的原因可能是，技术进步带来的能源"回弹效应"虽提高了能源利用效率,但未能达到能源消耗减少的预期。

4）能源强度。在 4 种空间权重下,能源强度的回归系数均显著为正,说明目前我国万元 GDP 能耗仍处于较高水平。我国是以煤炭为主的能源结构,万元 GDP 能耗越高,煤炭的消耗量也就越高,而煤炭无疑是加剧雾霾污染的主要"元凶"之一。因此,一方面要在政策的正确引导下加强节能减排,提高我国能源的利用效率;另一方面要鼓励现有传统能源的清洁利用和新能源的有效替代,以改善我国能源消费结构,进一步降低万元 GDP 能耗。

5）对外开放。对外开放是雾霾污染的促降因素,这与严雅雪和齐绍洲（2017a）的研究结论不同,但与邵帅等（2016）的研究结论一致,即经济发展初期"污染避难所"假说在我国并不成立,说明地方政府在引进外商直接投资时提高了环境门槛,使得外商直接投资在雾霾污染治理中可以发挥了积极作用。

6）自然因素。低温天气会加剧雾霾污染,而有风天气则会减轻雾霾污染。雾霾污染是一种自然气候现象,因此气象等自然因素对雾霾污染的影响是不可忽略的,但不能因此陷入"宿命论"和"等风来",要积极地投入雾霾污染的治理中。

3. 效应分解

在此,根据表 7-7 计算了各影响因素效应分解结果,如表 7-8 所示 [1]。4 种空间权重下,同一因素的短期效应和长期效应的方向完全一致,说明雾霾污染各影响因素不仅在短期内对雾霾污染产生影响,还具有较为深刻的长期影响。下面具体讨论各影响因素的效应在 4 种空间权重下的效应分解结果:①无论是短期还是长期,人口密度的直接效应均为正,间接效应均为负。表明人口密度的增加会加剧本地区雾霾污染,同时减轻周边关联地区的雾霾污染。说明城市化将人口集中到大城市,形成了较明显的分化现象,从而弱化了其周边关联城市人口密度对雾霾污染的影响效应。②具有"三高"特征的第二产业比重较高,对本地区雾霾污染的直接效应为正,加剧了本地区雾霾污染。但其空间溢出效应为负,减轻了周边关联城市雾霾污染。表明产业结构的升级往往伴随着粗放式的产业转移方式,即将重污染产业转出,会给承接地造成较大的环境压力。在雾霾污染治理这场持久战中,没有一个城市能"独善其身",产业转移不是污染转移,不利于雾霾污染区域协同治理。因此,产业结构优化方式需向"精细化""高级化"发展,从而达到转出地和承接地双赢的结果。③由于技术进步的回归系数不显著,其效应分解结果也不具有统计学意义。④从直接效应看,能源强度的短期和长期直接效应均为正,表明万元 GDP 能耗越高本地区雾霾污染越严重。间接效应为负,即本地区万元 GDP 能耗的提高会

① 效应分解结果是根据表 7-7 中不考虑控制变量的模型①、③、⑤、⑦计算而得。

减轻周边关联地区的雾霾污染。造成这一结果可能的原因是，万元 GDP 能耗较高的地区加剧本地区雾霾污染，成为"负面典型"，从而促使国家环保部门加大督查力度以及启动对当地官员的问责制度。与其存在密切关联的周边城市的政府则在环保政绩考核的压力下，加大环境规制力度，从而有利于雾霾污染的改善。⑤对外开放的效应分解结果显示，其直接效应和间接效应均为负，表明外商直接投资对本地区雾霾污染具有减轻作用，同时其空间溢出效应也为负，这一结论与邵帅等（2016）的研究结论一致。上述结论可以利用"示范效应"来解释，即随着本地区外商直接投资准入门槛的提高，不但未形成"污染避难所效应"，反而通过引入先进的雾霾污染治理技术和产品，有利于雾霾污染状况的改善，具有很好的"示范效应"，带动周边关联地区对外商直接投资的甄别和筛选，从而有利于雾霾污染的治理。⑥自然因素的效应分解表明，低温天气会加剧本地区雾霾污染削减周边关联地区的雾霾污染，而有风天气则具有正向的直接效应和负向的空间溢出效应。

表 7-8 效应分解

权重	效应	ln（popdens）	ln（indstru）	ln（rdint）	ln（enerint）	ln（fdi）	ln（low-temp）	ln（wind）
W_1	短期直接	0.055	0.135	−0.047	0.014	−0.026	0.001	−0.011
	短期间接	−0.005	−0.158	0.357	−0.251	−0.002	−0.032	0.013
	长期直接	0.061	0.167	−0.091	0.013	−0.028	0.005	−0.013
	长期间接	−0.015	−0.144	0.269	−0.178	−0.005	−0.024	0.012
W_2	短期直接	0.077	0.457	−0.012	0.061	−0.040	0.004	−0.023
	短期间接	−0.097	−0.294	0.060	−0.203	−0.344	−0.567	0.118
	长期直接	0.155	0.318	−0.008	0.006	−0.091	0.026	−0.016
	长期间接	−0.027	−0.222	0.006	−0.053	−0.020	−0.013	0.011
W_3	短期直接	0.021	0.656	−0.018	0.788	−0.202	0.055	−0.122
	短期间接	−0.193	−0.775	0.082	−0.560	−0.489	−0.117	0.329
	长期直接	0.073	0.919	−0.012	0.100	−0.041	0.014	−0.017
	长期间接	−0.082	−0.388	0.019	−0.059	−0.006	−0.002	0.013
W_4	短期直接	0.058	0.391	−0.124	0.050	−0.029	0.042	−0.062
	短期间接	−0.029	−0.130	0.045	−0.008	−0.015	−0.010	0.011
	长期直接	0.560	0.040	−0.645	0.652	−0.306	0.021	−0.098
	长期间接	−0.542	−0.736	0.549	−0.783	−0.298	−0.032	0.189

第六节 本章小结

雾霾污染空间关联网络的精准识别是准确判断我国雾霾污染所处阶段,进而有的放矢地实施治霾政策的重要前提。本章的整体网络分析结果显示,无论呈现何种空间关联模式,雾霾污染均呈现空间关联网络形态,且网络具有紧密性、连通性和叠加性等特征。微观模式结果表明,城市之间的雾霾污染呈现出的传递三角形连通模式对雾霾污染空间关联网络的形成会产生重要影响,但仍存在较多的非平衡交互模式,某些城市在空间关联网络中仅扮演发出者或接收者。空间计量分析结果有如下发现:一是在不同的空间关联网络下,雾霾污染的环境库兹涅茨曲线呈现出不同的状态。在前三种空间权重(W_1、W_2、W_3)下,雾霾污染与经济发展之间存在"U"形曲线关系,且几乎所有城市均越过拐点,表明中国所有城市雾霾污染均处于随经济发展水平提高而加剧的阶段,显然这不符合雾霾污染的现实状况。在第4种空间权重(W_4)下,雾霾污染与经济发展之间的关系符合环境库兹涅茨曲线假说,即存在倒"U"形曲线关系。进一步计算拐点可以发现,超过1/3的城市越过拐点,即经济发展对这些城市的雾霾污染有促降作用,但大部分城市还未到达"脱钩"阶段。显然,考虑社会经济关联而非纯自然关联的空间关联网络更符合中国雾霾污染的现实状况,这一发现有力地反驳了还原论和自然决定论的观点。相较于已有研究基于不同的研究样本和检验方法得出的不同的环境库兹涅茨曲线,本章基于相同的样本数据和研究方法,在不同的空间关联网络情形下,得出不同的环境库兹涅茨曲线,这也从一个侧面体现了准确识别空间关联的重要性。二是雾霾污染的时间滞后效应表明中国雾霾污染治理是一场持久战,需"警钟长鸣"。空间滞后效应表明,雾霾污染治理要实现区域协同,"单兵作战"是徒劳的,只有进行有效的联防联控才能避免"唇亡齿寒"状况的发生。时空滞后效应表明,雾霾污染治理联防联控效果初步显现,各城市"逐底竞争"的观念有所转变。三是发现人口密度、产业结构、能源强度、低温天气是雾霾污染的促增因素,对外开放和有风天气是雾霾污染的促降因素,研发强度的提高并未发挥出预期的减霾效果。以上结论为完善并实施更加有效的防控政策,切实打赢蓝天保卫战提供了重要的政策含义。

第一,根据雾霾污染空间关联网络的具体特征,重构区域联防联控范围。雾霾污染的治理要避免"单兵作战",区域联防联控是"必由之路",而联防联控范围的精准定义是开展雾霾污染防控的首要一环。因此,在充分考虑雾霾污染空间网络结构特征、城市间具体连通模式的基础上,重新划定雾霾污染区域联防联控范围,并建立超越行政区划的更高层级环保监管机构，不断强化中央权威，并在此前提下进行合理的顶层设计。科学精准的治霾政策需要区域之间协同实施，只有做到心往一处想，劲往一处使，雾霾污染的区域协同治理才能真正取得实效，因此应不断强化联防联控各区域之间的协同性，避免区域协同治理中"搭便车"现象的产生。

第二，在经济合作框架下探索雾霾污染治理新路径。本章的研究结论显示，在4种雾霾污染空间关联网络中，经济关联网络最符合中国雾霾污染的现实状况。因此，在城市间经济合作框架下，探索雾霾污染治理中社会经济影响因素的解决方案，有助于协同治理的有序开展。雾霾污染是一项系统性工程，需要合理规划布局城市人口，完善产业结构的优化升级、区域产业合理布局及产业承接转移平台建设，提高能源利用效率，促进煤炭等化石能源的清洁利用和新能源开发，推动绿色科技成果的转化，进一步提高对外商直接投资的绿色甄别。

第三，建立健全政府-市场-公众三位一体的治理监督体系。雾霾污染治理不仅需要政府转变传统的政绩观和发展观，而且要从科学的顶层设计入手，倒逼经济结构转型调整，将雾霾污染指标列入地方政府考核体系，建立污染治理负债表。加大雾霾治理的公共财政投入。从历史经验看，环保资金投入存在周期长、见效慢、利润薄的特点。因此，社会资本投资环保积极性不高，只有政府加大财政支出，形成示范引领效应，才能盘活社会资金，为雾霾污染治理提供资金、技术保障。建立企业环保账户，给予环保、节能等行为正评价，给予浪费资源、破坏环境等行为负评价，环保账户与企业信誉、银行贷款挂钩。加强社会监督，支持第三方监督，支持民间组织参与雾霾治理，鼓励以媒体、公益组织为代表的第三方力量进行监督，降低政府监督成本，提高社会监督效果。

第八章 雾霾污染区域联防联控效果检验：
以山东省为例 [①]

　　为了应对区域性特征日益凸显的大气污染问题，中国在多个区域建立了大气污染联防联控机制，实证检验联防联控机制的实施效果对于完善大气污染联防联控机制、实现区域空气质量的整体改善具有重要的决策参考价值。本章以山东省会城市群为例，基于空气质量指数和 6 种分项污染物数据，运用双重差分法（differences-in-differences approach，DIDA）实证检验了区域大气污染联防联控机制的实施效果。研究发现：①尽管区域联防联控机制实施以来山东省空气质量有所改善，但双重差分法检验结果并不显著。②不同污染物的检验结果存在一定差异。大气污染联防联控机制的实施显著降低了 SO_2、CO 和 NO_2 浓度，$PM_{2.5}$ 和 PM_{10} 浓度的双重差分项估计系数均为正且均没有通过显著性检验，而 O_3 浓度在联防联控机制实施后显著上升。区域大气污染联防联控没有取得预期效果的原因在于，大气污染治理和空气质量改善的长期性、参与成员的"搭便车"行为、强有力的协调机构的缺失、联防联控制度建设不完备、合作治污能力不足等。完善区域联防联控机制、避免陷入"集体行动困境"是未来区域联防联控的重点。

第一节　引　言

　　改革开放以来，中国的城镇化和工业化步伐加快，能源消耗迅速增加，大气污染日益严重，中国已成为世界上少数大气污染最严重的国家之一（张庆丰和罗伯特·克鲁克斯，2012）。2015 年，中国 338 个地级及以上城市的空气质量只有 73

---

① 本章是在杨骞、王弘儒、刘华军发表于《城市与环境研究》2016 年第 4 期上的《区域大气污染联防联控是否取得了预期效果?——来自山东省会城市群的经验证据》基础上修改完成的。

个城市达标，仅占 21.6%；优良天数比例为 76.7%，重度及以上污染天数比例达 3.2%；$PM_{2.5}$ 年均浓度为 50 微克/米^3，超标 42.9%，PM_{10} 年均浓度为 87 微克/米^3，超标 24.3%[①]，严重的大气污染对人体健康产生了重要影响（Aunan and Pan，2004；Kan et al.，2012；Yang et al.，2013；Chen et al.，2013a；陈硕和陈婷，2014）。更为严峻的是，在经济、环境等多种因素的共同作用下，大气污染的区域性、复合型特征日益突出（王振波等，2015），使得"属地管理"模式与大气污染物跨区流动之间的矛盾不断加剧，建立区域大气污染联防联控以形成协同治污合力成为大气污染防治的必然选择[②]。在实践层面，京津冀、长三角、珠三角等重点区域已相继建立了大气污染联防联控机制[③]。2015 年 11 月，山东省会城市群启动了区域大气污染联防联控机制。尽管区域联防联控已成为中国重点区域防治大气污染的新举措，但其效果仍有待检验，因此明确该举措的实施效果对于完善联防联控机制进而实现区域空气质量的整体改善具有重要决策价值。

关于大气污染问题的已有研究多集中在以下三个方面：第一，从地理学角度揭示大气污染的时空分布规律（Nehzat，1999；王英等，2012；任婉侠等，2013；张殷俊等，2015）。例如，王英等（2012）基于地面监测和遥感反演数据综合分析了京津冀和长三角两大区域 NO_2 的时间分布特征和区域分布特征；任婉侠等（2013）从时空耦合与对比角度综合探讨了北京、上海、天津和重庆 4 个大型城市空气质量的时空变化特征。第二，定性论证建立区域联防联控的必要性。例如，周成虎等（2008）从区域地理学和经济地理学的角度阐述了建立区域联防机制的可行性，并提出了区域性环境保护机构的设置方案；王金南等（2012）在探讨区域大气污染联防联控的理论基础上，着重分析了中国实施区域联防联控的技术与方法。这些文献从定性的角度解释了大气污染的区域性特征，为区域联防联控机制的建立提供了理论支持。第三，实证研究大气污染的空间相关性和空间传导机制。例如，马丽梅和张晓（2014a）运用空间计量方法对大气污染的空间相关性和空间集聚性进行研究；薛文博等（2014）利用空气质量模型的颗粒物来源追踪技术定量模拟了全国

---

① 国务院关于 2015 年度环境状况和环境保护目标完成情况的报告[EB/OL]. http://www.npc.gov.cn/npc/c12491/201604/50df5afd16994e649450898527c6c646.shtml[2020-05-20].

② 2010 年 5 月，国务院办公厅转发环境保护部等部门提出的《关于推进大气污染联防联控工作改善区域空气质量的指导意见》，明确指出要建立区域大气污染联防联控的协调机制，完善区域空气质量监管体系。2015 年 8 月，全国人民代表大会常务委员会修订的《中华人民共和国大气污染防治法》第八十六条着重强调建立重点区域大气污染联防联控机制、统筹协调重点区域内大气污染防治工作等重要问题。

③ 2013 年 10 月，京津冀及周边地区大气污染防治协作机制正式启动；2014 年 1 月，长三角区域大气污染防治协作小组成立；2014 年 3 月，珠三角建立了大气污染联防联控技术示范区，制定了我国第一个区域层面的清洁空气行动计划——"珠三角清洁空气行动计划"。此外，《重点区域大气污染防治"十二五"规划》还将辽宁中部、山东、武汉及其周边、长株潭、成渝、海峡西岸、山西中北部、陕西关中、甘宁、新疆乌鲁木齐城市群纳入规划范围。大气污染防治重点区域共涉及 19 个省（自治区、直辖市）。

PM$_{2.5}$的跨区域输送规律；刘华军和刘传明（2016）采用非线性格兰杰因果检验和社会网络分析方法实证考察了京津冀地区城市间大气污染的传导关系及其联动网络特征。尽管已有研究论证了建立大气污染联防联控机制的必要性，但鲜有文献实证考察区域大气污染联防联控机制的实施效果。

　　有鉴于此，本章以山东省会城市群 7 个地级市（济南、淄博、泰安、莱芜、德州、聊城、滨州）为例[①]，基于山东省 17 个地级市空气质量指数以及 PM$_{2.5}$、PM$_{10}$、SO$_2$、CO、NO$_2$、O$_3$ 6 种分项污染物的日报数据，运用双重差分法实证检验了区域联防联控机制的实施效果。本章的研究一方面可以为大气污染联防联控的有效实施提供可靠的科学依据，另一方面有助于改善中国区域联防联控的实施效果，因此具有重要的理论与现实意义。

第二节　山东省大气污染及其省会城市群联防联控机制

一、山东省大气污染现状

　　从山东省内看，空气质量相对较好的地区集中在烟台（72.86）、威海（65.43）、青岛（83.50）等沿海地区，而大气污染由沿海到内陆越来越严重，济南（128.48）、德州（138.10）、聊城（133.77）、菏泽（129.95）等城市的空气质量最差，淄博（124.41）、莱芜（120.66）、枣庄（123.62）次之[②]。从2015年的月度排名来看，济南均在空气质量最差的 10 个城市行列，其中 9 月和 10 月，济南连续两个月排名倒数第一，已由"四面荷花三面柳，满城山色半城湖"变成了"满城雾霾半城堵"[③]，这从另

---

　　① 选择对山东省会城市群雾霾污染联防联控机制的效果进行实证考察的原因在于：在时间维度上，可以把实施联防联控之前作为对照组，实施联防联控之后作为实验组。在地区层面上，山东省雾霾污染联防联控范围是山东省会城市群的 7 个地级市，而山东省 17 地级市中的其余 10 个地级市没有与参与其中，因此可以把没有实施联防联控的 10 个地级市作为对照组，实施联防联控的 7 个地级市作为实验组，这就满足了双重差分法的应用条件（Meyer，1995；周晓艳等，2011；刘瑞明和赵仁杰，2015）。而已经先于山东省实施联防联控的京津冀、长三角、珠三角三大地区因其不能满足双重差分法的基本条件，因此不能作为检验区域雾霾污染联防联控机制实施效果的对象。

　　② 括号内数字为该城市 2015 年空气质量指数均值。

　　③ 山东省长郭树清在 2016 年中国绿公司年会上的精彩演讲[EB/OL]. http://sd.dzwww.com/sdnews/201604/t20160424_14190318.htm[2020-05-20].

一个侧面反映了山东省大气污染的严重性和治理的紧迫性。

　　此外,从 2015 年空气质量指数均值的空间分异来看,山东省西部地区的大气污染较严重,并由以济南为中心的省会城市群逐渐向东蔓延,东部沿海城市的空气质量明显优于省会城市群地区。如图 8-1 所示,从 2015 年山东省 17 个地级市空气质量达标情况看,青岛、烟台、威海和日照这 4 个沿海城市的空气质量达标天数明显多于其他城市,以济南为中心的省会城市群 7 个地级市达标天数明显少于沿海城市,淄博、聊城、菏泽、德州等的空气质量达标天数均在 150 天以下。由此可见,山东省会城市群地区的空气质量状况亟须改善,大气污染防治工作迫在眉睫。

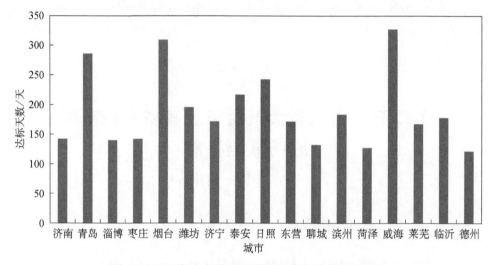

图 8-1　2015 年山东省 17 个地级市空气质量达标情况

二、山东省联防联控机制的建立与实施

　　为了解决日益严重的大气污染问题,尤其是连片蔓延的区域性大气污染,山东省建立了覆盖省会城市群的大气污染联防联控机制。2015 年 11 月 22 日,山东省会城市群大气污染联防联控工作会议在济南召开,强调要把大气污染防治工作摆在更加突出的位置,以壮士断腕的决心和勇气加快本地区大气污染防治的步伐。山东省会城市群 7 个地级市的市长在这次会议上签订了《省会城市群大气污染联防联控协议书》,标志着山东省会城市群大气污染联防联控机制正式启动。

　　山东省会城市群联防联控机制启动后,7 个地级市建立了协同治污、联合执法和应急联动三大机制。从“各自扫好门前雪”向“抱团治污求合力”转变,启动应急减排措施,联手应对大范围的空气重度污染状况,共同致力于山东省大气污染的治理。同时,山东省生态环境厅和交通运输厅等部门从政策、计划、实施、监督等方面为山东省会城市群的联防联控保驾护航。2016 年 5 月 9 日，山东省会城市群大气污染执法联动协调会在淄博召开。省会城市群 7 个地级市的环保部门围绕联合执法行动的组织方式、时间节点、检查内容、督导督办和宣传报道等内容做了专题研讨。会议最终确定有针对性地开展大气污染防治专项行动，严厉查处各类环境违法行为，推动山东省会城市群 7 个地级市的大气环境质量持续改善。此外，山东省还发布了一系列文件为区域大气污染联防联控提供了政策保障。2016 年 7 月 22 日，山东省第十二届人大常委会第二十二次会议通过的《山东省大气污染防治条例》指出，应划定大气污染防治重点区域；定期召开联席会议；研究解决大气污染防治重大事项；落实区域联动防治措施。

第三节　模型、方法与数据

一、计量模型和方法介绍

双重差分法由 Ashenfelter 和 Card（1985）首次提出，其基本思想是通过对比一项政策（或机制）实施前后的变化来评估该项政策（或机制）的效果，通过利用一个外生事件所带来的横向单位和时间序列的双重差异结果，来比较有事件发生的对象（实验组）与无事件发生的对象（对照组）的变化以判断该事件的影响程度。双重差分法已被广泛应用在公共政策或项目实施效果的定量评估研究中（Pavcnik，2002；Trefler，2004；周黎安和陈烨，2005；万海远和李实，2013）。目前，在大气污染领域，石庆玲等（2016）运用双重差分法检验了"两会"对空气质量的影响，发现"两会"期间各城市空气质量显著改善。但从现有文献看，双重差分法尚未应用到检验区域性大气污染联防联控机制效果的研究中。

双重差分的思想是将政策实施的对象作为实验组，将没有政策实施的对象作为对照组。为了考察政策实施效果的动态变化，引入时间虚拟变量，将政策实施前作为对照组，政策实施后作为实验组，运用双重差分模型检验政策实施的效果是否显著。双重差分模型的核心是构造双重差分估计量，其基本理论模型为

$$\begin{aligned}
\text{DID} &= \Delta \bar{Y}_{\text{treatment}} - \Delta \bar{Y}_{\text{control}} \\
&= (\bar{Y}_{\text{treatment},t_1} - \bar{Y}_{\text{treatment},t_0}) - (\bar{Y}_{\text{control},t_1} - \bar{Y}_{\text{control},t_0})
\end{aligned} \tag{8-1}$$

式中，DID 为双重差分估计量；$\Delta \bar{Y}_{\text{treatment}} - \Delta \bar{Y}_{\text{control}}$ 为政策干预效果，即政策本身

所带来的净效应；$\overline{Y}_{\text{treatment}, t_1} - \overline{Y}_{\text{treatment}, t_0}$ 为实验组在政策实施前后的效果差异；$\overline{Y}_{\text{control}, t_1} - \overline{Y}_{\text{control}, t_0}$ 为控制组在政策实施前后的效果差异。

山东省会城市群大气污染联防联控范围覆盖了省会城市群的 7 个地级市，而其他 10 个地级市并没有参与其中。因此，将实施联防联控的 7 个地级市作为实验组，将其他 10 个地级市作为对照组进行研究。同时，将 2015 年 11 月 22 日之前设置为对照组，之后设置为实验组，运用双重差分法检验山东省 17 个地级市实施联防联控的效果是否有明显改善。双重差分法的计量模型具体设定为

$$Y_{it} = \beta_0 + \beta_1 \text{time} + \beta_2 \text{group} + \beta_3 \text{time} \times \text{group} + \beta_4 \text{season} + \varepsilon_{it} \tag{8-2}$$

式中，Y_{it} 为被解释变量；β_0 为常数项；β_1、β_2、β_3、β_4 分别为变量的估计系数，以空气质量指数和 $PM_{2.5}$、PM_{10}、SO_2、CO、NO_2、O_3 6 种分项污染物的浓度为指标来衡量山东省会城市群联防联控机制的实施效果；下标 i 和 t 分别为城市 i 和时间 t；time 和 group 分别为时间虚拟变量和组间虚拟变量，time×group（缩写为 $t \times g$）为双重差分项；season 为控制变量；ε_{it} 为随机干扰项。对于式（8-2），需要关注的重点是系数 β_3 的估计值，因为其度量了山东省会城市群联防联控机制对大气污染问题的改善状况。如果联防联控机制显著降低了山东省会城市群的大气污染浓度，那么双重差分项 $t \times g$ 的系数 β_3 应显著为负。

二、数据、变量和描述性统计

1. 被解释变量

空气质量指数是定量描述空气质量状况的无量纲指数。2012 年 2 月 29 日，环境保护部发布《环境空气质量标准》（GB3095—2012），用空气质量指数代替原有的空气污染指数，即在空气污染指数的基础上增加了 $PM_{2.5}$、O_3 和 CO 3 种污染物指标，发布频次也从每天一次变成每小时一次。本章采用 2015 年环境保护部发布的城市空气质量指数以及 $PM_{2.5}$、PM_{10}、SO_2、CO、NO_2、O_3 6 种分项污染物的日报数据 [①]。时间跨度为 2014 年 1 月 1 日至 2016 年 6 月 12 日。表 8-1 对相关变量进行了描述性统计。

表 8-1　变量的描述性统计

变量	符号	单位	样本观测数	均值	标准差	最小值	最大值
空气质量指数	AQI	无量纲指数	15 198	112.68	58.25	21.00	499.00
细颗粒物	$PM_{2.5}$	微克/米³	15 198	77.68	51.42	6.00	565.40

① 空气质量指数是定量描述空气质量状况的无量纲指数，同时针对单项污染物还规定了空气质量分指数。由于参与空气质量评价的主要污染物有 $PM_{2.5}$、PM_{10}、SO_2、CO、NO_2、O_3 6 项，尽管 O_3 等污染物并不属于区域雾霾污染联防联控的重点，但作为参与空气质量评价的污染物之一，本章仍将其纳入相关分析中。

续表

变量	符号	单位	样本观测数	均值	标准差	最小值	最大值
可吸入颗粒物	PM_{10}	微克/米³	15 198	135.57	74.98	5.40	890.90
二氧化硫	SO_2	微克/米³	15 198	49.80	36.68	2.90	346.20
一氧化碳	CO	毫克/米³	15 198	2.75	6.62	0.13	112.50
二氧化氮	NO_2	微克/米³	15 198	42.25	19.53	2.80	156.70
臭氧	O_3	微克/米³	15 198	113.56	57.31	0.00	616.00

2. 解释变量与控制变量

对于解释变量，主要设置了时间虚拟变量、组间虚拟变量和双重差分项。其中，time 为时间虚拟变量，2015 年 11 月 22 日及之后为 1，之前为 0；group 为组间虚拟变量，实施联防联控的山东省会城市群 7 个地级市为 1，没有实施联防联控的 10 个地级市为 0；$t×g$ 为双重差分项，time 和 group 两项都为 1 时记为 1，其余记为 0。对于控制变量，为了控制季节因素对联防联控效果的影响，在此增加了季节这一控制变量，分别控制春（season1）、夏（season2）、秋（season3）、冬（season4）4 个季节。按照北半球的季节划分标准，春季包括 3～5 月，夏季包括 6～8 月，秋季包括 9～11 月，冬季包括 12～2 月。式（8-2）中 season 即季节控制变量，若某个季节记为 1，则其余季节记为 0。

第四节　实证分析

一、联防联控机制实施前后的对比

1. 空气质量指数的比较

根据山东省会城市群 7 个地级市的空气质量指数日报数据，分别测算出其月度均值，进而绘制空气质量指数月度均值柱状图，如图 8-2 所示。从 7 个地级市 2014 年的空气质量指数均值看，1 月最高，表明 1 月的空气质量最差。2 月相较于 1 月明显降低，且在 3～7 月持续降低。在 8～12 月，7 个地级市的空气质量指数均值呈整体上升态势，空气质量持续下降。2015 年 1 月，7 个地级市的空气质量指数均值相较于 2014 年同期明显降低，8 月空气质量指数均值降至最低。2016 年 2 月较 2014 年和 2015 年同期明显降低，3 月较 2 月出现小幅上升，直到 6 月又持续下降。整体来看，2015 年，1 月、2 月、7 月、8 月、9 月 7 个地级市的空气质量指数均值较上一年同期均有所下降，表明在此期间省会城市群 7 个地级市的空气质量有所改善。此外，空气质量指数的季节性特征十分明显，冬季污染较夏季更为严重。在山东省会城市群 7 个地级市大气污染联防联控机制实施后，2015 年 12 月 7 个地级市的空气质量指数均值仍大幅上升，2016 年 1 月的空气质量指数均值虽有所下降，但相较于 2015 年同期空气质量并没有明显改善。由此来看，山东省会城市群大气污染联防联控机制的效果有待进一步考察和检验。

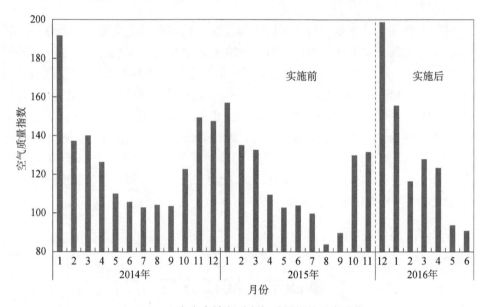

图 8-2   山东省会城市群空气质量指数月度均值

2. 分项污染物的比较

山东省会城市群分项污染物浓度月度均值如图 8-3 所示。

1）$PM_{2.5}$。2014 年山东省会城市群 7 个地级市的 $PM_{2.5}$ 浓度在 1～5 月逐月降低，5～9 月较为稳定。2014～2016 年，冬季 $PM_{2.5}$ 浓度都是各年最高的，在 2015 年 11 月实施联防联控机制之后，2015 年 12 月 $PM_{2.5}$ 浓度达到年度最高，且较 2014 年同期有大幅上升。

2）PM_{10}。从 2014 年全年看，PM_{10} 浓度较高的月份集中在 1 月、11 月、12 月。2015 年山东省会城市群 7 个地级市 PM_{10} 浓度，除 2 月、6 月、10 月、12 月比 2014 年同期有所上升之外，其他月份均有所下降。2016 年 1～6 月省会城市群 7 个地级市的 PM_{10} 浓度与 2015 年同期相比，除在 2 月、5 月、6 月稍有下降之外，其他三个月份均有小幅上升，与 $PM_{2.5}$ 相同，PM_{10} 也是在冬季浓度较高。

3）SO₂。总体来看，2014～2016 年，山东省会城市群 7 个地级市的 SO₂ 浓度均较前一年有所降低。联防联控机制实施后 SO₂ 浓度虽有所上升，但上升幅度不大且较 2014 年同期有所下降。

4）CO。山东省会城市群 7 个地级市的 CO 浓度均在 1～3 毫克/米 ³。2014～2016 年，省会城市群 7 个地级市 CO 浓度较高的月份集中在 1 月、2 月、11 月、12 月，同样也是冬季浓度最高。联防联控机制实施后 CO 浓度持续上升，在 2015 年 12 月达到最大值，且高于 2014 年同期。

5）NO₂。2014 年山东省会城市群 7 个地级市的 NO₂ 浓度呈波动式先下降后上升态势，1 月、11 月、12 月 7 个地级市的 NO₂ 浓度均超过 60 微克/米 ³，2015 年 7 个地级市的 NO₂ 浓度较 2014 年整体有所下降，从 NO₂ 浓度的整体趋势看，联防联控机制的实施对 NO₂ 浓度的变化没有显著影响。

6）O₃。无论是 2014 年还是 2015 年，O₃ 较高的月份均集中在 6 月、7 月、8 月，2016 年前 6 个月的 O₃ 浓度相较于 2014 年和 2015 年同期有所上升但幅度较小，联防联控机制的实施对 O₃ 浓度的变化影响较小。

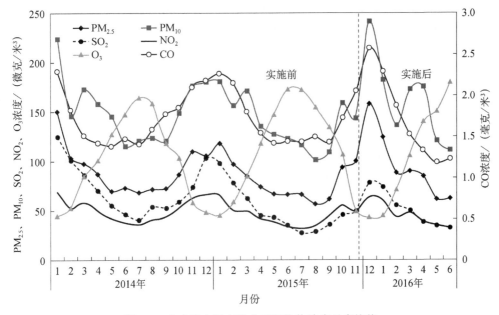

图 8-3　山东省会城市群分项污染物浓度月度均值

综上所述，山东省会城市群联防联控机制实施后，PM₂.₅、PM₁₀ 浓度均有所上升，且与 2014 年相比上升幅度较大；CO 浓度也有所上升，但上升幅度较小；NO₂ 和 O₃ 浓度较 2014 年变化幅度较小；仅有 SO₂ 浓度在联防联控机制实施后较 2014 年有所下降。

二、联防联控机制实施效果的检验

1. 以空气质量指数为被解释变量的实证检验

将空气质量指数作为被解释变量,使用双重差分法检验大气污染联防联控机制的实施效果,表 8-2 中的模型①列出了回归结果。模型②、③、④、⑤加入了季节控制变量,对模型①进行稳健性检验。模型①的回归结果显示,双重差分项的回归系数为-0.7004,且没有通过显著性检验,表明山东省会城市群联防联控机制的实施在一定程度上降低了大气污染,但实施效果并不显著。观察组间虚拟变量和时间虚拟变量的回归结果,发现 group 的回归系数(20.7303)显著为正,表明山东省会城市群实施联防联控机制的 7 个地级市(即实验组)空气质量指数显著高于其他 10 个地级市(即对照组);time 的回归系数(11.5681)也显著为正,表明山东省会城市群联防联控机制实施后(即实验组)的空气质量指数显著高于联防联控机制实施前(即对照组)。其中,group 和 time 这两项的回归结果是导致双重差分项的回归结果不显著的原因。

加入控制变量之后,稳健性检验的 4 个回归结果显示,双重差分项的回归系数均为-0.7004 且均不显著;时间虚拟变量的回归系数均显著为正,但各模型的回归系数大小不同;季节虚拟变量均通过了 1%的显著性检验,但各季节控制变量的回归系数有所差异。具体表现如下:第一,双重差分项 $t \times g$。模型②控制了春季这一变量,回归结果显示双重差分项的回归系数为-0.7004 且不显著,模型③、④、⑤的双重差分项的回归系数也均为-0.7004,也没有通过显著性检验。由此可知,在加入季节控制变量之后,双重差分项的回归系数没有发生改变,而且也均没有通过显著性检验。说明模型①的回归结果较稳健。第二,组间虚拟变量 group。与模型①相同,模型②、③、④、⑤中 group 的回归系数(20.7303)均显著为正,表明无论是否控制季节变量,实施联防联控机制的山东省会城市群 7 个地级市的空气质量指数均显著高于其他 10 个地级市。第三,时间虚拟变量 time。模型②中 time 的回归系数(12.8116)为正,并且通过了 1%的显著性检验,表明山东省会城市群联防联控机制实施后的空气质量指数显著高于实施前,模型③、④、⑤中 time 的回归系数均显著为正。其中,模型②中 time 的回归系数最大(12.8116),表明在控制春季变量后,联防联控机制实施后的空气质量指数显著高于实施前。第四,季节控制变量。春、夏、秋、冬 4 个季节控制变量的回归系数分别是-6.7468、-29.0080、-5.5768、37.4557,均通过了显著性检验。从回归系数看,春、夏、秋 3 个季节为负,冬季为正。其中,在春、夏、秋 3 个季节控制变量中,夏季的回归系数明显小于春季和秋季,说明夏季的空气质量明显优于其他季节,而冬季污染相比于其他 3 个季节是最严重的。综合表 8-2 的回归结果可以发现,山东省会城市群联防联控机制实施后，空气质量虽有所改善，但效果并不显著；无论是否控制季节这一变量，双重差分项的回归系数均相同且不显著，这进一步证明了模型①的回归结果是稳健的。

表8-2 以空气质量指数为被解释变量的双重差分回归结果

项目	①	稳健性检验			
		②	③	④	⑤
Cons	101.568 7*** (165.44)	103.367 8*** (148.86)	109.304 2*** (156.66)	102.966 9*** (150.23)	93.480 4*** (159.12)
$t×g$	−0.700 4 (−0.26)	−0.700 4 (−0.27)	−0.700 4 (−0.27)	−0.700 4 (−0.26)	−0.700 4 (−0.28)
group	20.730 3*** (20.71)	20.730 3*** (20.68)	20.730 3*** (21.31)	20.730 3*** (20.73)	20.730 3*** (21.63)
time	11.568 1*** (7.08)	12.811 6*** (7.70)	5.539 0*** (3.40)	10.415 9*** (6.29)	2.948 1* (1.88)
season1		−6.746 8*** (−7.19)			
season2			−29.008 0*** (−36.82)		
season3				−5.576 8*** (−4.93)	
season4					37.455 7*** (29.55)
Obs.	15 198	15 198	15 198	15 198	15 198
R^2	0.036 8	0.039 6	0.077 4	0.038 2	0.114 2

*、**、***分别表示10%、5%和1%的显著性水平，括号内为t统计量

2. 以6种分项污染物为被解释变量的实证检验

表8-3列出了以6种分项污染物为被解释变量的双重差分回归结果。观察表8-3可以得到以下结论。

1）PM$_{2.5}$。group的回归系数为正（19.4429）且通过了1%的显著性检验，表明实施联防联控机制的7个地级市PM$_{2.5}$浓度显著高于其他10个地级市。time的回归系数为11.3081，也通过了1%显著性检验，说明从时间上看，联防联控机制实施后PM$_{2.5}$浓度显著高于实施前，这两项的回归结果是导致双重差分项不显著的原因。从控制季节变量的稳健性检验结果①看，双重差分项的回归系数均为1.8160，并且都不显著。稳健性检验中group的回归系数（19.4429）显著为正，表明无论是否控制季节变量，山东省会城市群实施联防联控机制的7个地级市PM$_{2.5}$浓度均显著高于其他10个地级市。

2）PM$_{10}$。双重差分项的回归系数（3.4910）均为正且均没有通过显著性检验，表明山东省会城市群联防联控机制的实施在一定程度上改善了PM$_{10}$的污染状况，但效果并不显著。观察组间虚拟变量和时间虚拟变量的回归结果，发现稳健性检验

---

① 限于篇幅，本章没有列出6种分项污染物的稳健性检验结果。

中 group 的回归系数（26.2475）均为正且都通过了显著性检验，表明山东省会城市群实施联防联控机制的 7 个地级市的 PM_{10} 浓度显著高于其他 10 个地级市。time 的回归结果均显著为正，表明山东省会城市群联防联控机制实施后 PM_{10} 浓度显著高于联防联控实施前。从控制季节变量的稳健性检验结果看，春季和冬季的回归系数均显著为正，且冬季（37.5942）的回归系数远远大于春季（5.8761）。

3）SO_2。双重差分项的回归系数为负（−6.5253）且通过了显著性检验，加入季节控制变量的稳健性检验的回归结果显示双重差分项的回归系数显著为负，表明山东省会城市群实施联防联控机制的 7 个地级市 SO_2 浓度显著低于没有实施联防联控的 10 个地级市。从控制季节变量的稳健性检验结果看，冬季的回归系数（35.5320）显著为正，且系数较大，说明冬季 SO_2 浓度显著高于其他季节。

4）CO。双重差分项的回归系数（−0.4015）为负且通过了 10% 的显著性检验，加入季节控制变量的稳健性检验结果显示双重差分项的回归系数均显著为负，表明联防联控机制实施后省会城市群 7 个地级市的 CO 浓度显著低于联防联控机制实施前。从控制季节变量的稳健性检验结果看，冬季的回归系数（1.6241）显著为正，表明冬季 CO 浓度显著高于其他季节。

5）NO_2。双重差分项的回归系数（−3.9457）为负且通过了 1% 的显著性检验，加入季节控制变量的稳健性检验结果显示双重差分项的回归系数也均显著为负，表明山东省会城市群联防联控机制的实施显著改善了 NO_2 的污染状况。从控制季节变量的稳健性检验结果看，控制春季和夏季两个季节变量之后的回归系数均显著为负，表明在分别控制春季和夏季两个季节变量后，NO_2 浓度显著低于秋季和冬季。尽管 NO_2 浓度在季节上有所差异，但并未影响双重差分项的回归结果，这进一步证明了不控制季节变量的回归结果是稳健的。

6）O_3。双重差分项的回归系数（5.1944）显著为正，表明山东省会城市群联防联控机制的实施显著增加了 O_3 浓度。从控制季节变量的稳健性检验结果看，控制春季和夏季两个季节变量之后的回归系数均显著为正，表明春季和夏季 O_3 浓度显著高于秋季和冬季。

表 8-3　以 6 种分项污染物为被解释变量的双重差分回归结果

项目	$PM_{2.5}$	PM_{10}	SO_2	CO	NO_2	O_3
Cons	66.920 1*** (126.24)	120.452 4*** (145.51)	42.687 9*** (108.58)	3.358 4*** (33.26)	37.172 8*** (176.71)	123.065 4*** (186.23)
$t \times g$	1.816 0 (0.76)	3.491 0 (1.04)	−6.525 3*** (−5.24)	−0.401 5* (−1.78)	−3.945 7*** (−5.12)	5.194 4** (2.39)
group	19.442 9*** (22.32)	26.247 5*** (20.48)	19.439 0*** (26.38)	−1.639 2*** (−16.15)	11.382 3*** (31.79)	−14.612 8*** (−13.25)

续表

项目	PM$_{2.5}$	PM$_{10}$	SO$_2$	CO	NO$_2$	O$_3$
time	11.308 1*** （7.96）	17.458 8*** （8.59）	−1.212 7** （−1.72）	−0.456 7** （2.04）	3.320 4*** （7.14）	−17.425 7*** （−13.64）
Obs.	15 198	15 198	15 198	15 198	15 198	15 198
R^2	0.045 9	0.042 8	0.061 4	0.017 0	0.072 8	0.026 2

*、**、***分别表示10%、5%和1%的显著性水平，括号内为 t 统计量

　　根据表 8-2 和表 8-3 可以发现，山东省会城市群联防联控机制的实施虽然在一定程度上降低了大气污染，但效果并不显著。从以空气质量指数及各分项污染物为被解释变量的回归结果来看，山东省会城市群联防联控机制实施后空气质量虽有所改善，但回归结果并没有通过显著性检验，表明联防联控机制的实施效果并不明显；此外，各分项污染物的回归结果存在差异，山东省会城市群联防联控机制实施后 PM$_{2.5}$ 和 PM$_{10}$ 浓度均高于联防联控机制实施前，SO$_2$、CO、和 NO$_2$ 浓度均低于联防联控机制实施前，而 O$_3$ 浓度则显著高于联防联控机制实施前。

三、联防联控机制实施效果不显著的原因分析

1. 大气污染治理过程的长期性

　　大气污染治理是一个长期过程，区域性大气污染联防联控效果的取得需要长时间的持续治理。中国目前的大气污染主要归因于改革开放以来经济的粗放式发展。随着空气质量的不断恶化，公众对治理大气污染的要求日渐强烈。然而，"病来如山倒，病去如抽丝"，大气污染的治理和空气质量的彻底改善也难以在短期内实现。已有研究表明，大气污染的治理需要 30～50 年[①]，其治理过程非常艰难和漫长，这不仅需要有彻底转变传统经济发展模式的勇气和决心，还需要持续的技术资金支持和人员投入。山东省会城市群联防联控机制是近几年建立起来的，因此本章所采用数据的时间跨度较短，难以检验联防联控机制的长期实施效果。尽管如此，对于大气污染的治理不能"毕其功于一役"，而是必须要建立健全长效管理机制，从而确保空气质量的持续改善。

　　尽管大气污染治理是一个长期过程，在特定条件下大气污染的治理也可以取得"立竿见影"的效果，然而这种效果往往既不切合实际，也不具有持续性。例如，为了治理大气污染，将所有大气污染的源头进行"一刀切"，工厂全部关停等。采取这种极端的治理大气污染的方式是否可行呢？显然，效果应该很明显，然而这些

---

　　① 《中国低碳经济发展报告（2014）》指出，要从根本上治理好雾霾、重现蓝天白云，按照目前的经济发展模式和技术水平，需要 20～30 年，即使是采取最严厉的措施，采用最先进的技术，最快地实现经济结构转型，奇迹性地改善环境，也需要 15～20 年。

措施的实施会对经济的发展产生巨大压力，违背经济和环境相协调的绿色发展理念，所以是不切实际的。因此，只有在发展中调整经济结构、升级产业，逐步消除污染源，才是可持续发展之道。在这一过程中，应充分发挥政府的主导作用，让企业参与其中，如关停一部分废气排放严重超标的企业，对产能落后的企业进行整改，推动企业转型升级；切实抓好燃煤污染整治，不断优化燃煤的使用，控制高污染车辆进城、实施限行措施等。"APEC 蓝""阅兵蓝"等"政治性蓝天"的出现表明，区域大气污染的联防联控能够在短期内取得"立竿见影"的成效，但却不具有可持续性。例如，石庆玲等（2016）研究发现，"政治性蓝天"是以政治性事件过后更为严重的报复性污染为代价的，这种大气污染的改善状况犹如"昙花一现"，是不可持续的。因此，必须认识到要彻底扭转当前所面临的大气污染的严峻形势不能仅靠短期的政治热情。

2. 参与成员的"搭便车"倾向

"搭便车"倾向易导致大气污染的区域联防联控陷入"集体行动困境"，进而导致区域联防联控难以取得预期的效果。根据曼瑟尔·奥尔森（1995）的集体行动理论，在一个集团范围内，集团收益是公共性的，集团中的每一个成员都能共同且均等地分享它，而不管成员是否为之付出了成本。集团收益的这种性质促使集团内的每个成员都想通过"搭便车"而坐享其成。在严格的经济学条件下，经济人或理性人都不会为集团的共同利益采取行动，而集团内部出现的这种"搭便车"倾向使得个体的理性导致集体的非理性。对于大气污染的区域联防联控，参与联防联控的城市组成了一个集团，在这个集团范围内，"蓝天白云"成为其集团收益，这种收益具有公共性和不可分割性，参与联防联控的城市共同且均等地享有同一片蓝天，而不管每个城市是否都付出了治理大气污染的成本。尽管"蓝天白云"是区域内所有参与个体的收益，但是治理大气污染是需要付出经济成本的，从而影响地方经济的发展。由于存在"官员政治锦标赛效应"（周黎安，2007；陶然等，2010），各地在追求经济增长的同时易忽略环境问题，因此参与区域联防联控的成员必然存在"搭便车"倾向，当所有成员都试图"搭便车"时，大气污染的区域联防联控就必然会陷入集体行动困境，进而导致区域联防联控难以取得预期的效果。

那么，如何避免区域联防联控陷入集体行动困境呢？针对集团成员的"搭便车"倾向，奥尔森设计了一种动力机制，即选择性激励（selective incentives）。这种激励具有选择性，是因为它要求对集团的每一个成员区别对待，赏罚分明。奥尔森认为，如果没有相应的奖惩机制作为激励，那么理性的"经济人"决不会出于利他的考虑而采取行动来增进集体的共同利益。因此，要解决大气污染区域联防联控存的"搭便车"行为，就必须考虑集体与个人之间的利益关系，即处理好联防联控区域内的"蓝天白云"与区域内各城市的"收益"之间的关系。同时，要建立相应的奖惩机制，对于治污积极性较高、执行力度大、效果明显的成员给予奖励；而对于治污积极性不高、执行力度不够、效果不好的成员进行追责并给予相应的惩罚。同时，为了能够顺利实施选择性激励方案，区域联防联控需要着重做好以下三个方面：①建立一个强有力的协调机构，协调各方利益。对于政府而言，利益关系是政府之间关系中最根本、最实质的关系（汪伟全，2014），因此，利益协调是大气污染区域联防联控机制有效实施的关键。同时，良好的区域管理也离不开一个权威的、领导有方的核心（王连伟，2012），区域大气污染联防联控机制的有效实施亟须建立一个强有力的协调机构，这一机构需要有极强的组织协调能力，能够全面承担起制定区域大气污染防治计划和具体控制措施并监督各成员执行情况的职责，以保证集体行动达到最大收益。目前来看，山东省会城市群的 7 个地级市都是联防联控的平等参与主体，因此缺乏一个强有力的领导核心，所以建立一个能统筹协调各市的领导机构成为当务之急。②加强区域联防联控的制度建设，增强制度的约束力。2010 年以来，尽管环保部门出台了一系列关于联防联控机制的规划，然而这些规划仅停留在框架层面，不具有法律上的强制性，因而缺乏约束力。同时，由于大气污染具有空间传导特征（刘华军和刘传明，2016），治理大气污染涉及许多地区政府，而每个地区政府又有各自的规章制度，这必然会造成政策执行过程出现分歧与偏差，导致联防联控机制的实际实施效果受到影响。因此，联防联控区域内各地区政府需联合起来制定一套适合本区域的共同的规章制度，形成具有严格约束力的协议，促使各成员严格执行以确保联防联控机制的有效实施。③建立区际层面的联防联控机制，在更大的空间范围形成治污合力。在山东省会城市群 7 个地级市建立联防联控机制前，2013 年 9 月建立了京津冀地区大气污染联防联控机制，2014 年 1 月长三角地区三省一市也启动了联防联控机制。相较于京津冀和长三角地区，山东省会城市群虽范围不大，但在中国大气污染的空间分布格局中却处于两大区域的中间地带，北靠京津冀，南连长三角。由于大气污染的区域性和流动性特征，大气污染在区域间存在空间上的传输效应，使得某个区域的污染与其他区域的污染之间存在较强的空间关联。因此，建立区际层面的大气污染联防联控机制，加强区际合作以形成更大的治污合力非常有必要。

此外，合作治污能力的不足也限制了大气污染联防联控机制的有效实施。受各区域地形、气候等因素的影响，大气污染的区域性和复合型特征明显（王金南等，2012），加之区域大气污染复杂的传输机理不仅对大气污染的治理技术提出了很高的要求，也必然会增加对治污资金和人员的投入，使得大气污染的治理成本上升。同时，现阶段各区域政府间的合作机制缺乏规范化导致合作效率低下，各区域间缺乏沟通，难以信息共享，也增加了大气污染区域间联合的难度。

第五节　本章小结

一、研究结论

实施联防联控是解决区域性大气污染问题的重要途径，实证考察联防联控机制的实施效果对于进一步完善大气污染联防联控机制进而实现区域空气质量的整体改善具有重要的决策参考价值。本章以山东省会城市群为例，基于空气质量指数及6种分项污染物数据，首次运用双重差分法实证检验了区域大气污染联防联控机制的实施效果。研究发现：①尽管区域联防联控机制实施以来山东省空气质量有所改善，但空气质量指数双重差分项的回归系数为负且没有通过显著性检验，表明联防联控机制的实施没有取得预期效果。②6种分项污染物的双重差分回归结果存在差异。其中，$PM_{2.5}$、PM_{10}这两项指标双重差分项的回归系数为正，表明联防联控机制实施后山东省会城市群$PM_{2.5}$、PM_{10}浓度不降反升。SO_2、CO、NO_2这三项指标双重差分项的回归系数为负，且均通过了显著性检验，表明联防联控机制实施后山东省会城市群的这三项指标显著低于联防联控实施前，这可能与联防联控机制实施后省会城市群内各城市加大对企业排污的监管力度和车辆限行有关。此外，从实证检验的结果看，以O_3为被解释变量的双重差分项的回归系数显著为正，表明O_3浓度在联防联控机制实施后显著上升。

关于区域大气污染联防联控机制没有取得预期效果的原因归纳起来主要有以下几个方面：①大气污染治理是一个长期过程，其效果的取得需要长时间的持续治理，短期内"政治性蓝天"的出现是不可持续的。②由于参与区域联防联控的成员往往存在"搭便车"倾向，容易导致区域联防联控陷入"集体行动困境"，从而增加了联防联控的难度，进而导致区域联防联控难以取得预期效果。因此，避免陷入集体行动困境是未来区域联防联控的重点。③实施联防联控机制的区域缺少一个强有力的协调机构以协调各方利益。④有关区域大气污染联防联控的制度建设不完备，缺乏法律效力。⑤区际层面的联防联控机制匮乏，合作治污能力不足。

二、政策建议

为了提高区域大气污染联防联控机制的实施效果，实现区域空气质量的整体改善，基于研究结论提出以下政策建议：①针对区域大气污染在时间上的累积效应，要从思想上充分认识到大气污染治理是一个长期过程。必须立足长远，做好打持久战的准备，最终实现空气质量的持续改善。②针对参与成员的"搭便车"行为，为了避免区域性大气污染联防联控陷入集体行动困境，可以通过选择性激励，构建完善的奖惩机制以解决联防联控区域内各成员的"搭便车"问题。③针对联防联控区域内缺少强有力的协调机构这一现实，必须尽快在实施大气污染联防联控的区域内建立具有权威性和领导力的协调机构，负责制定具体的大气污染联防联控计划和具有约束力的政策法规，加强组织和协调力度，协调好区域内各成员的利益。④加强区际合作以应对大气污染的区域连片发展态势。在中国大气污染的空间分布格局中，山东省位于京津冀和长三角两个污染严重区域的中间地带，考虑到大气污染的空间传输性，实施联防联控机制的各区域要积极参与到区际合作中，在更大的空间范围内建立区际层面的联防联控机制，加强区际合作以形成更大的治污合力，在更大的空间范围内实现空气质量的不断改善。⑤针对大气污染治理能力不足的问题，各级政府需加强对大气污染治理技术的支持，加大资金投入，注重专业人员的培养，从根本上保障区域大气污染联防联控机制的有效实施。此外，实施联防联控的各区域要建立并完善信息沟通机制，加强区际沟通，实现区际信息共享，增强合作治污能力。

第九章　雾霾污染区域协同治理
困境及其破解思路 ①

　　打赢蓝天保卫战是建设美丽中国的重要任务，是破解新时代主要矛盾的重要抓手，是倒逼发展方式转变、经济结构优化、增长动力转换的重要途径。雾霾污染区域协同治理是打赢蓝天保卫战的必然选择和根本路径，也是国家治理方式实现"历史性变革"的重要契机，而集体行动困境和逐底竞争困境是其必须直面的严峻挑战。本章基于对两大困境根本成因和破解思路的分析与探讨，提出破解困境需要解决区域边界设定、协同治理机制和协同防控政策三个突出问题，进而给出了问题解决的具体思路；一是建立贯穿南北、连通东西的八大治霾联动区，打造八区联动的区域协同治理网络；二是构建全民共治格局，不断创新区域协同治理机制体系；三是制定和实施因地制宜的防控政策，将责任和考核"向上落实一级"，将环境执法权和监管权"横向隔离一级"。

第一节　引　言

　　党的十九大报告指出，要"着力解决突出环境问题。坚持全民共治、源头防治，持续实施大气污染防治行动，打赢蓝天保卫战。" 2017 年 12 月召开的中央经济工作会议指出，打好污染防治攻坚战，要使主要污染物排放总量大幅减少，生态环境

---

　　① 本章内容是在刘华军和雷名雨发表于《中国人口·资源与环境》2018 年第 10 期上的《中国雾霾污染区域协同治理困境及其破解思路》基础上修改完成的。文章前身为智库报告《加快推进山东省雾霾污染区域协同治理，为建设美丽山东提供有力支撑》，该智库报告于 2018 年 1 月提交山东省委，报告提出的相关建议得到山东省委、省政府的关注，推动了山东省大气污染的联防联控。

质量总体改善,重点是打赢蓝天保卫战①。当前,雾霾污染已成为中国最为突出的大气环境污染问题(Xu et al.,2013),要加大大气污染治理力度,应对雾霾污染、改善空气质量的首要任务是控制 $PM_{2.5}$②。与局地污染物不同,以 $PM_{2.5}$ 为代表的雾霾污染具有更强的空间溢出性和空间关联性(Tang et al.,2016;Ding et al.,2017),更易在较大的空间范围内快速扩散,呈现更强的空间交互影响和更复杂的空间结构特征(Song,2016;刘华军等,2017)。特别是近年来,中国雾霾天气频发,雾霾污染的覆盖范围不断扩张,区域性特征日益突出,在多个地区呈连片发展态势。以 2013 年、2016 年和 2018 年为例,2013 年 12 月和 2016 年 12 月爆发的严重雾霾天气影响范围分别达到 140 万平方千米和 188 万平方千米。2018 年 1 月,京津冀及周边地区遭受了长达 22 天的区域性大气重污染过程,是近年来不利气象条件持续时间最长的一次,有 60 余个城市采取了应急联动措施。不谋全局者,不足谋一域,依靠单边治霾和局部治霾难以从整体上、根本上解决区域性雾霾污染问题(Bai et al.,2014),要彻底打破"一亩三分地"的思维定式和"各人自扫门前雪"的本位主义,深入实施雾霾污染区域联防联控,积极构建多元主体参与的协同治理体系(叶大凤,2015),加快形成"以地区联动为要义、政府为主导、企业为主体、公众与社会组织共同参与"的区域协同治理格局,这是应对区域性雾霾污染和打赢蓝天保卫战的根本路径与必然选择。

党的十八大以来,中国深入贯彻落实习近平总书记"两山论"重要思想,坚定重拳出击、铁腕治霾的决心,积极推进雾霾污染联防联控,不断探索雾霾污染区域协同治理机制和政策。在顶层设计层面,中国于 2015 年公布了修订后的《中华人民共和国大气污染防治法》,发布了《大气污染防治行动计划》《关于加快推进生态文明建设的意见》《"十三五"生态环境保护规划》等,为开展雾霾污染区域协同治理提供了政策依据和制度保障。在地区实践层面,京津冀、长三角和珠三角等重点区域均建立了雾霾污染联防联控机制,各省份也对雾霾污染区域协同治理进行了积极探索。以山东省为例,2015 年 11 月,山东省济南、淄博、泰安等七个城市签订了《省会城市群大气污染联防联控协议书》,正式启动山东省会城市群雾霾污染联防联控工作,济宁与菏泽作为新增城市 2017 年 2 月也加入省会城市群联防联

---

① 打好污染防治攻坚战重点是打赢蓝天保卫战[EB/OL]. http://www.xinhuanet.com/fortune/2017-12/20/c_11221 43127.htm[2020-05-20].

② 习近平:北京改善空气质量首要任务是控制 $PM_{2.5}$[EB/OL]. http://www.chinanews.com/gn/2014/02-26/5887314. shtml[2020-08-15].

控。几年来，通过在多个层面的切实努力，中国大气环境状况明显好转，治霾取得了阶段性成效，但与人民群众的期盼仍有很大差距①。当前，中国身处"两个一百年"奋斗目标的历史交汇期，正处于决胜全面建成小康社会，进而全面建设社会主义现代化强国的关键阶段，彻底打赢蓝天保卫战是中国必须完成的重要使命，是破解新时代主要矛盾的重要抓手，是满足人民群众对美好生活向往的重要途径。必须清醒地意识到，蓝天保卫战不可能一蹴而就，治霾是一项长期而又艰巨的任务，只有深入总结雾霾污染联防联控的实践经验，及时发现问题并找到关键症结所在，才能加快形成"多地区联动，多主体参与"的区域治霾合力，大力推进雾霾污染区域协同治理，持续提升治霾效果，积极推动中国为全球区域性雾霾污染治理贡献中国智慧、中国经验和中国方案。

基于上述现实背景，本章在集体行动理论和地方政府竞争理论的分析框架下，结合中国仍处于并将长期处于社会主义初级阶段的基本国情，探究雾霾污染区域协同治理中集体行动困境和逐底竞争困境的形成根源与破解思路，研究思路如图 9-1 所示。研究发现，在区域协同治理困境的根源层面，地方政府的自利性、空气质量的公共物品属性、治霾集团的规模是集体行动困境形成的根本原因，经济利益的推动作用和雾霾污染的空间溢出效应是逐底竞争困境产生的根本原因。从某种意义上说，逐底竞争困境是集体行动困境的进一步恶化。在区域协同治理困境的破解思路层面，解决区域边界设定、协同治理机制、协同防控政策三个突出问题是雾霾污染区域协同治理摆脱困境的关键。具体而言，一是要推动构建八区联动的雾霾污染区域协同治理网络；二是要不断创新区域协同治理机制体系；三是要制定和实施"因地制宜，多管齐下"的协同防控政策。

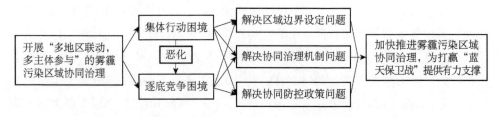

图 9-1　雾霾污染区域协同治理困境及其破解思路的分析框架

---

① 在十二届全国人大三次会议记者会上李克强总理答中外记者问[EB/OL]. http://www.xinhuanet.com/politics/2015-03/15/c_1114645482.htm[2020-08-15]；十二届全国人大五次会议新闻发布会[EB/OL]. http://www.xinhuanet.com/politics/2017lh/live/gov_20170304a/index.htm[2020-08-15].

第二节　中国雾霾污染区域协同治理成效

　　2013 年 9 月，国务院发布《大气污染防治行动计划》，为 2013～2017 年的雾霾污染治理绘制了蓝图和目标。几年来，中国不断加大在整治"散乱污"企业、实施燃煤火电机组超低排放改造、淘汰黄标车和老旧车、燃煤小锅炉淘汰改造和重污染天气应急响应等方面的整改力度[①]，积极推进京津冀、长三角和珠三角等重点区域的雾霾污染联防联控实践，治霾的决心之大、力度之大、成效之大前所未见，本节从 74 个城市[②]以及三大雾霾污染联防联控重点区域两个层面，分别对中国雾霾污染现状和区域协同治理成效进行阐述和分析。

　　从代表性污染物浓度看，根据历年《中国环境状况公报》，74 个城市的 $PM_{2.5}$ 平均浓度从 2013 年的 72 微克/米^3 减少到 2017 年的 47 微克/米^3，下降幅度达 34.7%，与国家二级标准（35 微克/米^3）的比值也从 2.06 降低至 1.34。与此对应，$PM_{2.5}$ 平均浓度达标城市比例由 4.1% 提升至 25.7%，新增 16 个达标城市。总体而言，尽管 $PM_{2.5}$ 平均浓度距离国家二级标准仍有一定差距，污染物浓度达标城市也不足 1/5，但代表性污染物的平均浓度水平已经呈现出持续下降的演变趋势。从空气质量优良天数比例看（图 9-2），党的十八大以来，经过一系列雷霆治霾举措的提出与实施，74 个城市的平均优良天数比例由 2013 年的 60.5% 上升至 2017 年的 73.0%，超标天数比例由 39.5% 下降到 27.0%。值得一提的是，2013～2016 年优良天数比例 12.5% 的上升幅度中，有 7.2% 来自空气质量级别为优的天数比例，这进一步说明空气质量正以持续好转的态势演变，中国的治霾征程已取得阶段性胜利（图 9-2）。

---

　　① 在全国范围内，燃煤火电机组超低排放改造已完成 5.7 亿千瓦，累计淘汰黄标车和老旧车 1800 多万辆，30 万吨及以下小煤矿数量减少近一半，全国煤矿数量从 2015 年的 1.08 万处减少至 7000 处左右。在京津冀及周边地区，"2+26"城市已整治 6.2 万余家涉气"散乱污"企业及集群，2017 年完成电代煤、气代煤 300 多万户，替代散煤 1000 多万吨，淘汰燃煤小锅炉 4.4 万台，淘汰小煤炉等散煤燃烧设施 10 万多个。http://cpc.people.com.cn/19th/GB/n1/2017/1023/c414536-29604113.html；http://www.gov.cn/xinwen/2017-11/22/content_5241424.htm

　　② 由于数据可得性的限制和可比性的要求，根据历年《中国环境状况公报》、2017 年 1～12 月 74 个城市空气质量状况报告以及 2017 年 1～12 月重点区域和 74 个城市空气质量状况，将 74 个城市和京津冀及周边区域、长三角、珠三角区域作为考察对象。

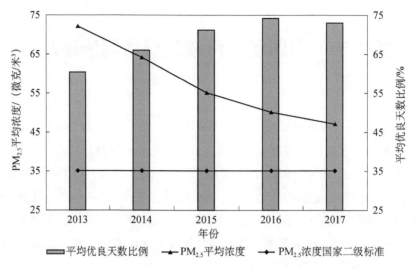

图 9-2　74 个城市 PM$_{2.5}$ 平均浓度与平均优良天数比例的演变趋势

从京津冀、长三角、珠三角等重点区域联防联控的实践效果看（表 9-1）。2013～2017 年，在三大联防联控区域中，京津冀 PM$_{2.5}$ 平均浓度由 106 微克/米^3 下降到 64 微克/米^3，但仍然是国家二级标准的 1.83 倍。长三角的雾霾严重程度远不及京津冀，PM$_{2.5}$ 平均浓度由 67 微克/米^3 下降到 44 微克/米^3，但仍达不到国家二级标准。珠三角污染程度最轻，PM$_{2.5}$ 平均浓度由 47 微克/米^3 下降到 34 微克/米^3，且 2015～2017 年连续三年达到了国家二级标准。与 PM$_{2.5}$ 平均浓度的持续下降相对应，三大区域的空气质量优良天数比例呈递增态势，其中京津冀的平均优良天数比例增幅最大，由 2013 年的 37.5% 提升至 2017 年的 56.0%，长三角的平均优良天数比例由 2013 年的 64.2% 提升至 2017 年的 74.8%，珠三角空气质量总体情况最佳，2017 年平均优良天数比例为 84.5%（图 9-3）。上述事实表明，三大雾霾污染联防联控重点区域的雾霾污染已经得到了相对有效的控制与改善，雾霾污染联防联控实践也取得了一定的实质性进展。

表 9-1　三大雾霾污染联防联控重点区域的 PM$_{2.5}$ 平均浓度与平均优良天数比例

年份	京津冀		长三角		珠三角	
	PM$_{2.5}$ 平均浓度/（微克/米^3）	平均优良天数比例/%	PM$_{2.5}$ 平均浓度/（微克/米^3）	平均优良天数比例/%	PM$_{2.5}$ 平均浓度/（微克/米^3）	平均优良天数比例/%
2013	106	37.5	67	64.2	47	76.3
2014	93	42.8	60	69.5	42	81.6
2015	77	52.4	53	72.1	34	89.2
2016	71	56.8	46	76.1	32	89.5
2017	64	56.0	44	74.8	34	84.5

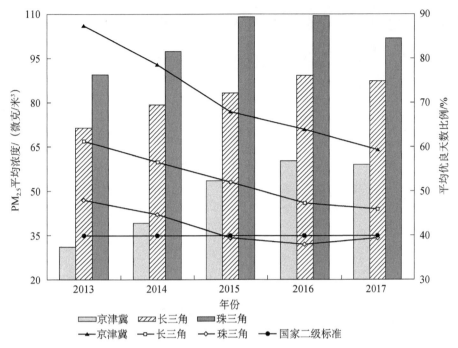

图 9-3　三大雾霾污染联防联控重点区域的 PM$_{2.5}$ 平均浓度与平均优良天数比例

三大雾霾污染联防联控重点区域 PM$_{2.5}$ 平均浓度为折线图，平均优良天数比例为柱状图

　　总体来看，无论是 74 个城市的 PM$_{2.5}$ 平均浓度、平均优良天数比例，还是三大雾霾污染联防联控重点区域的相关数据，均呈现出持续改善的演变态势，空气质量持续向好。但值得注意的是，当具体到演变速度时，2014 年和 2015 年 74 个城市的 PM$_{2.5}$ 平均浓度同比下降 11.1% 和 14.1%，而 2016 年和 2017 年却下降 9.1% 和 6.0%，平均浓度分别只降低了 5 微克/米^3 和 3 微克/米^3，PM$_{2.5}$ 平均浓度的下降幅度有所放缓。类似地，2016 年 74 个城市的平均优良天数比例增幅从每年 6.0% 左右骤减到仅余 3.0%，2017 年的平均优良天数比例甚至出现了负增长现象，比 2016 年的优良天数减少了 1.2%。无独有偶，京津冀、长三角和珠三角三大雾霾污染联防联控重点区域治霾效果的提升也在近两年明显遇到了阻力。2016 年和 2017 年，京津冀的 PM$_{2.5}$ 平均浓度仅仅降低了 6 微克/米^3 和 7 微克/米^3，与 2014 年和 2015 年 13 微克/米^3 和 16 微克/米^3 的降幅大相径庭。长三角的 PM$_{2.5}$ 平均浓度在 2017 年仅降低 2 微克/米^3，珠三角的 PM$_{2.5}$ 平均浓度甚至由 2016 年的 32 微克/米^3 回升至 34 微克/米^3。更为严峻的是，三个雾霾污染联防联控重点区域的平均优良天数比例的增幅不仅逐年放缓，还在 2017 年表现出了不同程度的负增长态势。其中，京津冀的平均优良天数同比下降 0.8%，长三角同比下降 1.3%，珠三角下降幅度最为明显，达 5%。可以说，无论是 74 个城市还是三大雾霾污染联防联控重点区域，

空气质量的改善幅度逐渐呈倒"U"形趋势（图 9-4）。

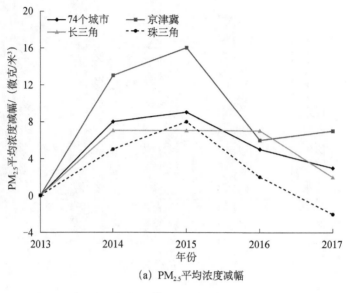

（a）PM$_{2.5}$平均浓度减幅

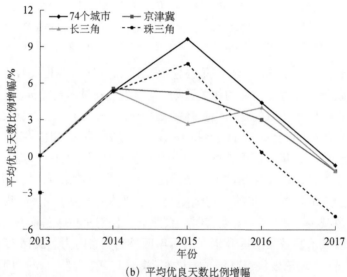

（b）平均优良天数比例增幅

图 9-4 74 个城市与三大雾霾污染联防联控重点区域
PM$_{2.5}$平均浓度和平均优良天数比例改善幅度

  雾霾污染的治理进程之所以发生滞缓，主要源于治霾过程中的"骨头效应"。"骨头效应"是畏难情绪的一种体现，具体表现为在处理事务或解决问题的过程中，总是倾向先完成见效快、难度低的事情，而将困难的事置于最后考虑。当前，在雾霾污染治理方面,容易解决的问题已基本解决,蓝天保卫战也取得了阶段性胜利,但剩余的治理任务大都是难啃的硬骨头,导致无论是 $PM_{2.5}$ 平均浓度还是平均优良天数比例,在改善速度上都出现一定程度的回落,中国的治霾征程仍然任重而道远。

第三节　雾霾污染区域协同治理的两大困境及其根源

雾霾污染区域协同治理具有三个基本特征,即多参与主体、参与主体同目标、治霾行动要协同。多参与主体意味着雾霾污染区域协同治理需要多个地区、多重社会成员共同参与,参与主体同目标意味着参与雾霾污染区域协同治理的多元主体均以"蓝天白云"为共同利益和集体目标,治霾行动要协同意味着在协同治理的区域范围内,地区的治霾行动必须紧密联动、高度协同。雾霾污染区域协同治理的三个基本特征形成了"以地区联动为要义、政府为主导、企业为主体、公众和社会组织共同参与"的治霾新模式,其中政府的主导作用是这一模式得以运行的重要保障。能否充分发挥政府的主导作用,关键在于是否能够有效解决以下两方面冲突,一是地方政府个体利益与治霾集团集体目标的冲突。短期内,雾霾污染治理带来的成本损失总会与地区追求的个体利益发生冲突(石敏俊,2017a),如果这种冲突无法得到有效化解,雾霾污染区域协同治理将陷入集体行动困境。二是区域协同与地区竞争的冲突。协同治霾的地方政府之间往往存在激烈的竞争,地区间的良性竞争有助于提升区域协同治理的效果,然而一旦地方政府的治霾努力朝恶性竞争、"竞次"赛跑的方向发展,雾霾污染区域协同治理将陷入逐底竞争困境。可以说,集体行动困境和逐底竞争困境已成为中国推进雾霾污染区域协同治理面临的最大困难和挑战。

一、集体行动困境及其根源

雾霾污染区域协同治理打破了不同地区"各自为战"的合作壁垒,形成了多个地区组成的治霾集团(Donahue,2004;Ansell and Gash,2008),但这绝不意味着地方政府都会为了解决区域内的雾霾污染问题而采取积极行动。根据奥尔森(Olson,1965)的集体行动理论,除非一个集团中人数很少,或者除非存在强制或其他一些特殊手段以使个人按照他们的共同利益行事,有理性的、寻求自我利益的个人不会采取行动以实现他们共同的或集团的利益。换言之,在个体理性的驱使下,参与雾霾污染区域协同治理的地方政府存在"不作为、慢作为""出工不出力""滥竽充数"等行为倾向①。一旦上述行为倾向普遍存在,地方政府的个体理性势必会引发集体非理性,区域协同治理将陷入集体行动困境(陈潭,2003)。追根溯源,雾霾污染区域协同治理之所以会陷入集体行动困境,其根源在于地方政府的"搭便车"行为,而雾霾污染区域协同治理中"搭便车"行为的根源,则表现在地方政府的自利性、空气质量的公共物品属性、治霾集团的规模三个方面。

1. 地方政府的自利性构成了"搭便车"的内在动机

参与雾霾污染区域协同治理的地方政府都是理性的,理性人在进行最优策略选择时,普遍会以追求个体利益最大化为抉择标准,但不可避免的是,地区的治霾行为总会受到成本约束。或者说,雾霾污染治理需要付出代价,这种代价既包含治理雾霾实际支出的经济成本,也包括转变发展方式、优化经济结构、转换增长动力的机会成本。地方政府个体理性的直观体现,就是当他们在治霾的集体行动中受到自利性的驱使时,总是倾向通过"搭便车"行为来最大限度地规避成本损失和分享共同利益。这种排斥"做蛋糕"、偏好"分蛋糕"的个体自利心理,使"不劳而获"的"搭便车"倾向成为雾霾污染区域协同治理中部分地方政府的普遍心态,而这部分地方政府也就逐渐演变为"搭便车"行为的主体。

2. 空气质量的公共物品属性为"搭便车"创造了外部条件

集团的实质之一就是它提供了不可分的、普遍的利益,这种集团利益具有非排他的公共物品属性(Olson,1965;Ostrom et al.,2002)。空气质量的公共物品属性主要体现在外部性和非排他性两个方面。一方面,地区的环境空气质量具有外部性特征。外部性是指一个经济主体在自己的活动中对旁观者的福利产生了一种"非市场性"的有利影响或不利影响(Pigou,1920;Marshall,1961)。部分地区积极治霾带来的空气质量改善除了能够直接影响治霾行为的发生地,对周边地区也可以产生连带的外部正效应(Kennan,1970;Fraenkel,1989)。另一方面,地区的空气质量具有无偿性和非排他性的特征。参与雾霾污染区域协同治理的地区都是"同呼吸,共命运"的治霾共同体,通过治霾带来的空气质量改善并不是"肥水不流外人田"的私人产权,而是具有无偿性和非排他性的公共产权(许敏兰,2007)。换言之,空气质量的公共物品属性意味着得到改善的空气状况不仅能够使周边地区受益,而且不能自发地排斥未承担成本者的消费(赵鼎新,2006),这恰恰提供了"搭

---

① 根据第四批中央环境保护督察组的反馈情况,部分地方政府在环境管理过程中普遍存在不作为、慢作为、乱作为现象和形式主义思想。

便车"行为的载体。

3. 治霾集团的规模为"搭便车"提供了可乘之机

一方面，雾霾污染区域协同治理是多个地区之间的紧密联动、高度协同（刘华军和刘传明，2016）。在雾霾污染的区域范围内，没有一个城市能够以"绝霾体"的形式存在，雾霾污染治理绝不是某个地区的单边行动，而是多个地区以"命运共同体"形式进行的集体行动。另一方面，雾霾污染区域协同治理是多元主体之间的行动协调与功能耦合（庄贵阳等，2017）。无论是中央政府、地方政府、企业、公民，还是社会组织，治霾不是其中某一类社会成员的单独责任，社会中每个成员都要参与到治霾的集体行动中。上述两方面原因决定了雾霾污染区域协同治理是多个地区和多元主体的大规模集合，在这种大规模的集体行动中，随着地区"抱团治霾"规模的扩大和参与主体数量的增加，治霾集团中的信息不对称势必更加严重。高昂的信息获取成本模糊了"努力"和"懒惰"的界限，滥竽充数的不公平现象越来越难以甄别，部分积极治霾的参与成员在无形中成为"搭便车"行为的客体。

地方政府的自利性、空气质量的公共物品属性、治霾集团的规模对应构成了"搭便车"行为的主体、载体和客体，这是"搭便车"行为的三大基本要素。毋庸置疑，雾霾污染区域协同治理中的"搭便车"行为将会降低区域治霾合力的形成，但更为严峻的是，一旦积极参与雾霾污染区域协同治理的成员发现自己"被搭便车"的不公平现实后，为避免本地区个体利益受到更严重的损失，他们也会放弃供给能够提供良好空气质量的治霾行为，转而成为集团中的"搭便车者"。可以想见，当"搭便车"行为的客体普遍转为主体时，地区的空气质量不仅不会发生明显改善，而且可能会更加恶化，区域雾霾行动也将会陷入集体行动困境（Groves and Ledyard，1977；Daniel et al.，2005）。作为雾霾污染区域协同治理的两大困境之一，集体行动困境对区域协同治理的深入实施提出了严峻挑战，因此有效减少地方政府的"搭便车"行为，寻找集体行动困境的破解之道，是大力推进雾霾污染区域协同治理的必由之路。

二、逐底竞争困境及其根源

雾霾影响范围内的任何一个地区都不是独立的孤岛，区域性雾霾污染问题的解决依赖于区域内地方政府是否能够以命运共同体的形式，在治霾征程中风雨同舟，携手并进。为了达到"1+1>2"的协同治霾效果，地方政府在参与雾霾污染区域协同治理时需要杜绝"有令不行，有禁不止""上有政策，下有对策"的表面功夫，真正做到治霾行为的紧密联动、高度协同，加快形成区域治霾合力。不幸的是，尽管协同是雾霾污染区域协同治理的应有之义，但绝不意味着地方政府在治霾过程中不存在竞争。恰恰相反，地方政府的治霾行动总是伴随着激烈的竞争。地区之间的良性竞争能够激发地方政府的治霾动力，但恶性竞争将会部分甚至完全抵消地区的治霾努力，使空气质量进一步恶化，逐底竞争就是恶性竞争最为突出的表现形式。根据地方政府竞争理论，各地区为发展本地经济，往往会采取策略性竞争行为，通过放松雾霾污染的治理力度来争夺企业、人力和技术等流动性要素资源。换言之，不同地区在策略性互动的过程中，将会以更加宽松的治霾力度为标杆，雾霾污染治理力度将朝着"竞次"或"向下赛跑"的方向演变，最终导致区域协同治理陷入逐底竞争困境，造成"劣币驱逐良币""劣胜优汰"的局面。雾霾污染区域协同治理会陷入逐底竞争困境，可以归结为经济利益的推动和雾霾污染的空间溢出效应两方面的原因。

1. 经济利益的推动是逐底竞争的内部诱因

当前，生态环境保护总体上仍滞后于经济社会发展，但必须意识到，绿色发展是倒逼经济发展实现结构转型的重要手段，是扭转资源错配的重要途径[①]。换言之，雾霾污染治理既是重大的民生工程，也是倒逼地区转变经济发展方式、优化经济结构、转换增长动能的重要途径，但这一过程总是以一定经济利益的流失为代价。同时，随着近年来治霾力度的不断增强和治霾进程的不断深入，雾霾污染治理的边际成本以递增态势持续提高。经济利益的流失与治污成本的增加无疑加重了地区的经济增长压力，这种经济增长压力主要通过回波效应和晋升锦标赛效应两种途径推动地方政府采取逐底竞争行为。

（1）回波效应

根据累积的地区增长和下降理论，社会经济发展过程是一个动态的各种因素相互作用、互为因果、循环积累的非均衡发展过程，在循环往复的累积过程中，地区经济总会沿初始因素的发展方向运动（Myradal，1957），发生两种循环积累因果运动及其正负效应，一种是增长极阻碍周围地区经济增长的回波效应，一种是增长极带动周围地区经济迅速增长的扩散效应。在回波效应的作用下，地区之间的经济发展差距会呈现扩大的运动趋势，扩散效应则恰恰相反（Myradal，1968）。那么，在中国区域经济发展过程中，究竟是回波效应还是扩散效应占据了优势地位呢？近年来，中国区域经济发展差距的变化趋势始终是学界的研究热点，多数研究发现，改革开放以来中国地区差距不仅存在，而且呈现出不断扩大的趋势（林毅夫等，1998；王小鲁和樊纲，2004）。更为严峻的是，中国区域资源要素的积聚表现

---

① 污染防治攻坚战 如何打好[EB/OL].http://env.people.com.cn/n1/2018/0103/c1010-29741863.html[2020-08-15].

出明显的马太效应，优质资源更多更快地向增长极流动，地区经济增长存在明显的俱乐部趋同现象，贫困地区越来越难以摆脱贫困的恶性循环（蔡昉和都阳，2000；朱国忠等，2014；范恒山，2017），上述研究证明了回波效应在区域经济发展中占据优势地位的事实。可以想象，在累积性循环运动过程中，一旦本地区的经济发展水平在雾霾污染治理带来的经济发展压力下落后于周边地区，此时人力资本、物质资本、技术等优质生产要素将会向区域内的经济增长极回流和集聚，导致本地区的经济增长在累积性因果循环中不断被抑制，地区发展将很难逃出回波效应下的"贫困陷阱"。因此，为了避免在地区竞争中陷入"穷者愈穷，富者愈富"的恶性循环，地方政府往往会出现"竞次到底"的心态，通过竞相降低雾霾污染治理水平，以推动优质要素向本地集聚，从而缓解地区的经济增长压力。

（2）晋升锦标赛效应

晋升锦标赛是由上级政府直至中央政府推行和实施的一种地方政府官员的治理模式，晋升锦标赛将政府官员置于强力的激励之下，并将行政权力集中和强激励兼容在一起（周黎安，2007）。当前，中国处于并将长期处于社会主义初级阶段，发展仍是中国的第一要务，以经济建设为中心的基本路线没有变，经济发展水平仍然是衡量地方政绩的重要指标和地方政府在晋升锦标赛中获得政治晋升的重要"砝码"（姚洋和张牧扬，2013）。晋升锦标赛的治理模式在一定程度上创造了改革开放以来中国经济的"增长奇迹"，但这种以经济水平为攀比对象的地方政府竞争，也导致了地区在治霾过程中竞次行为的出现。一方面，晋升锦标赛体现为地方政府的单边不完全规制行为（赵霄伟，2014）。地区经济发展水平的领先或落后是地方官员政绩的最直接体现，为了在政绩考核中占据稳定优势，提高自身的晋升概率，地方政府在经济利益的推动下总是倾向放松本地区的雾霾污染治理力度以吸引人才、资本、技术和外商直接投资等优质要素流入，达到保持地区经济发展活力的目的。另一方面，晋升锦标赛也体现为地方政府之间的策略性互动过程（Lundberg，2006；Deng et al.，2012）。晋升率最大化是地方官员的重要目标，晋升概率不仅取决于本地区经济发展的绝对水平，也会受到竞争地区经济增长的相对影响（Besley and Case，1992）。地方政府之间的策略性互动意味着地区的治霾策略总是建立在竞争对手的策略选择之上，而不完全的治霾政策与举措又是地方政府降低市场准入门槛和争夺优质流动性资源的有效工具。当地方政府在"宽松式标尺竞争"中采取"一报还一报"的模仿策略时，治霾力度将呈现宽松—更宽松的竞次演变过程，区域性雾霾污染问题将变得更加棘手。

2. 雾霾污染的空间溢出效应是逐底竞争的外部诱因

2013年6月，习近平总书记提出要改进考核方法手段，把民生改善、社会进步、生态效益等指标和实绩作为重要考核内容，再也不简单以国内生产总值增长率来论英雄了①。党的十八大以来，生态责任逐渐成为政绩考核的必考题，针对区域性雾霾污染这一"心肺之患"，中国建立了以空气质量改善为核心的控制、评估、考核体系，明确要求将空气质量纳入政绩考核标准，实行雾霾污染治理"党政同责""一岗双责"，严格落实地方政府的治霾责任。2014 年 5 月，国务院印发的《大气污染防治行动计划实施情况考核办法（试行）》指出，考核指标包括空气质量改善目标完成情况和大气污染防治重点任务完成情况两个方面。2016 年 12 月，中国首次发布了绿色发展指数的考核办法，规定资源利用权重占 29.3%，环境治理权重占 16.5%，环境质量权重占 19.3%，生态保护指标权重占 16.5%，增长质量权重占 9.2%，绿色生活权重占 9.2%②。其中，环境质量权重明确包含地级及以上城市空气质量优良天数比例和细颗粒物（$PM_{2.5}$）浓度下降水平两项内容。绿色发展指数不仅是衡量生态文明建设成效的"一把尺子"，也成为各省份党政领导综合考核评价、干部奖惩任免的重要依据。近年来，绩效考核制度的转变在一定程度上抑制了经济利益的推动作用，矫正了各地区各部门的发展观和政绩观，使地方政府在面临空气质量与经济利益的抉择时，主观上的自我约束不断加强。然而，与经济利益推动作用的逐渐减弱相对应，雾霾污染的空间溢出效应成为产生逐底竞争困境的另一重要推手。不同地区在污染程度、治理力度和经济社会发展水平等方面普遍存在差异，治理效果也处于不均衡状态，雾霾污染的空间溢出效应主要体现在经济溢出和自然溢出两个层面。经济溢出表现为生产要素转移和污染产业集聚形成的高污染排放俱乐部（张可和汪东芳，2014），而自然溢出表现为雾霾污染由浓度高值地区向低值地区的自由扩散以及在温度、风力等气象因素作用下的污染迁移（潘慧峰等，2015a）。在经济因素和自然因素的双重驱动下，积极参与雾霾污染区域协同治理的地区虽然在短期内改善了本地区的空气质量，但雾霾污染的空间溢出性和空间关联性将会抵消其付出的部分甚至全部治霾努力。一旦地方政府意识到自己付出的努力是出力不讨好时，慢作为甚至不作为就成为地方政府的最优治霾策略。为了有效遏制地方政府的逐底竞争行为，必须推动不同地区因地制宜地采取治霾举措，尽可能减轻雾霾污染空间溢出效应的负外部性影响。

集体行动困境和逐底竞争困境的区别在于，造成集体行动困境的"搭便车"行为只是参与主体的个体行为，而逐底竞争困境的形成，却与参与主体之间的交互行为密切相关。在集体行动困境中，地方政府的消极治霾倾向只会反映在个体行动

① 习近平出席全国组织工作会议并发表重要讲话[EB/OL]. http://www.gov.cn/ldhd/2013-06/29/content_2437094.htm[2020-08-15].
② 发展改革委印发《绿色发展指标体系》《生态文明建设考核目标体系》[EB/OL]. http://www.xinhuanet.com/fortune/2017-12/20/c_1122143127.htm[2020-05-20].

中，不会通过连带外部负效应对地理或经济地理相近地区造成影响。相反，逐底竞争困境一旦产生，就意味着地方政府的消极治霾倾向已经催发了地区之间的策略性互动，并在区域内大范围引发了治霾力度的竞次行为，导致雾霾污染形势更加严峻。从这一角度看，逐底竞争困境本质上是集体行动困境的进一步恶化，集体行动困境向逐底竞争困境的演变，就是地区的治霾努力由积极到消极，甚至"反其道而行之"，不再付出任何努力的过程。

第四节　雾霾污染区域协同治理困境的破解路径

问题是实践的起点，实践是理论的源泉。对集体行动困境和逐底竞争困境形成根源的准确识别，是加快推进雾霾污染区域协同治理的前提条件，而以两大困境的形成根源为基点对其破解思路进行精确把握，是推动雾霾污染区域协同治理打破"桎梏"的基本要求。无论是集体行动困境，还是逐底竞争困境，都可以将其根源分为两大类：一是治霾集团规模、空气质量的公共物品属性和雾霾污染的空间溢出效应等客观原因；二是地方政府的个体自利性和经济利益的推动等主观原因。为了彻底破解雾霾污染区域协同治理困境，首先，需要设定合理的区域协同治理范围以满足治霾集团的规模要求，契合空间溢出效应的扩散范围。其次，需要创新区域协同治理机制体系以激发地区的治霾积极性，形成"同呼吸，共奋斗"的全民共治格局。最后，需要制定和实施因地制宜的协同防控政策，减少雾霾污染在区域内的溢出效应，汇聚强大的区域治霾合力。只有从根本上解决区域边界设定、协同治理机制、协同防控政策三个突出问题，真正抓住摆脱集体行动困境和逐底竞争困境的"牛鼻子"，才能加快推进雾霾污染区域协同治理。

2017年4月，李克强主持召开国务院常务会议，部署对大气重污染成因和治理开展集中攻关。2017年9月，由环境保护部牵头、多部门和单位协作的大气重污染成因与治理攻关项目正式启动，超过1500人围绕雾霾形成机理与治理开展深入探索。必须清醒地认识到，雾霾污染虽然是自然现象，但本质上却是由人类社会经济活动造成的。从某种意义上说，严重雾霾污染的频发并非天灾，而是人祸，将区域性雾霾污染简单归结为自然因素是错误的，必须严肃批判雾霾污染"自然决定论"的错误思想。雾霾污染治理绝不能等风盼雨，治霾终究需要落脚在政府、企业、公众和其他社会组织的努力上。换言之，雾霾污染治理的要害不在于雾霾本身，而在于人的行为，在于规范、激励、约束人的行为。治霾需要更加侧重于运用经济规律和经济手段，通过理顺社会成员之间的相互关系，加快形成"以地区联动为要义、政府为主导、企业为主体、公众和社会组织共同参与"的全民共治格局。

一、区域边界设定问题

区域边界设定是开展雾霾污染区域协同治理的首要问题，其决定了在多大范围内开展雾霾污染区域协同治理。雾霾污染联防联控效果受限，其重要原因之一就是没有回答好区域边界设定问题。精准的区域边界是协同治霾的基本前提，如果协同治理的区域范围不够科学合理，即使采取了"正确"的区域协同治理机制和协同防控政策，治霾效果也只会事倍功半。解决区域边界设定问题必须坚持两个统一：科学性和经济性的统一；稳定性和动态可调整性的统一。

1. 区域边界设定必须坚持科学性和经济性的统一

科学性要求区域边界设定必须要考虑雾霾污染的空间溢出效应与空间关联特征。经济性要求区域边界设定必须最大限度地降低区域协同治理成本，避免集团规模过大而带来不必要的组织成本和协调成本。因此，如何实现科学性和经济性之间的帕累托最优，是解决区域边界设定问题必须回答的关键问题之一。

一方面，区域边界设定的科学性意味着区域范围的设定需尊重雾霾污染的空间规律。面对雾霾污染日益突出的区域性特征，李克强在 2017 年政府工作报告中强调指出，要"加强对大气污染的源解析和雾霾形成机理研究，提高应对的科学性和精准性。扩大重点区域联防联控范围，强化预警和应急措施。"[①]在雾霾污染的空间分布格局视阈下，中国雾霾污染的重灾区主要集中在西北地区和胡焕庸线以东，尤以人口密度较大、产业结构偏重的北部沿海地区、东北地区和黄河中游地区最为严重，雾霾污染总体呈现出东高西低、北高南低的分布格局（刘华军和杜广杰，2016）。在雾霾污染的空间关联特征视阈下，雾霾污染在地区内部和地区之间普遍存在动态空间关联，这种空间关联已经超越了地理距离的限制，呈现出多线程的复杂网络分布态势，区域内"唇亡齿寒，一损俱损"的特征日益突出。雾霾污染的空间关联特征意味着协同治理的区域范围必须覆盖网络结构中的全部城市，否则区域协同治理效果将大打折扣。在雾霾污染的空间来源解析视阈下，刘华军和杜广杰（2017）研究发现，平均而言每一城市接收到的外部雾霾污染约有 50% 来源于 700 千米以内的周边城市，70% 来源于 1000 千米以内的周边城市，不到 10% 来

---

① 2017 年政府工作报告（全文）[EB/OL].http: www. china. com. cn/lianghui/news/2019-02/28/content_74505911. shtml[2020-05-20].

源于 1500 千米以外的城市。以北京为例,北京雾霾污染的主要外部来源除京津冀内部城市外,还包括内蒙古、辽宁、山东等地区的部分城市,如呼和浩特、锦州、淄博等城市均对北京的雾霾污染存在显著影响。据此分析,无论是传统的京津冀及周边重点区域,还是扩大后的京津冀雾霾污染传输通道(简称"2+26"城市),都难以适应雾霾污染的区域性特征。可以说,无论是京津冀、长三角,还是珠三角,从科学性角度看,当前区域边界的设定仍然难以有效适应雾霾污染的大范围、多区域特征,为了加快推进雾霾污染区域协同治理,区域范围仍需扩大。

另一方面,区域边界设定的经济性意味着区域范围的设定必须最大限度地降低区域协同治理的组织成本和协调成本,提高雾霾污染区域协同治理的组织管理效率和信息获取效率。尽管某一地区的雾霾污染有 90% 来源于 1500 千米以内的周边城市,但这绝不意味着区域协同治理就要扩大到以 1500 千米为半径的治理规模。在充分兼顾科学性的前提下,提高区域边界设定经济性的可行思路如下:在雾霾污染较为严重的西北地区和胡焕庸线以东地区,根据区域性雾霾污染的溢出强度、交互程度和关联密度,建立八大协同治理区域,架构多层次权威机构,从大圈分割小圈,以小圈组成大圈,最终实现"东北—京津冀—华北—中三角—珠三角"的南北贯通和"大西北—成渝—中三角—长三角"的东西连通,构建起贯穿南北、融汇东西的雾霾污染区域协同治理网络。具体而言,一是建立京津冀联动区。调整京津冀及周边重点地区,建立以北京为中心,包含天津、河北北部、辽宁西部和内蒙古南部的雾霾污染协同治理区域。二是建立华北平原联动区。联合山东、山西东部、河北南部和河南北部的部分城市,在华北平原地区建立协同治理区域。三是建立东北联动区。划定黑龙江、吉林、辽宁东部、内蒙古东部作为东北地区雾霾污染的协同防控区。四是建立长三角联动区。深入推进上海、江苏、浙江、安徽三省一市的雾霾污染区域协同治理。五是建立中三角联动区。在长江中游地区,建立由湖北、湖南、江西三省组成的协同治理重点区域。六是建立成渝联动区。以成都和重庆为中心,加快推进成渝城市群的雾霾污染区域协同治理。七是建立珠三角联动区。持续发挥珠三角联防联控区域的良好协同效应和示范效应,并纳入广西东部和北部,组成横跨广东、广西的协同治霾区。八是建立大西北联动区。随着西部大开发战略的深入实施,新疆、青海、甘肃等西部地区成为人口迁移和产业转移的主要目标,西北地区的雾霾污染不断加剧,必须建立以新疆为中心,包含青海西部、甘肃西部、西藏北部的大西北治霾协作区。从长远看,为了实现八大联动区的相互承接,中国还必须串联起由南至北、自西向东的协同治理区域边界,推动形成"东西一横,南北一竖"的纵横交错格局,加快构建"四通八达,动态交互"的雾霾污染区域协同治理网络。

雾霾污染区域协同治理网络的形成,既需要区域范围能够充分适应雾霾污染的空间关联网络结构，也依赖联动区之间的紧密联动与高度协同。因此，可以构建区域内城市之间、不同区域之间和不同机构之间的多层级权威机构，形成城市之上有机构、区域之上有机构、机构之上有中央的大区域雾霾治理垂直管理框架，最大限度地降低组织成本与协调成本，增强八区联动的协同性，推动联动区的无缝对接。不仅如此，在"一带一路"倡议背景下，中国可以通过贯穿南北的区域边界对接"一带一路"北线，借助连通东西的区域边界对接"一带一路"中线，以中国的治霾经验为全世界贡献中国方案，推动中国成为全球雾霾污染区域协同治理的重要参与者和贡献者。

2. 区域边界设定必须坚持稳定性和动态可调整性的统一

区域边界的稳定性要求区域范围在一定时期内要基本保持稳定，区域边界的动态可调整性要求区域范围需要具备一定的灵活机动性。雾霾污染的空间规律不是瞬息万变，也并非一成不变。雾霾污染问题的解决不可能一蹴而就，也绝非遥遥无期。为了使协同治理区域范围能够更好地满足雾霾污染空间规律和机动地适应联动区内雾霾污染现状，区域边界设定必须做到动静结合，在相对稳定和动态变化间达到稳态。

一方面，协同治理的区域范围必须保持相对稳定。所谓朝令夕改，不知所从。如果区域边界"拍脑袋"式的变动过于频繁，可能会带来以下三方面的治霾隐患和负面效应。一是会导致协同治理的区域范围与雾霾污染的空间规律发生偏离；二是会引发无意义的组织成本和协调成本；三是参与区域协同治理的地方政府容易对雾霾污染治理的目标、成员和可行性产生疑惑，治霾的决心和恒心极易遭受打击。在不合理的治霾规模、不经济的治霾成本和不坚定的治霾信心等消极因素的制约下，地区之间势必难以形成"拧成一股绳，劲往一处使"的良好局面，也难以实现"众志成城，万众一心"的协同效应。因此，为了有效解决区域性雾霾污染问题，协同治理的区域边界必须要确保相对稳定，在此基础上，进一步追求"静中有动，动静结合"的灵活机动性。

另一方面，协同治理的区域范围必须具有动态可调整性。明者因时而变，智者随事而制，区域边界的动态可调整性主要体现在两个阶段，其一是雾霾污染治理阶段，其二是雾霾污染治理完成阶段。首先，在雾霾污染治理阶段，雾霾污染的空间分布格局、空间关联特征和空间来源解析均处于变化中，这就要求协同治理的区域边界必须要及时适应这种变化，某些城市需要被纳入区域范围内，某些城市则成为区域协同治理的冗余成员。对于前一种情况，如果区域边界不根据客观现实及时做出调整，那么雾霾污染的空间溢出效应势必会导致区域协同治理难以达到预期效果。对于后一种情况，如果协同治理的区域范围不能及时减少冗余的参与城市，那么不仅这些城市会付出多余的治霾成本，整个区域也需要承担额外的组织成本与协调成本。其次，在雾霾污染治理完成阶段，协同治理的区域边界也需要具有灵活机动性。随着中国污染防治攻坚战的不断推进，生态环境的逐渐好转，以及生态文明的全面提升，雾霾污染区域协同治理的涵盖范围势必需要适当缩小，部分参与城市可以退出区域协同治理，如果区域边界仍然固化在初始设定上，只会增加雾霾污染区域协同治理不必要的组织成本和协调成本。

二、区域协同治理机制问题

区域协同治理机制是加快推进雾霾污染区域协同治理的根本保障，是推动政府、企业、公众和社会组织协同治霾的重要工具。科学的区域协同治理机制能够有效规范、激励和约束政府、企业、公众与社会组织的行为，有助于团结一切可以团结的治霾力量，实现多元参与主体的功能耦合，凝心聚力共同打赢蓝天保卫战。根据经济机制设计理论，有效的区域协同治理机制，需要解决信息和激励两个基本问题，满足参与性约束和激励相容约束条件，使得每个人即使追求个人目标，其客观效果正好能达到既定的社会目标（Hurwicz and Reiter，2006；田国强，2003，2016）。因此，要想解决区域协同治理机制问题，必须不断创新雾霾污染区域协同治理机制，积极构建"以地区联动为要义、政府为主导、企业为主体、公众和社会组织共同参与"的区域协同治理体系，加快形成"同呼吸，共奋斗"的全民共治共建共享格局。本章以雾霾污染区域协同治理的参与主体为分类标准，构建了政府、企业、公众和社会组织以及生态环境监管体制"四位一体"的机制框架，并通过建立健全激励约束机制、信息共享机制、企业协作机制、公众参与机制和垂直监管机制，实现以下4个维度的有效联动，即推动地方政府发挥主导作用，推动企业形成绿色生产方式，推动公众和社会组织发挥监督作用，推动生态环境监管体制改革，最终形成多元主体相互协作配合、共同承担责任的多元善治局面，搭建最广泛的环保统一战线。

1. 推动地方政府发挥主导作用

雾霾污染区域协同治理机制并不是否定地方政府的个体利益，也不是排斥地区间的良性竞争，而是期望能够在区域协同治理过程中构建集体利益和个体利益双赢的非零和博弈，形成协同中有竞争、竞争中要协同这种相辅相成、相互促进、相互保障的共生格局。因此，必须坚持"全面识别地区异质性特征—建立健全激励约束与信息共享的多机制集合"两步走策略，大力推动地方政府个体利益与雾霾污染治理的集体目标相统一，充分激发区域内地方政府的治霾动力与主导作用。

首先，识别地区之间的异质性特征是激励地方政府积极治霾的必要前提。不同地区在地理位置、自然资源和气候类型等环境因素上存在区别，在人口密度、交通运输、产业结构和经济发展方式等社会经济发展水平上也存在差异。各地区在自然、社会和经济等方面的差异意味着不同地区在雾霾污染程度和个体利益等方面普遍存在异质性特征，因此为了最大限度地消除地方政府的"搭便车"倾向和逐底竞争行为，准确识别地区由差异化的雾霾污染程度和个体利益引发的异质性特征是解决区域协同治理机制问题的首要任务。其次，要想从根本上消弭地方政府"搭便车"的动机，实现地区间由逐底竞争向逐顶竞争、由劣胜优汰向优胜劣汰的良性转变，就需要在明确地区异质性特征后，加快建立更具针对性、更加多样化的激励约束机制和信息共享机制。

1）激励约束机制。为了从根本上消弭地方政府的"搭便车"动机、推动逐底竞争转向逐顶竞争，必须建立由多种激励约束机制组成的有机系统。从不同激励约束机制的影响方向看，奖励机制和补偿机制能够对地方政府产生正向激励效应（Guo，2016；高明等，2016），通过提高地区的治霾收益，弥补地方政府被雾霾污染溢出效应所抵消的成本支出，从而减少地方政府真出工真出力的经济损失，维持地区的治霾积极性。与之相反，惩罚机制能够对地方政府产生负向激励效应，通过加大惩罚力度，增加地方政府"不作为、慢作为"和"竞次"行为的代价，从而遏制地方政府的"搭便车"倾向和逐底竞争行为（张可等，2016；岳书敬和霍晓，2017）。具体而言，根据地区差异化的个体利益诉求，奖励机制可以分为以物质奖励为主的经济奖励机制和以社会地位为主的绿色晋升锦标赛机制。补偿机制可以分为针对治霾成本的经济补偿机制、针对转变发展方式的转型补偿机制、针对污染溢出效应的污染补偿机制、地区之间的横向财政转移支付机制。惩罚机制则可以分为以罚款为主要工具的累进惩罚机制和能够避免跨期卸责的终身责任追究制。本质上，无论雾霾污染区域协同治理机制是发挥了正向激励效应，还是负向激励效应，都是从不同侧面使地方政府在治霾过程中不想消极、不敢消极和不能消极，这种激励效果的正外部性也可以通过辐射效应调动整个治霾集团的积极性，最终达到区域内地方政府群策群力、合力治霾的良好局面。

2）信息共享机制。激励约束机制的有效运行依赖于地区之间的信息透明，信息不对称现象越严重，激励约束机制就越难分辨出奖励、补偿和惩罚的对象。信息共享机制可以分为以下三类：①与横向财政转移支付机制配套的横向监督机制。在横向财政转移支付中，作为补偿方的地方政府为了确保自己的财政支出"用在刀刃上"，总是倾向自发自愿地监督被补偿方的治霾行为，从而大力促进地区间的信息对称与透明。②公众参与机制。公众的监督作用能够最大限度地促进信息公开与共享，减少地区之间与上下级之间的信息不对称现象，因此必须建立沟通协商平台，保障公众的知情权、参与权、监督权和表达权。③垂直监管机制。通过设立由上而下的多层级权威机构，对地方政府的治霾行为进行横向监督和纵向监管，最大限度地提升信息透明度。

2. 推动企业形成绿色生产方式

企业是真正的治污主体，必须构建"企业自觉减排—发展第三方治理—培育环保产业"三管齐下的机制体系，落实企业的治霾责任，推动企业积极参与区域协同治理，在治霾过程中加快实现污染企业生产方式的绿色转变。

一是要积极引导污染企业自觉减排。"高耗能、高污染、资源型"的企业在区域协同治理中面临着巨大的经济损失，面对减排的利润流失和生产的高额产出，污染企业往往难以自发自觉地调整生产方式、利用清洁能源、减少污染排放。对待污染企业，绝不能简单粗暴地"一刀切"，也不能采取"头痛医头，脚痛医脚"的暂时性做法，只有深入推进能源价格市场化改革，不断通过排污费、价格补贴、排污权交易、污染评级等经济机制进行正确引导，才能鼓励污染企业自觉减排，倒逼淘汰落后产能，实现生产方式的绿色转变。

二是要深入推行雾霾污染第三方治理机制。第三方治理机制的作用可以分解为直接效应和间接效应。直接效应体现为增强了污染企业的治霾意愿。相比于支付罚款或者停产减产，污染企业选择第三方治理只需要承担较小的经济损失，即根据雾霾污染物种类与浓度确定的第三方治理费用。换言之，作为偏好收益和厌恶损失的理性人，污染企业将更偏好选择通过第三方治理进行专业化治霾。第三方治理机制的间接效应在于治污价格能够倒逼企业转型升级。企业污染程度越重，需要为第三方治理支付的费用就越高，作为追求利润最大化的理性企业，转变生产方式、改变能耗结构、减少污染排放成为污染企业的最优选择。

三是要大力培育节能环保产业（原毅军和耿殿贺，2010）。2013 年 9 月，国务院发布了《大气污染防治行动计划》，强调要着力把大气污染治理的政策要求有效转化为节能环保产业发展的市场需求；有效推动节能环保、新能源等战略性新兴产业发展[①]。2018 年，我国节能环保产业产值达到 6.7 万亿元，并且随着绿色低碳产业规模的不断壮大，节能环保产业已经成为雾霾污染治理的生力军[②]。如果说企业自觉减排和第三方治理重在控制和治理已经出现的雾霾污染，那么节能环保产业

---

① 国务院关于印发大气污染防治行动计划的通知[EB/OL].http：www. gov. cn/zwgk/2013-09/12/content_2486773.htm[2020-05-20].

② 2012～2016 年，全国规模以上单位工业增加值能耗、水耗分别下降 29.5%和 26.6%，再生资源回收利用量约 10.7 亿吨，规模以上工业累计节能约 7 亿吨标准煤。2017 年，风电、光伏技术装备发展迅速，发电累计装机容量约 2.7 亿千瓦，新能源汽车保有量超 170 万辆。

则是在环保技术创新开发、污染处理、废物处理等多个环节，真正实现了从源头到终端的全方位防治。

3. 推动公众和社会组织发挥监督作用

必须坚持从群众中来，到群众中去的群众路线，科学设计公众参与机制，大力增强公众的监督意识和责任意识。

一方面，增强公众和社会组织在区域协同治理中的监督意识，发挥区域协同治理的透明效应。"人视水见形，视民知治不"，蓝天是人民的蓝天，人民群众对蓝天的向往是雾霾治理的根本动力，雾霾的治理效果也需要接受人民的检验。从根本上说，人民群众呼吸的每一口空气都是对雾霾污染治理效果的检验，公众才是最能反映和监督地区治霾效果的社会成员。2017 年 12 月 26 日，全国 338 个地级及以上城市环保部门的"双微"（微博、微信公众号）全部开通，标志着覆盖国家、省、市三级的全国环保系统新媒体矩阵初步建立 ①。2018 年 1 月 23 日，环境保护部通报 2017 年共接到环保举报 60 余万件，从举报类型看，涉及雾霾污染的举报占比高达 56.7%。从举报渠道看，电话举报超 6 成，微信举报占 2 成，网上举报占 1 成，值得注意的是，微信举报同比增长近 1 倍，新媒体渠道在促进公众监督和反映民意等方面的作用正逐步增强（李欣等，2017）。对新媒体渠道的积极探索是推动公众参与治霾的重要一步，必须不断加大力度扶持社会组织等第三部门的形成，搭建政府与公众之间的沟通桥梁，拓宽和畅通民意通道，构建四通八达的互动平台，从而充分发挥人民群众的监督促进作用，减少治霾集团中的信息不对称现象，降低区域协同治理的监管成本。

另一方面，增强公众在区域协同治理中的责任意识，培养公众的主人翁意识。在中国人口密度较高的地区，许多城市已经出现了人口膨胀、交通拥堵等"大城市病"，产生了大量的交通、住房和供电供暖需求。毋庸置疑，雾霾污染对人民的日常生活和生命健康产生了严重危害，但人口集聚导致的尾气大量排放、热岛效应加剧也是雾霾污染的重要影响因素。人民是国家的主人，保卫蓝天是每一个公民的责任，每个人都要为雾霾污染区域协同治理担当责任、贡献力量。首先，必须树立公众的社会责任意识，培养公众的主人翁精神，全面推进广大学生特别是青少年的绿色教育，使节能减排、绿色出行的生活理念深入人心。其次，充分发挥人口集聚的正外部效应，大力提高公共交通分担率与资源使用效率，积极推动共享单车、共享汽车等共享经济的快速发展，增强绿色理念，营造绿色氛围，推行绿色消费，形成绿色生活方式。

---

① 全国 338 个地级及以上城市环保部门"双微"全部开通[EB/OL].http: www.sohu.com/a/213155678_114731 [2020-05-20].

4. 推动生态环境监管体制改革

通过建立自上而下的多层级权威机构以及构建常态化、长效性的垂直监管机制，实现环境执法权、监管权与治霾责任的"权责分离"（姜珂和游达明，2016），从而落实地方政府的治霾责任，遏制地方政府的消极治霾倾向，杜绝企业的违规生产行为，以期最大限度地减少雾霾污染区域协同治理中的信息不对称现象。

随着环境问题的日益突出，上至中央下至各省份都开展了严厉的环保督察工作。以中央环境保护督察为例，2015 年初至今，中央环境保护督察组已经依次启动了四批中央环境保护督察工作，累计立案处罚 2.9 万家，约谈党政领导干部 18 448 人，问责 18 199 人，督察工作成效显著，在一定程度上抑制了地方政府、企业的消极治霾行为[①]。环境保护督察的大力监管在一定程度上抑制了部分地方政府、企业的消极治霾行为，但地方政府"滥竽充数""竞次赛跑"等行为以及污染企业的违规生产排放行为都具有一定的隐蔽性，这为地方政府和企业伪装、欺瞒提供了可能。部分地方政府和污染企业宁愿承担督察风险也不愿放弃消极治霾带来的经济利益。"大搞面子工程""你来我停，你走我生产""约谈蓝"的例子屡见不鲜。2018 年 1 月 11 日，针对"2+26"个京津冀雾霾污染传输通道城市的 28 个雾霾污染防治强化督查组在检查后发现，无论是地方政府还是污染企业，在环境保护工作的开展上仍存在许多突出问题。例如，有部分企业未安装污染治理设施，废气直接排放，以及治污设施不正常运行现象仍较为突出，还有部分地区"散乱污"企业排查整顿仍然不彻底。因此，必须杜绝地方政府和污染企业"上有政策，下有对策"的排斥监督行为，推动地方政府和污染企业做到有令必行、有禁必止。一方面，需要加快生态文明监管体制改革，通过设置自上而下的多层级权威机构，建立垂直监管机制，将环境执法权和监管权从各级地方政府中剥离；另一方面，不断完善空气质量考核问责、量化问责等制度，明确各级地方政府的治霾责任。目前，仍有部分地方政府对自身的环保职责不清楚、不重视、不落实，反而认为是在替环保部门"扛活"，必须通过进一步厘清各级地方政府的环保责任，严格落实雾霾污染治理的"党政同责"和"一岗双责"。环境执法权、监管权与治霾责任的"权责分离"，是有效避免职能部门权责交叉、破除地方保护主义和促进信息透明的根本举措，能够切实保障政策法规得到严格落实。

---

① 环境保护部举行 12 月例行新闻发布会[EB/OL]. http://www.xinhuanet.com/fortune/2017-12/20/c_1122143127. htm[2020-05-20].

三、协同防控政策问题

解决协同防控政策问题是加快推进雾霾污染区域协同治理的迫切需要，是推动地方政府凝心聚力共同治霾的关键环节，是破解集体行动困境和逐底竞争困境的重要举措。为了提高协同防控政策制定的精准性和实施的协同性，必须准确识别雾霾污染的社会经济影响因素，精准制定因地制宜的协同防控政策，充分强化权威机构尤其是中央权威的顶层设计和全局规划，不断深化生态文明体制改革，加快推进监测监察执法垂直管理制度改革，将治霾责任和环境质量考核"向上落实一级"，将环境执法权和监管权"横向隔离一级"，实现区域内地方政府之间的高度协同。

1. 必须制定和实行因地制宜的协同防控政策

雾霾污染是环境问题，但本质上，雾霾污染及其治理更是经济问题，治霾需要科学施策，精准发力（石敏俊，2017a）。一方面，必须在准确识别雾霾污染社会经济影响因素的基础上，根据不同地区在雾霾污染程度、经济发展方式、社会发展水平和雾霾污染影响因素等方面的差异，精准制定因地制宜的雾霾污染协同防控政策（Hao and Liu，2016；Ma et al.，2016b；Liu et al.，2017）。另一方面，必须加强对不同城市协同防控政策的全局规划和顶层设计（邵帅等，2016），不断提高区域内治霾政策实施的协同性，加快推进雾霾污染区域协同治理，充分发挥治霾对中国转变发展方式、优化经济结构、转换增长动力的倒逼效应。

在雾霾污染的社会经济影响因素中，不同因素对雾霾的形成具有差异化影响，如城市化和工业化、人口密度、产业结构、能源结构和交通运输是雾霾污染的重要驱动因素，对外开放能明显抑制雾霾污染的形成（刘华军和裴延峰，2017）。即使是同一因素，在不同区域也会呈现出差异化影响。面对雾霾污染的多元社会经济影响，必须针对人口布局规划、产业结构升级、能源结构优化、技术创新绿色导向、节能效果有效实现、交通运输绿色管理、外商直接投资等因素，有所侧重地制定和实施"多管齐下，因地制宜"的协同防控政策。一方面，加快推进以碳排放权交易和排污权交易为代表的环境权益交易创新，大力实行环境税、碳税、资源税和排污费征收制度，适当提高"高耗能、高污染、资源型"等两高一资企业的行业准入门槛，从而有效抑制污染企业的能源消耗，加快淘汰落后产能，加速转变第二产业依赖地区的经济增长方式。另一方面，严格控制重点区域的煤炭消费总量，适当加大政府对环保产业生产减排设备和开发清洁能源的研发补贴，合理提高政府对污染企业购买减排设备的价格补贴，有效刺激企业积极开展技术创新和绿色生产（占华，2016），推动受煤炭影响较大的城市实现煤炭消费负增长，改善能源结构不合理的状况。与能源结构的去煤化改革相对应，还需要积极推进能源价格的市场化改革，通过能源市场中的供需博弈，加快改善国内能源消费结构，有效抑制能源回弹效应。雾霾污染治理并不是与经济发展无粘连的独立环节，而是推动各地区乃至中国经济由高速增长转向高质量发展的重要抓手。因此，必须针对不同的雾霾污染社会经济影响因素，制定差异化的协同防控政策，在区域内引发治霾的蝴蝶效应，加快构建转变发展方式、优化经济结构、转换增长动力的绿色倒逼机制。

2. 全面深化生态文明体制改革

治理雾霾知易行难，雾霾污染区域协同治理一方面必须通过更高层级的制度设计和统筹规划，强化权威机构尤其是中央权威的集中统一领导，促进地方政府心往一处想，劲往一处使，最大限度地形成区域治霾合力。另一方面必须深化生态文明体制改革，实现环境分权体制变革，通过构建雾霾污染治理中"集权有道、分权有序、授权有据、行权有效"的管理体系，确保区域范围内各地区统一治霾意志、增强全局意识、推动步调一致，为提高防控政策实施的协同性，提升治霾效果提供有力支撑。

首先，雾霾污染区域协同治理是一项庞大和复杂的系统工程，这不仅是全社会的责任，还必须要服从和加强国家有关权威机构的顶层设计和统筹安排。具体而言，一是要积极寻找雾霾治理和经济发展的平衡点，充分发挥治霾对高速增长转向高质量发展的倒逼效应，避免在雾霾污染治理和经济社会发展中出现"缘木求鱼"和"竭泽而渔"两种极端。二是要准确定位协同治理区域范围内不同城市的产业分工和职能定位，统筹区域内各城市的力量，推进防控政策的协同实施，推动不同城市围绕治霾这一集体目标实现功能耦合，真正下好区域一盘棋。三是要不断增强环境保护督察力度，加速推行可持续环境保护督察工作，通过"查企督政并举、以督政为主"的常态化监管模式，推动各地区明晰环保责任、明确履责方向，确保政策实施的系统性、整体性和协同性，加快形成群策群力的合力治霾局面。

其次，在环境分权体制下，中央政府难以准确掌握各级地方政府的治霾行为。随着先后四批中央环境保护督察组工作在全国 31 个省份的全面覆盖，有相当多的省份被发现存在"先上车、后补票""作选择、搞变通""讲得多、做得少""说一套、做一套"等排斥监督行为，使得地方政府的"搭便车"倾向和逐底竞争行为难以得到有效遏制。为了增强地方政府在治霾行动上的全局意识，必须不断创新传统的环境分权体制，加强中央政府对生态文明建设的总体设计、组织决策和集中统一领导，加快推进省以下环保机构监测监察执法垂直管理制度改革，持续深化生态文明体制改革。一方面，将雾霾污染治理责任和环境质量考核"向上落实一级"。将治霾效果与政绩考核牢牢挂钩，以责任和考核倒逼上级政府的治霾决心，通过治霾责任的层层压紧，形成"一级做给一级看，一级带着一级干"这种上下联动的良好局面。另一方面，将环境执法权和监管权"横向隔离一级"，实现执法部门和监管部门在政府序列中的横向分离与垂直管理，彻底破除地方保护主义，不断提高环境执法和监管的效率与质量。

第五节　本章小结

习近平指出，环境就是民生，青山就是美丽，蓝天也是幸福①。打赢蓝天保卫战，是满足人民美好期盼、建设美丽中国的重要任务，也是倒逼中国转变发展方式、优化经济结构、转换增长动力的重要途径。雾霾污染区域协同治理，是打赢蓝天保卫战的有力支撑，也是推动国家治理方式实现"历史性变革"的重要契机。肩负使命，锐意进取，中国空气质量持续向好的趋势已初步确立，美丽中国的蓝图正化为现实，但治霾是一项长期而又艰巨的任务，需要持续发力，久久为功。打赢蓝天保卫战，必须彻底解决区域性雾霾污染问题，加快实现地区之间的治霾合作由"问题倒逼"转向"意识推动"，时刻绷紧"保卫蓝天白云，守护绿水青山"的生态红线；必须不断汇聚政府的力量、科学的力量、制度的力量和民众的力量，深入推进理论创新、实践创新和制度创新，彻底突破集体行动困境和逐底竞争困境；必须大力构建"以地区联动为要义、政府为主导、企业为主体、公众和社会组织共同参与"的雾霾污染区域协同治理体系，结成最广泛的环保统一战线，加快形成"同呼吸，共奋斗"的全民共治格局。

针对雾霾污染区域协同治理中的集体行动困境和逐底竞争困境，本章给出了三个层面的破解思路。①在区域边界设定层面。一方面，建立京津冀联动区、华北平原联动区、东北联动区、长三角联动区、中三角联动区、成渝联动区、珠三角联动区、大西北联动区八大联动区。另一方面，串联起由南至北、自西向东的协同治理区域边界，加快构建起"四通八达，纵横交错"的雾霾污染区域协同治理网络。②在区域协同治理机制层面。一方面，建立健全激励约束机制、信息共享机制、企业协作机制、公众参与机制，积极推动地方政府发挥主导作用，有效刺激污染企业自觉减排，加快实现公众和社会组织多方参与。另一方面，加快生态文明监管体制

---

① 习近平：环境就是民生，青山就是美丽，蓝天也是幸福[EB/OL].http: www.mee.gov.cn/ home/ ztbd/ gzhy/ qgsthjbhdh/ qgdh_zyjh/ 201807/t20180713_446578.shtml[2020-05-20].

改革，通过设立多层级权威机构，建立自上而下的长效垂直监管机制，将环境监管权和执法权彻底从各级地方政府剥离，彻底打破地方保护主义，促进区域内信息透明。③在协同防控政策层面。一方面，加快实现雾霾污染协同防控政策对人口布局规划、产业结构升级、能源结构优化、技术创新绿色导向、节能效果有效实现、交通运输绿色管理、外商直接投资等因素"有所侧重，因地制宜"的全方位覆盖。另一方面，创新环境分权体制，将治霾责任和环境质量考核"向上落实一级"，将环境执法权和监管权"横向隔离一级"，形成"治霾责任链加长，治霾努力度加强"的良好局面。

新时代的蓝图已经展开，新征程的号角已经吹响。接下来的五年，依旧是砥砺奋进的五年，是不忘初心的五年，是牢记使命的五年。功崇惟志，业广惟勤，历史只会眷顾坚定者、奋进者、搏击者，而不会等待犹豫者、懈怠者、畏难者。站在新的历史起点上，只要把治霾责任扛在肩上，把群众期盼放在心里，以钉钉子的精神，用强有力的举措，深入贯彻落实绿色发展理念，加快推进生态文明建设，做到"心往一处想、智往一处谋、劲往一处使"，今天的中国将比以往任何时期都更有信心、更有能力夺取蓝天保卫战的胜利，建设"天蓝地绿水清"的美丽中国。

第十章　雾霾污染区域协同治理的
"逐底竞争"检验 ①

地方政府在雾霾污染区域协同治理过程中的行为选择对雾霾污染治理效果发挥着重要作用。本章将环境规制的"逐底竞争"理论拓展到雾霾污染区域协同治理中，理论分析不同政绩考核情形下地方政府在雾霾污染区域协同治理中的行为变化，并利用 2000～2016 年中国省际面板数据，构建两区制（two-regime）空间杜宾模型对中国雾霾污染区域协同治理中的"逐底竞争"行为进行实证检验。结果表明，地方政府在参与雾霾污染区域协同治理中的确存在"逐底竞争"。当政绩考核以经济利益为主要标准时，地方政府为了在晋升锦标赛中占据优势地位，会竞相放松雾霾污染治理力度，出现"逐底竞争"，尽管中央已经将环境质量纳入地方政府的政绩考核体系，但"逐底竞争"现象依然存在。稳健性检验结果表明，本章的研究结论是稳健的。

第一节　引　言

党的十九大报告指出，要着力解决突出环境问题，打赢蓝天保卫战。面对雾霾污染的严峻现实，中国出台了一系列雾霾污染治理政策并进行了诸多实践，雾霾污染治理工作取得了阶段性成效。根据环境保护部公布的数据，2017 年全国 338 个地级及以上城市 $PM_{2.5}$ 浓度同比下降 6.5%，PM_{10} 浓度同比下降 5.1%[②]。尽管当前

---

① 本章是在刘华军和彭莹发表于《资源科学》2019 年第 1 期上的《雾霾污染区域协同治理的"逐底竞争"检验》基础上修改完成的。

② 环境保护部通报 2017 年 12 月和 1-12 月重点区域和 74 个城市空气质量状况[EB/OL]. http://www.xinhuanet.com/fortune/2017-12/20/c_1122143127.htm[2020-05-20].

空气质量持续向好的大趋势已初步确立，但区域性雾霾污染问题依然严峻。2018年3月9～15日，京津冀及周边地区出现了一次长时间大范围的重污染天气过程，其中石家庄到郑州一带沿线城市的空气质量达到重度污染。面对持续时间长、影响范围广的雾霾天气，区域协同治理已经成为必然选择。协同是区域协同治理的应有之义，但这绝不意味着地方政府在治霾过程中不存在竞争。相反，地方政府的治霾行动总是伴随着激烈的竞争，良性竞争能够激发地方政府的治霾动力，而恶性竞争将会部分甚至完全抵消地区的治霾努力。根据地方政府竞争理论，在经济利益的驱动下，各地区为发展本地经济，往往会采取策略性竞争行为，通过放松治理力度来争夺企业、人力和技术等流动性要素资源。同时，由于雾霾污染具有较强的空间溢出效应，本地区的治霾努力不一定能使环境质量得到改善。经济利益驱动和空间溢出的双重效应将促使各地区以更加宽松的治霾力度为标杆，推动雾霾污染治理朝着"竞次"或"向下赛跑"的方向演变，最终导致"逐底竞争"。基于上述背景，本章要回答的问题是：地方政府在雾霾污染区域协同治理过程中是否存在"逐底竞争"？若存在，那么当政绩考核体系中经济利益比重逐步降低，环境质量考核比重逐步增加时，地方政府的"逐底竞争"行为是否发生了转变？

"逐底竞争"主要是指国家或地方政府为了自身利益而竞相放松本国或本地区环境规制标准的行为，这一理论较早来源于Esty和Dua（1997）。国内外学者围绕环境规制"逐底竞争"现象的存在性进行了一系列检验，但关于研究结论，现有研究尚未达成共识。从国外研究进展看，一部分学者支持环境规制的"逐底竞争"理论，并从实证层面找到了"逐底竞争"现象存在的证据（Woods，2006；Busse and Silberberger，2013；Chakraborty and Mukherjee，2013）。而另一部分学者却对此提出质疑，他们的实证研究并没有得到与"逐底竞争"相一致的结果，或者不完全支持"逐底竞争"理论（Fredriksson and Millimet，2002；Levinson，2003；Konisky，2007；Renard and Xiong，2012）。虽然国内研究尚处于起步阶段，但"逐底竞争"理论同样引起了许多学者的关注。已有研究通过构建环境规制策略反应函数，并借助空间自回归模型、空间杜宾模型等进行回归分析，为地方政府间存在环境规制"逐底竞争"行为提供了实证依据（朱平芳和张征宇，2010；赵霄伟，2014；李拓，2016；王艳丽和钟奥，2016）。当然，国内学者的研究也不乏支持Renard和Xiong（2012）的结论，即地方政府间存在环境规制策略性互动行为，但这种互动并非"逐底竞争"效应（杨海生等，2008；张文彬等，2010；王宇澄，2015）。

国内外学者针对环境规制"逐底竞争"理论已经进行了卓有成效的研究。然而，雾霾污染作为大气污染最为突出的表现形式，其区域协同治理是否存在"逐底竞争"，现有研究尚未涉及。本章从理论和实证两个层面探究地方政府在雾霾污染区域协同治理中的行为选择。可能的创新之处在于：一是将环境规制的"逐底竞争"理论拓展到雾霾污染区域协同治理中。近年来，雾霾污染的大范围爆发增加了环境污染治理的难度，而地方政府在雾霾污染区域协同治理过程中的行为选择是决定雾霾污染治理甚至环境治理效果的关键。由于经济利益的驱动和雾霾污染空间溢出效应的存在，地方政府在雾霾污染区域协同治理中极易出现"逐底竞争"现象。那么，在中国雾霾污染区域协同治理过程中，"逐底竞争"现象是否真正存在？当环境质量考核在政绩考核体系中所占比重逐步增加时，地方政府的"逐底竞争"行为是否发生了转变？以上问题有待深入探究。二是在不同区制下考察各地区治霾力度对邻近地区的影响。借助空间计量方法进行检验时，将假设各区制系数相同的计量模型拓展到区制系数不同的两区制空间计量模型，以体现不同区制下各地区治霾力度对邻近地区的影响差异，从而得到更符合现实的研究结论。

第二节　文献综述

地方政府间环境规制的"逐底竞争"行为受到了学界与决策层的广泛关注，具体表现在以下两个层面。

在理论分析层面，假定污染不会跨地区流动，地方政府降低环境规制水平会增加本地区经济产出，出于经济利益的考虑，其他地方政府也会有相似的反应，导致地方政府间环境规制水平不断下降，形成"逐底竞争"（Ulph，2000）。考虑污染的空间溢出性，环境污染在地区间存在负外部性，一个地区产生的污染物可能会自由流动到相邻地区，这意味着即使某一地区加强环境规制，由于其他地区污染物溢出效应的存在，本地区的环境质量也不一定会得到提升。此时，降低环境规制标准就成为地方政府的最优选择，地方政府间的这种集体非理性行为将会导致环境规制出现"逐底竞争"。

在实证研究层面，国内外学者对环境规制"逐底竞争"进行了丰富的探讨。国外研究起步较早，但关于"逐底竞争"是否存在，结论尚未统一。Porter（1999）认为只有处于快速工业化的国家才会因为贸易竞争的压力降低自己的环境标准，出现环境规制"逐底竞争"现象，而已经实施高标准的国家则不会。Wheeler（2001）考察了美国、中国、巴西和墨西哥4个国家的空气质量，并没有得到与"逐底竞争"理论相一致的实证结果。Fredriksson和Millimet（2002）借助空间自回归模型和非对称反应模型检验了州际环境规制的策略互动，发现各州政府在制定本地环境规制政策时会受相邻地区政府的影响，但这种影响并非"逐底竞争"行为，多是"标尺竞争"，而且各州之间环境规制存在不对称反应。与 Fredriksson 和 Millimet（2002）的结论相反，Woods（2006）利用 1987~1999 年美国 23 个州际层面数据，找到了"逐底竞争"的证据，研究发现当一个州的环境规制水平高于其竞争对手时，该州会调整自己的环境规制标准，当低于其竞争对手时，则会采取"按兵不动"的策略，即支持"逐底竞争"理论。Konisky（2007）对此提出了质疑，他通过构建策略反应模型进行研究，结果表明"逐底竞争"和"标尺竞争"行为均存在。Renard 和 Xiong（2012）延续 Fredriksson 和 Millimet（2002）、Konisky（2007）的研究思路，利用 2004~2009 年中国 30 个省份的面板数据，借助空间自回归模型和非对称反应模型重新检验中国区域间环境规制策略互动行为，发现争夺流动性资本导致的省际竞争引发了地方政府策略性地设置环境规制强度，即中国省份间存在环境规制的策略互动行为，但没有发现环境规制"逐底竞争"的证据。此后，Busse 和 Silberberger（2013）、Chakraborty 和 Mukherjee（2013）、Rasli 等（2018）利用跨国面板数据进行实证分析，得到了支持"逐底竞争"的证据。

梳理国内环境规制"逐底竞争"方面的文献，由于在样本数据、实证方法等方面存在差异，现有研究结论也不尽相同。叶继革和余道先（2007）通过分析中国主要工业出口行业近年来出口贸易量的变化以及不同行业的工业废水、废气和固体废弃物的排放量，发现日渐扩大的贸易活动加剧了环境污染程度，并提出避免国内出口行业出现所谓的"逐底竞争"现象的建议。此后，许多学者开始利用空间计量方法对"逐底竞争"理论进行实证检验。杨海生等（2008）检验了财政分权和基于经济增长的政绩考核体制下地区之间环境政策的竞争行为，发现中国省际地方政府的环境政策之间存在明显的相互攀比式竞争，周边省份环境投入多，本地区投入也多；周边省份环境监管弱，本地区环境监管也弱。张文彬等（2010）利用两区制空间杜宾固定效应模型对 1998~2008 年中国环境规制强度的省际竞争形态进行分析，发现 1998~2002 年环境规制的省际竞争以差别化策略为主，2004~2008 年逐步形成标尺效应。继张文彬等之后，一大批学者运用省际或城市数据，证实了中国环境规制"逐底竞争"的存在。在省际层面，王宇澄（2015）通过构建无约束的空间杜宾模型和非对称反应模型，探索地方政府间环境规制竞争的存在性，并研究竞争的表现形式。结果表明，中国地方政府间存在环境规制政策的竞争效应，表现为"逐底竞争"。王孝松等（2015）从理论和实证的角度分析是否存在地方政府以降低环境规制为手段策略性争夺外商直接投资以及地方政府环境规制"逐底竞争"的事实。考察环境规制策略性的回归模型显示，地方政府之间的环境政策博弈的确存在"逐底竞争"特征。李拓（2016）运用博弈模型分析以土地财政为目标的环境规制"逐底竞争"现象的存在性，并构建动态空间自回归模型进行实证检验。结果表明，中国存在土地财政下的环境规制"逐底竞争"现象。在城市层面，赵霄伟（2014）运用空间杜宾模型识别地方政府间环境规制竞争策略，研究发现自 2003 年落实科学发展观以来，地方政府间的环境规制"逐底竞争"不再是全局性问题，而是局部性问题。朱平芳等（2011）基于地方分权视角，理论分析并实证检验中国地级城市政府环境规制是否存在"逐底竞争"。结果表明，随着外商直接投资水平的提高，环境规制的"逐底效应"逐步显现，这些城市为吸引外商直接投资而放松环境标准的竞赛逐步升级，这种"逐底效应"在 0.75 左右的分位点处达到最高。随后，虽然外商直接投资水平继续提高，环境规制的"逐底效应"却明显弱化。

第三节　理论分析与研究假设

一、地方政府的总效用

地方政府参与雾霾污染区域协同治理，对该地区的经济和环境会产生一定影响。一方面，地方政府可能会通过提高环境税、排污费等交易费用限制高污染企业的进入。根据地方政府竞争理论，生产要素会向环境规制更宽松的地区流动，交易费用的提高会导致原本在该地区的部分外资流出，减少了本地区的资本存量。资本和劳动力往往会集聚在同一区域，已有研究表明，外资集聚会带来更多的就业机会，吸引劳动力的流入（朱平芳和张征宇，2010）。在参与雾霾污染区域协同治理的过程中，伴随外资的流出，本地区的劳动力会相应减少。作为经济活动重要的要素资源，资本和劳动要素的减少会对经济发展造成损失，治理雾霾污染付出的努力越多，经济损失越大。另一方面，雾霾污染治理需要接受人民的检验，付出一定的治霾努力能够降低雾霾污染浓度改善环境质量，而环境质量改善带来的最直接表现就是公众满意度的提高。同时，环境质量的改善也有助于吸引高素质人才，为方式转变、产业转型提供源源不断的智力支持。从环境质量改善带来的收益看，付出的治霾努力越多，环境收益就越大。借鉴 Andreoni 和 Levinson（2001）的思路，可以将地方政府的总效用表示为经济效用和环境效用的总和。

在中国经济高速增长阶段，经济利益考核在地方政府政绩考核中占据重要地位。为了在晋升锦标赛中占优，地方政府往往会选择牺牲环境保护而更加侧重于追求经济效用。此时，官员的晋升考核体系中经济效用所占比重大于环境效用。随着中国经济由高速增长阶段转向高质量发展阶段，公众的环保意识逐渐增强，对蓝天白云的向往愈发迫切。政府尤其是中央政府更加注重环境保护，提出了科学发展观、生态文明建设等发展理念。2011 年，国务院印发的《国家环境保护"十二五"规划》强调，要制定生态文明建设指标体系，纳入地方各级人民政府政绩考核，实行环境保护一票否决制。政绩考核体系由单一的经济利益考核向包含环境质量在内的多元考核方式转变。若政绩考核以环境质量为主要标准，那么晋升考核体系中环境效用所占比重将大于经济效用。

二、不同考核情形下地方政府的行为选择

1. 政绩考核以经济利益为主要标准

此时，地方政府官员的晋升概率中经济效用所占比重大于环境效用。同处于雾霾污染范围内，各地方政府将会权衡是否为雾霾污染治理而付出努力。以两期行动为例，分析地方政府在雾霾污染区域协同治理过程中的竞争行为。假定有 i 和 j 两个地区，i 和 j 地方官员都具有经济人的理性，双方就雾霾污染区域协同治理行为展开竞争，都具有两个策略：放松治霾力度和提高治霾力度。第一期，假设 i 地区的治霾力度大于 j 地区的治霾力度。对 i 地区而言，较大的治霾努力将会导致其经济损失较大。同时，由于雾霾污染具有空间外溢性，环境收益将由所有地区共享，i 地区付出的治霾努力并未得到同等的环境收益。考虑一种极端情况，若在雾霾污染空间外溢的作用下，最终 i 地区和 j 地区的雾霾浓度相同。此时，与 i 地区相比，j 地区较少的治霾努力导致其受到的经济损失更小。在政绩考核以经济利益为主要标准时，j 地区的政府官员可能会获得更大的晋升概率。第二期，为了在竞争中提升自身的晋升概率，即在晋升锦标赛中占优，i 地区势必会放松雾霾污染治理力度，即付出比第一期 j 地区更少的治霾努力。i 地区放松治霾力度又会导致 j 地区的晋升概率变小，j 地区再继续放松治霾力度……如此往复循环，i 和 j 地区不断放松治霾力度，最终导致"逐底竞争"。根据上述分析，得到假说 H1：

H1：如果政绩考核以经济利益为主要衡量标准，那么地方政府在雾霾污染区域协同治理过程中会竞相放松雾霾污染治理力度，在宽松—更宽松的攀比竞争中，参与雾霾污染区域协同治理的各地方政府将会"逐底竞争"。

2. 政绩考核标准以环境质量为主要标准

此时，地方政府官员的晋升概率中经济效用所占比重小于环境效用。同样分析两期行动中地方政府的行为选择。第一期，假设 i 地区的治霾力度小于 j 地区。由上述分析可知，j 地区受到的经济损失大于 i 地区。在环境收益方面，j 地区的治霾

努力由于雾霾污染空间外溢效应的存在也不会得到相应的收益。在空气流动的作用下，假定最终 i 地区和 j 地区的雾霾浓度相同，这意味着即使地方政府 j 付出了更多的治霾努力，但地方政府 j 的环境收益没有提高，换言之，付出更多的努力不会给本地区带来环境优势。同样地，若 j 地区的治霾努力程度小于 i 地区，在雾霾污染空间溢出的作用下，也可能出现两个地区雾霾浓度相同的情况。换言之，付出更少的努力不会导致本地区环境效用处于劣势。虽然环境质量考核可以在一定程度上提高地方政府的治霾动力，但雾霾污染的空间溢出效应不可控，即使地方政府付出较多的治霾努力，最终环境质量也不会有明显改善。既然靠环境质量在晋升锦标赛中占优无望，那么理性的地方政府会选择曲线救国策略，追求经济损失最小化，以赢得晋升优势，显然这种情况又回到了以经济利益考核为主的竞争状态，i 地区和 j 地区不断放松治霾力度，最终导致"逐底竞争"。由此得到假说 H2：

H2：如果政绩考核以环境质量为主要标准，为了在晋升锦标赛中占优，理性的地方政府由于在环境效用方面得不到优势，会竞相放松雾霾污染治理力度，使得宽松—更宽松的攀比竞争形势无法避免，参与雾霾污染区域协同治理的各地区最终也将会出现"逐底竞争"的局面。

第四节　模型与数据

一、模型设定

由于各地区在雾霾污染浓度、经济发展等方面存在不同，对于其他地方政府的治霾力度，不同地区的反应程度、作用方向可能也会存在差异。为了检验地方政府对不同的竞争者是否存在区别策略，本章选择两区制模型进行分析（张文彬等，2010）。根据上述思路，设定两区制空间杜宾模型（Elhorst and Fréret，2009）为

$$E_{it} = \rho_1 d_{it} \sum_{j=1}^{30} w_{ij} E_{jt} + \rho_2 (1-d_{it}) \sum_{j=1}^{30} w_{ij} E_{jt} + \theta \sum_{j=1}^{30} w_{ij} X_{jt} + \delta X_{it} + \alpha + \mu_i + \lambda_t + \varepsilon_{it} \quad (10\text{-}1)$$

$$d_{it} = \begin{cases} 1 & \text{如果} E_{it} > \sum_{j=1}^{30} w_{ij} E_{jt}, \quad i \neq j \\ 0 & \text{其他} \end{cases} \quad (10\text{-}2)$$

式中，$E_{it}(E_{jt})$ 为 i（j）省份 t 时期的治霾力度；w_{ij} 为空间权重矩阵 W 中处于 i 行 j 列的元素，权重矩阵 W 通过空间邻接关系设定，若省份 i 与 j 在地理上相邻，$w_{ij}=1$，否则为 0；δ 为系数；$X_{it}(X_{jt})$ 为控制变量；μ_i 为个体固定效应；λ_t 为时间固定效应；θ 为邻近地区的控制变量对本地区的影响；α 为常数项；ε_{it} 为随机误差项；d_{it} 为 0-1 虚拟变量，满足式（10-2）的假定；ρ_1 衡量本地区治霾力度大于竞争省份时的反应强度；ρ_2 衡量本地区治霾力度小于竞争省份时的反应强度。

根据 ρ_1 和 ρ_2 的符号以及显著性水平，可以将地方政府可能存在的竞争形态分为五类，分别是模仿策略、逐顶竞争、逐底竞争、差异化策略、无策略互动，见表 10-1。表 10-1 显示，当系数 ρ_1 和 ρ_2 均为正时，本地区对治霾力度较高或较低的地区均表现出模仿行为，即当周边地区治霾力度较高时，该地区跟随提高治霾力度，反之则降低治霾力度。此时，需要进一步比较 ρ_1 和 ρ_2 的相对大小，若 ρ_1 大于 ρ_2，意味着治霾力度较小的竞争省份对该地区的影响更大，若 ρ_1 小于 ρ_2，则治霾力度较大的竞争省份对该地区的影响更大。逐顶竞争意味着当其他地区的治霾力度较大时，该地区采取跟随策略提高治霾力度，或者当其他地区治霾力度较小时，该地区采取差异化策略或者无策略互动。逐底竞争意味着当其他地区的治霾力度较小时，该地区也会放松治霾力度，或者当其他地区治霾力度较大时，该地区采取差异化策略或者无策略互动。差异化策略 A 表示当其他地区治霾力度较大时，该地区降低治霾力度，或者当其他地区治霾力度较小时，该地区提高治霾力度，是一种完全差异化的竞争行为。差异化策略 B 表示当其他地区治霾力度较大时，该地区降低治霾力度，反之则无明显的策略互动。差异化策略 C 表示当其他地区治霾力度较小时，该地区提高治霾力度，反之则无明显的策略互动。无策略互动行为表示该地区的治霾力度不受其他地区治霾力度的影响。

表 10-1　空间回归系数的可能结果及其解释

ρ_1/ρ_2	正	负	不显著
正	模仿策略	逐底竞争	逐底竞争
负	逐顶竞争	差异化策略 A	差异化策略 C
不显著	逐顶竞争	差异化策略 B	无策略互动

资料来源：张文彬等（2010）

二、变量选择与样本数据

1. 变量选择

本章以治霾力度为被解释变量，其余控制变量分别为雾霾浓度、经济发展和产业结构。

1）治霾力度（hg）。治霾力度反映了地方政府在雾霾污染治理过程中的努力程度，以治理废气项目完成投资占工业污染治理完成投资的比重作为治霾力度的代理变量。

2）雾霾浓度（haze）。由于 $PM_{2.5}$ 为雾霾污染的主要构成来源，以 $PM_{2.5}$ 浓度作为雾霾浓度的代理变量。

3）经济发展（pgdp）。衡量地区经济发展水平的指标主要有 GDP 总量、GDP 增长率、人均 GDP。人均 GDP 是居民收入的主要物质基础，其考虑了人口因素对经济发展的影响，客观地反映了各地区的经济发展水平。因此，以人均 GDP 作为经济发展的代理变量。其中，所用人口数为前一年与后一年年末人口数的算术平均值。为了消除价格因素的影响，GDP 的测算以 2000 年为基期。

4）产业结构（indu）。以第二产业增加值占 GDP 的比重作为产业结构的代理变量。

2. 样本数据

本章以 2000～2016 年中国 30 个省份（西藏、香港、澳门、台湾除外）为样本数据进行实证研究。其中，雾霾浓度数据以美国哥伦比亚大学社会经济数据和应用中心公布的、卫星监测的全球 $PM_{2.5}$ 浓度年均值的栅格数据为基础，并将其解析为中国省域 $PM_{2.5}$ 浓度的具体数值（van Donkelaar et al.，2016）。除雾霾浓度数据外，其余变量相关数据均来源于历年国家统计局数据库、《中国统计年鉴》以及《中国环境年鉴》。为了保证数据的可靠性与平稳性，$PM_{2.5}$ 浓度数据为原始数据的三年滑动平均值。同样地，其他变量数据也作三年滑动平均处理。

第五节　实证检验

一、雾霾污染的空间溢出效应

本章采用探索性数据分析中的全域空间相关性指数对雾霾污染的空间溢出效应进行检验。表 10-2 列出了 2000～2016 年中国 $PM_{2.5}$ 浓度的 Moran's I 及相关统计检验。可以发现，整个样本考察期内，$PM_{2.5}$ 浓度的 Moran's I 均为正，且通过了 1%的显著性检验，说明中国雾霾污染存在较明显的正向空间相关性，即对于 $PM_{2.5}$

浓度较高的地区而言，其周围的邻居往往也是PM$_{2.5}$浓度相对较高的地区。从数值上看，Moran's I从2000年的0.344上升到2016年的0.500。从整体来看，中国雾霾污染具有显著的空间相关性和空间溢出效应，且随着时间的推移，空间溢出效应逐渐增强。

表10-2　2000～2016年中国PM$_{2.5}$浓度的Moran's I及相关统计指标

年份	Moran's I	E（I）	sd（I）	Z	P值
2000	0.344	−0.034	0.124	3.052	0.001
2001	0.378	−0.034	0.124	3.335	0.000
2002	0.436	−0.034	0.124	3.803	0.000
2003	0.478	−0.034	0.123	4.164	0.000
2004	0.480	−0.034	0.123	4.180	0.000
2005	0.479	−0.034	0.123	4.183	0.000
2006	0.477	−0.034	0.122	4.187	0.000
2007	0.493	−0.034	0.122	4.337	0.000
2008	0.498	−0.034	0.121	4.382	0.000
2009	0.481	−0.034	0.122	4.240	0.000
2010	0.461	−0.034	0.122	4.050	0.000
2011	0.478	−0.034	0.122	4.193	0.000
2012	0.487	−0.034	0.123	4.251	0.000
2013	0.506	−0.034	0.122	4.423	0.000
2014	0.487	−0.034	0.122	4.277	0.000
2015	0.496	−0.034	0.122	4.346	0.000
2016	0.500	−0.034	0.122	4.371	0.000

　　为了直观地展现各省份治霾力度与雾霾浓度的关系，以2000年、2005年、2010年、2016年为例，将中国30个省份的治霾力度与雾霾浓度数据作散点分布，结果如图10-1所示。可以发现，2000年，治霾力度与雾霾浓度整体呈负相关趋势，说明大部分省份处于雾霾浓度较高但治霾力度较小的状态。2005年，治霾力度与雾霾浓度的相关关系由负转正。尤其2010年之后，通过趋势线可以判断，中国的治霾力度与雾霾浓度整体上呈正相关关系，这意味着雾霾污染浓度相对较高的省份已经开始制定相关措施积极参与雾霾污染区域协同治理。不可否认的是，2016年，部分雾霾污染较为严重省份的治霾力度仍然较低。通过图10-1可以对治霾力度和雾霾浓度的关系有了一个初步了解，但这只是从整体上得到两者变化的大致趋势，究竟地方政府在雾霾污染区域协同治理过程中是否存在"逐底竞争"行为，还需要通过实证进一步检验。

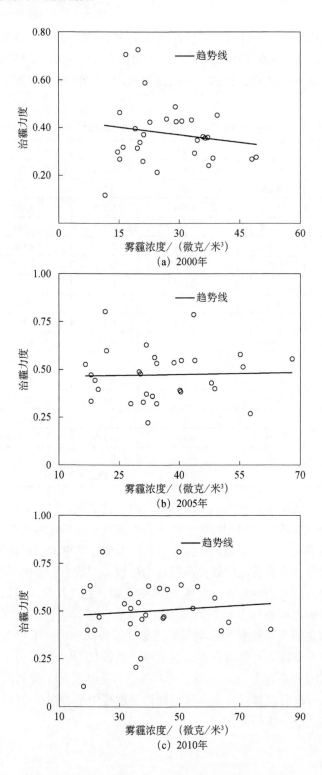

(a) 2000年

(b) 2005年

(c) 2010年

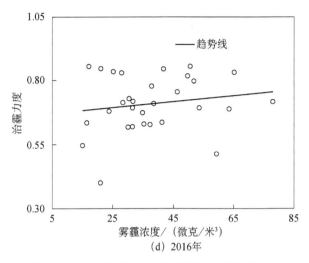

图 10-1　各省份治霾力度与雾霾浓度的关系对比

二、实证结果分析

考虑到近年来中央对环境保护的意识逐渐增强，如 2011 年国务院印发的《国家环境保护"十二五"规划》中特别指出，要制定生态文明建设指标体系，纳入地方各级人民政府政绩考核，实行环境保护一票否决制。这一决定对于加强环境保护和转变政绩考核体系具有重要意义。为了便于分析，本章以 2011 年为界将全样本分为两个阶段：2000～2010 年为第一阶段，假定此时地方政府政绩考核以经济利益为主要标准；2011～2016 年为第二阶段，假定此时地方政府政绩考核以环境质量标准为主，如此与第三节的假说 H1、假说 H2 相对应，以便考察政绩考核体系转变前后地方政府在雾霾污染区域协同治理中的行为变化情况，检验理论假说是否成立。

表 10-3 列出了两区制空间计量模型的回归结果。整个样本考察期内，ρ_1 和 ρ_2 均为正值，且 ρ_1 通过了 1%的显著性检验，表明 2000～2016 年当周围地区放松治霾力度时，本地区也会采取跟随策略，放松治霾力度，证明了"逐底竞争"在中国雾霾污染区域协同治理过程中的存在性。具体考察每个阶段地方政府行为的变化情况，当样本考察期为 2000～2010 年时，ρ_1 显著为正，ρ_2 不显著，这一结果意味着在以经济利益考核为主的时期，各地方政府之间在雾霾污染治理方面存在"逐底竞争"倾向，验证了假说 H1。为了在晋升锦标赛中占据优势地位，理性的地方政府会竞相选择放松雾霾污染治理力度、减少本地经济损失的行为，出现"逐底竞争"现象。与 2011 年之前相比，随着政绩考核体系中环境质量所占比重逐渐增加，

2011～2016 年地方政府在雾霾污染治理策略的竞争行为选择上较之前有所弱化。但 ρ_1 和 ρ_2 均显著为正，说明地方政府之间存在明显的模仿效应。由于 ρ_1 大于 ρ_2，此时治霾力度较小的竞争省份对本地区的影响更大，意味着地方政府在进行治霾政策制定时会更多地参考原本弱于自己的相邻省份的治霾策略变化，证明了"逐底竞争"的存在，验证了假说 H2。除此之外，本地政府针对自身的雾霾污染浓度会付出较大的努力，然而一旦涉及其他地区对本地区的溢出效应，在治霾努力可能无法获得相应回报以及"搭便车"动机的驱使下，地方政府会采取消极态度，放松雾霾污染治理力度。地区的经济发展水平和产业结构也会对治霾力度产生一定影响。经济发展水平较高的地区资金相对充足，付出较多的成本治理雾霾污染可能不会影响本地政府在政绩考核中的相对地位，因此其治霾力度较大。第二产业对 GDP 的贡献越大，意味着工业生产排放的污染越多，相应地治理投入力度也就越大。

表 10-3　两区制空间计量模型回归结果

变量	全样本	2000～2010 年	2011～2016 年
dum	0.163***	0.145***	0.144***
	(21.390)	(13.686)	(13.641)
haze	0.005***	0.002	0.010**
	(3.053)	(1.092)	(2.290)
pgdp	−0.002	0.055**	0.033
	(−0.170)	(2.522)	(1.312)
indu	0.138	0.368*	0.055
	(1.212)	(1.874)	(0.200)
$W×$haze	−0.004	−0.002	−0.016
	(−1.593)	(−0.745)	(−2.378)
$W×$pgdp	0.103***	0.091***	−0.074**
	(5.881)	(2.582)	(−1.571)
$W×$indu	1.299***	0.796**	0.821
	(5.884)	(2.086)	(1.392)
ρ_1	0.379***	0.298***	0.389***
	(5.263)	(3.248)	(3.176)
ρ_2	0.116	0.095	0.249**
	(1.537)	(0.893)	(2.035)
R^2	0.835	0.828	0.885
Log likelihood	640.266	442.969	279.627
Obs.	510	330	180

*、**、***分别表示在10%、5%、1%的水平下显著，括号内为 t 统计值

　　虽然中央政府已经将生态文明建设纳入地方政府政绩考核，且先后开展了一系列环境保护督察工作，希望以此推动雾霾污染治理工作的有效开展。然而，政绩

考核体系的转变尚未完全激发出地方政府的治霾动力,环境保护督察的结果也剑指地方政府环保"工作不力",主要体现在以下三个方面:一是存在污染防治不作为、乱作为、不担当现象。环境污染事关人民群众的生活质量,中央三令五申要求加强环境保护,但仍有"一些领导干部存在不愿管、不会管的问题""喊得多做得少,有的甚至说一套做一套",对雾霾污染防治行动措施推进落实不够,放纵超标排污企业生产,甚至为违法企业出具虚假证明①。如果任由地方政府的这种行为持续下去,雾霾污染区域协同治理工作将不进反退。二是将环境问题归咎于客观原因。雾霾污染的空间溢出效应导致部分地区的官员在认知上将环境问题归咎于客观原因,谈及雾霾污染就强调区域外来输入。理性的地方政府都是偏好收益而厌恶损失的,基于雾霾污染的公共品属性和空间溢出效应,地方政府总是希望治霾集团中的其他成员承担全部治霾成本,而自己可以通过"搭便车"享受无偿收益,这种"不劳而获"的"搭便车"倾向成为地方政府的普遍心态。三是重发展、轻保护的思想没有完全转变。一些地方官员仍然认为经济发展是硬任务,环境保护是软指标,因此在工作中一手硬,一手软。例如,部分企业利润高、赚钱快,是当地经济增长的重要来源,在经济利益的驱使下,地方政府部门宁愿违规违法也要帮企业弄虚作假上项目②。环境保护督察暴露出的这些问题在一定程度上反映了地方政府在雾霾污染区域协同治理中的行为倾向,虽然中央已经将环境质量纳入考核体系,但各地区不作为、乱作为现象依然常见。此外,雾霾污染空间溢出效应是不可控的,若重发展、轻保护的观念再尚未完全转变,牺牲环境发展经济就成为地方政府的首选,如果这种行为具有普遍性,那么参与雾霾污染区域协同治理的地方政府最终将导致"逐底竞争"。

三、稳健性检验

为了确保研究结论的稳健性,本章利用经济距离权重进行了稳健性检验。其中,经济距离权重的设定主要依据为计算样本考察期内各地区实际 GDP 占所有地区实际 GDP 的比重,并以此代表该地区经济发展水平的高低,具体如式(10-3)所示。

$$W = W_d \mathrm{diag}(\overline{Y}_1 / \overline{Y}, \overline{Y}_2 / \overline{Y}, \cdots, \overline{Y}_{30} / \overline{Y}) \tag{10-3}$$

式中,W_d 为地理距离空间权重矩阵,构建方法为,将两两省会城市之间的距离进行平方,再取倒数;diag 为对角矩阵,对角矩阵中的 $\overline{Y}_i$(i=1, 2, $\cdots$, 30)为样本

① 第三批中央环保督察反馈结束 直击地方环保顽疾[EB/OL].http://www.gov.cn/hudong/2017-08/06/content_5216202.htm[2020-05-20].

② 严!准!狠!这些省份被中央环保督察组点名了![EB/OL].http://m.news.cctv.com/2018/01/07/ARTI4nUC6PXDd7i0HHgyP8bF180107.shtml[2020-05-20].

考察期内 i 省份经济发展水平的平均值；$\bar{Y}$ 为样本考察期内所有省份经济发展水平的平均值。

表 10-4 列出了稳健性检验结果。可以发现，整个样本考察期内，当周围地区放松治霾力度时，本地区也会采取跟随策略，放松治霾力度，即中国雾霾污染区域协同治理过程中存在"逐底竞争"。具体到不同政绩考核情形下的地方政府行为，无论政绩考核以经济利益考核为主要标准，还是以环境质量为主要标准，地方政府均存在"逐底竞争"，上述结果表明本章的研究结论是稳健的。

表 10-4　稳健性检验结果

变量	全样本	2000~2010 年	2011~2016 年
dum	0.174***	0.152***	0.147***
	(24.681)	(17.563)	(13.143)
haze	0.001	0.001	0.002
	(1.077)	(0.981)	(0.688)
pgdp	−0.015	0.056***	0.008
	(−1.515)	(2.730)	(0.324)
indu	0.067	0.594**	0.349
	(0.608)	(3.284)	(1.175)
$W\times$haze	0.005	−0.007	−0.006
	(1.590)	(−1.632)	(−0.767)
$W\times$pgdp	0.073**	0.339***	−0.107
	(2.235)	(4.157)	(−1.567)
$W\times$indu	0.803**	2.339***	1.593
	(2.0525)	(3.049)	(1.629)
ρ_1	0.541***	0.293**	0.593***
	(5.909)	(2.273)	(3.346)
ρ_2	0.197**	−0.112	−0.087
	(2.226)	(−0.811)	(−0.512)
R^2	0.848	0.860	0.885
Log likelihood	660.515	478.842	280.983
Obs.	510	330	180

*、**、***分别表示在 10%、5%、1%的水平下显著，括号内为 t 统计值

第六节　本章小结

地方政府环境规制竞争的相关研究层出不穷，但现有研究尚未涉及关于中国

雾霾污染治理的区域间策略互动行为。本章将环境规制的"逐底竞争"理论拓展应用于雾霾污染区域协同治理中，基于2000～2016年中国省际数据，理论分析政绩考核体系转变前后中国雾霾污染区域协同治理中"逐底竞争"现象的存在性，并运用两区制空间杜宾模型对上述假说进行实证检验。研究发现，参与雾霾污染区域协同治理的各地方政府存在"逐底竞争"现象。当政绩考核标准以经济利益为主时，地方政府为了在晋升锦标赛中占优，会竞相放松雾霾污染治理力度，出现"逐底竞争"；即使政绩考核体系中环境质量所占比重逐渐增大，地方政府依然会出现不作为、乱作为现象，"逐底竞争"现象依然存在。稳健性检验结果表明，本章的研究结论是稳健的。

　　治霾是一场硬仗。打赢蓝天保卫战，关键取决于雾霾污染区域协同治理的有效开展，而地方政府的"逐底竞争"已成为阻碍协同治霾有效开展的绊脚石。为有效遏制地方政府的"逐底竞争"行为，本章从三个方面提出如下政策建议。一是强化中央权威，加强顶层设计和统筹谋划。治霾是一项庞大而复杂的系统工程，涉及结构优化、方式转变、技术创新等多维因素，必须坚持中央权威和集中统一领导，加强权威机构对生态文明建设的总体设计、组织领导、决策与监管功能。必须统筹协调雾霾污染治理与经济发展之间的关系，加快转方式、调结构，实现发展模式的绿色转型。二是健全各种体制机制，激发区域内地方政府的治霾动力。建立由奖励机制、补偿机制、惩罚机制等多种机制构成的有机系统，消弭地方政府的"搭便车"动机，推动"逐底竞争"向"逐顶竞争"转变。例如，通过提高地区的治霾收益，弥补地方政府被雾霾污染溢出效应所抵消的成本支出，调动地区的治霾积极性。在政绩考核体系中更加侧重环境质量、公众满意度等方面的内容，将环保绩效考核优秀的地区或个人树立为榜样并给予奖励，对不作为、乱作为的官员或者环保绩效考核成绩不合格的党政领导干部做出处罚。三是从全局意识出发，形成铁腕治霾合力。各地方政府必须统一治霾意志，推动步调一致，将"逐底竞争"势力转化为铁腕治霾合力，在雾霾污染治理问题上结成命运共同体，形成"一荣俱荣、一损俱损"的局面。地区内部也要汇集各方力量，加快构建"以政府为主导、企业为主体、社会和公众共同参与"的雾霾污染区域协同治理体系，为生态文明建设添砖加瓦。

第三篇　全球雾霾污染

第十一章　中美雾霾污染的空间交互影响 [①]

　　雾霾污染的跨界传输已成为一个全球性问题，合作治理是唯一解决之道。中国的雾霾污染令人担忧，美国的空气质量远优于中国，而两个国家都是全球大气系统的重要组成部分，准确识别中美雾霾污染的空间交互影响可以为两国在雾霾污染治理领域开展双边合作提供科学依据。本章以 $PM_{2.5}$ 浓度衡量雾霾污染程度，在信息流视角下，首次采用一种高级非参数因果推断技术——收敛交叉映射（convergent cross mapping，CCM）方法，从国家和城市两个层面识别中美雾霾污染的空间交互影响。研究发现，中美两国的雾霾污染是空间交互的。其中，在国家层面，在收敛交叉映射因果检验基础上的广义同步检验表明，在 1%显著性水平上，雾霾污染仅存在由美国指向中国的单向因果关系。在城市层面，中美两国 10 个样本城市之间理论上共存在 50 个可能的因果关系。研究发现，在 1%显著性水平上，美国城市指向中国城市的因果关系有 12 个，而中国城市指向美国城市的因果关系仅有 5 个。在影响强度上，美国城市的雾霾污染对中国城市的影响强度高于中国城市的雾霾污染对美国城市的影响强度，如重庆的雾霾污染对华盛顿的影响强度为 0.21，而华盛顿的雾霾污染对重庆的影响强度为 0.35。本章在学术上丰富了中美雾霾污染空间交互影响的研究，有助于加深对雾霾污染跨国影响的认识。面对雾霾污染的空间交互影响，中国和美国应求同存异，通过积极开展联合科学研究、技术转让和建立雾霾污染防治基金，加强雾霾污染治理领域的合作。一旦中美两国成功建立起雾霾污染的双边合作治理体系，必将吸引越来越多的国家参与进来共同行动，雾霾污染全球治理体系的构建将非常值得期待。

[①]　本章是在刘华军、王耀辉、雷名雨、杨骞撰写的《中美大气污染的空间交互影响——来自国家和城市层面 $PM_{2.5}$ 的经验证据》基础上修改完成的。

第一节 引 言

　　同在一片蓝天下，人类同呼吸，共命运。面对全球性雾霾污染，世界上没有任何一个国家和地区可以独善其身。作为世界上最大的发展中国家和发达国家，中国和美国都是构成全球雾霾污染系统的重要组成部分，而中美雾霾污染的空间交互影响也一直是科学研究的热点问题（Wang et al.，2009；Randel，2010；Yu et al.，2012）。一个基本的事实是，中国是世界上空气质量最差的国家之一，而美国的空气质量远优于中国。因此，一种流行的观点是，在空气动力学影响下，中国的雾霾污染会影响美国（Jaffe et al.，1999；Wuebbles et al.，2007；Ngo et al.，2018a，2018b）。当然，作为世界上两个最大的经济体，中美雾霾污染的空间交互影响不仅是一个学术热点，近年来也逐渐成为一个新的政治问题。在 2018 年召开的 G20 峰会上，美国总统特朗普在接受"美国之音"的采访时强调，美国的空气是"绝对干净"的，但中国和其他国家的"脏空气"会飘到美国①。应该说，特朗普能够站在国际视角和全球高度看待雾霾污染是值得赞扬的，然而，无论是从历史责任看，还是从现实情况看，将美国的空气污染归咎于中国则是非常不负责任，也是毫无根据的，因为他仅看到了中国的雾霾污染对美国的影响，而忽略了美国的雾霾污染对中国的影响。诚然，在空气动力学的作用下，当中国处于上风向，美国处于下风向时，中国的空气污染物必然会在大气环流的驱动下飘到美国。然而，必须注意一个基本的常识，即风并不总是朝一个方向吹，风向是有自身变化规律的，且风向的变化不以人的意志为转移。尽管特朗普说美国的空气绝对干净，但这也并不意味着美国的空气中没有污染物。一旦美国处于上风向，中国处于下风向时，美国的空气污染物自然而然地也将飘到中国。更进一步地，即使没有大气环流的影响，国际贸易等经济活动也会推动空气污染物的跨界传输（Lin et al.，2014；Zhang et al.，2017）。因此，必须要准确识别中美雾霾污染的空间交互影响，其不仅可以加深我们对雾霾污染空间交互影响的认识，还可以为中美两国在雾霾污染联合治理领域开展双边合作提供科学基础。

　　理论研究表明，雾霾污染的空间交互影响主要有两种驱动机制，即自然因素驱动机制和社会经济因素驱动机制（Jaffe et al.，1999；Cooper et al.，2010；Zhang et al.，2017）。有关雾霾污染的空间交互影响的经验研究主要从物质流（material flow）和

---

　　① VOA Interview with U.S. President Trump[EB/OL]. https://www.voazimbabwe.com/a/voa-interview-with-us-president-donald-trump/4681988.html[2020-08-15].

信息流（information flow）两类视角开展。在物质流视角下，研究者通常采用 ACE-FTS、GEOS-Chem、CAMx、WRF-Chem、EMAC、PDM 等多样化的空气质量模型对空气污染物在邻近地区甚至洲际之间的物质传输过程进行仿真模拟（Cooper et al.，2010；Randel et al.，2010；Lin et al.，2014；Liu et al.，2016；Li et al.，2017；Lelieveld et al.，2018；薛文博等，2014），这为雾霾污染的跨界传输提供了强有力的物理学证据。然而，受模型和方法的限制，空气质量模型仅能模拟自然因素对雾霾污染跨界传输的影响，且空气质量模型在模拟空气污染物跨界传输时，必须要借助复杂的模型和大量参数（如风向、风向角和混合层高度等），考虑到这些参数的获取需要投入大量物力和人力，因此利用空气质量模型很难以低成本的方式考察雾霾污染的空间交互影响。在信息流视角下，雾霾污染数据包含雾霾污染程度和雾霾污染影响因素的全部信息（Liu et al.，2018；李维和蒋明，2015）。随着空气质量监测技术的快速发展，地面监测站点和监测范围也在不断增加和扩大，雾霾污染监测数据的可得性大大提高，这为我们单纯利用监测数据考察中美雾霾污染的空间交互影响提供了便利。大量经验研究从信息流视角实证考察了雾霾污染的空间交互影响，早期的研究主要采用相关系数或空间相关系数考察雾霾污染的空间相关性和空间依赖程度（Li et al.，2018；Yan et al.，2018；Zhou et al.，2018；刘华军和杜广杰，2016）。然而，相关并不等于因果（Berkeley，1970），单纯依靠相关分析无法判断不同地区雾霾污染之间是否存在因果关系，更无法识别雾霾污染的空间交互影响方向。为了克服相关分析的局限，研究者转而采用因果推断来识别交互影响。作为因果检验的主流分析方法，近年来，格兰杰因果检验在雾霾污染的空间交互影响研究中逐渐得到应用（Xiao et al.，2017；Jiang and Bai，2018；Liu et al.，2018；Zheng et al.，2018；刘华军和刘传明，2016；刘华军等，2017；刘华军和杜广杰，2018）。格兰杰因果检验适用于强耦合变量，但随着研究范围和样本之间地理距离的不断扩大，雾霾污染之间的耦合程度随之降低，此时格兰杰因果检验方法不再适用。需要指出的是，空气质量模型和格兰杰因果检验都是模型驱动方法，然而，自然系统中的变量并非简单地关联在一起，试图通过方程为自然系统建模是荒唐的（Popkin，2015；Ye et al.，2015）。因此，从信息流视角出发识别雾霾污染的全球交互影响仍有赖于更加科学的研究方法。

　　基于信息流视角，本章将 Sugihara 等（2012）提出的收敛交叉映射因果推断技术与 Ye 等（2015）提出的广义同步检验相结合，利用 $PM_{2.5}$ 监测数据从国家和城市两个层面识别中美雾霾污染的空间交互影响。与已有研究相比，本章的边际学术贡献主要体现在以下几个方面：第一，以 $PM_{2.5}$ 为代理变量考察中美雾霾污染的空间交互影响。$PM_{2.5}$ 作为雾霾污染最主要的组成部分，极易扩散和远距离传输。然而，已有文献考察的重点多放在臭氧、氨气和其他空气污染物上（Jaffe et al.，

1999；Cooper et al.，2010；Verstraeten et al.，2015；Oita et al.，2016），鲜有文献考察 PM$_{2.5}$ 的空间交互影响。第二，采用数据驱动的因果推断方法，考察中美雾霾污染的空间交互影响。不论是物质流中的空气质量模型，还是信息流下的格兰杰因果推断技术，它们都是模型驱动的，而收敛交叉映射作为一种数据驱动的高级非参数方法可以避免模型驱动方法中模型设定等固有问题。第三，在充分考虑雾霾污染的非线性与弱耦合特征的基础上，首次将 Sugihara 等（2012）提出的收敛交叉映射因果推断技术和 Ye 等（2015）提出的广义同步检验相结合，能够从广义同步现象中识别出真正的因果关系，并将其应用于识别中美雾霾污染的空间交互影响。

第二节　方法与数据

信息流视角认为，如果地区 X 的雾霾污染影响地区 Y 的雾霾污染，那么地区 Y 的雾霾污染将包含地区 X 雾霾污染的所有信息。本章在充分考虑雾霾污染弱耦合和非线性特征的基础上，应用收敛交叉映射和拓展收敛交叉映射方法，在因果推断的基础上考察中美雾霾污染的空间交互影响。下面简要介绍收敛交叉映射的基本思想和方法步骤，并对样本选择与数据获取来源做出详细说明。

一、收敛交叉映射因果推断技术

现实世界几乎都是非线性的（Sugihara and May，1990），非线性系统中的变量具有不可分离性，且呈现出不稳定相关和弱耦合特征，如何通过可靠的因果推断技术准确探究弱耦合时间序列之间的因果关系成为诸多科学领域面临的共同挑战（Ma et al.，2018；Roy and Jantzen，2018）。对此，Sugihara 等（2012）从非线性动力学视角出发，基于嵌入理论（embedding theory）（Takens，1981）和状态空间重建（state space reconstruction，SSR）技术，提出了收敛交叉映射方法，成功实现了因果推断技术从模型驱动向数据驱动的转变（Sugihara et al.，2012），为识别非线性弱耦合变量之间的因果关系提供了新的思路。

根据嵌入理论，在非线性动力学系统中，时间序列变量包含了该系统的全部信息。如果两个变量 X 和 Y 是动态耦合的，那么在拓扑学性质上，它们将在 e 维空间上共享吸引子流形（attractor manifold）M。在状态空间重建技术的支持下，利用

X 和 Y 的滞后坐标可以重建流形 M_X 与 M_Y（Dixon et al.，1999；Deyle and Sugihara，2011），它们也被称为影子流形（shadow manifold）。如果变量 X 与 Y 同属一个动力学系统，则影子流形 M_X、M_Y 与吸引子流形 M 就是微分同胚的。换言之，M_X 上附近的点与 M_Y 上附近的点在时间上是一一对应的。因此，识别 X 与 Y 之间的因果关系，实际上就是确定 M_X 与 M_Y 在时间维度上对应的精确程度（图11-1）。

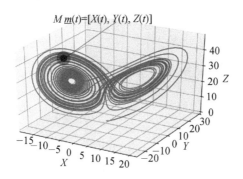

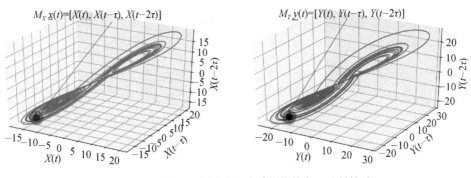

图 11-1 影子流形之间对应关系的收敛交叉映射检验

依据标准的洛伦兹系统构建

1. 收敛交叉映射的核心算法

考虑两个时期长度为 L[①] 的时间序列 X 与 Y，表示为式（11-1）和式（11-2）：

$$\{X\} = \{X(1), X(2), X(3), \cdots, X(L)\} \tag{11-1}$$

$$\{Y\} = \{Y(1), Y(2), Y(3), \cdots, Y(L)\} \tag{11-2}$$

利用时间滞后（time lag）τ 和嵌入维度（embedding dimension）e，生成 X 与 Y 的滞后坐标向量，重建影子流形 M_X 与 M_Y，分别如式（11-3）和式（11-4）所示：

$$M_X : \underline{x}(t) = < X(t), X(t-\tau), X(t-2\tau), \cdots, X(t-(e-1)\tau) > \tag{11-3}$$

$$M_Y : \underline{y}(t) = < Y(t), Y(t-\tau), Y(t-2\tau), \cdots, Y(t-(e-1)\tau) > \tag{11-4}$$

---

① L 代表由时间序列观测值组成的数据库的长度，即 library length。

下面以识别"变量 X 是否是变量 Y 的原因"为例，具体阐述收敛交叉映射因果推断技术的核心算法。对于变量 Y 的影子流形 M_Y 而言，通过在 M_Y 上找到同时期的滞后坐标向量 y（t）以及距离它最近的 $e+1$ 个点，用这些点构造权重 w_i，并利用该权重对 $e+1$ 个 X 的真实值进行局部加权平均，进而创建一个 X（t）的交叉映射估计，表示为 $\hat{X}(t)|M_Y$，其计算如式（11-5）所示：

$$\hat{X}(t)|M_Y = \sum w_i X(t_i) \quad i=1,2,\cdots,e+1 \qquad (11\text{-}5)$$

式中，w_i 表示 y（t）与它在 M_Y 上的第 i（$i \in [1, e+1]$）个邻近点之间的距离；X（t_i）表示时间序列 X（t）的第 i 个真实值。权重 w_i 的计算如式（11-6）所示，d [y（t），y（s）] 表示两个变量之间的欧氏 u_j 距离。

$$w_i = \sum u_j \quad j=1,2,\cdots,e+1 \qquad (11\text{-}6)$$

$$u_i = \exp\left\{-\frac{d\left[\underline{y(t)},\underline{y(t_i)}\right]}{d\left[\underline{y(t)},\underline{y(t_1)}\right]}\right\} \qquad (11\text{-}7)$$

变量 X 交叉映射的估计值与真实值的一致程度决定了 Y 对 X 的预测能力。这一预测能力通过计算真实值与估计值之间的 Pearson 相关系数来量化，该相关系数也称为收敛交叉映射相关系数，用符号 ρ 表示（Sugihara et al.，2012）。具体计算如下：

$$\rho\text{CCM}_{X\hat{X}_t} = \rho\left[X(t),\hat{X}(t)|M_Y\right] \qquad (11\text{-}8)$$

如果 X 是 Y 的原因，那么随着 L 的不断增加，交叉映射的 $\hat{X}(t)|M_Y$ 将会逐渐收敛于真实值，即 $\hat{X}(t)|M_Y$ 对 X（t）的预测能力将会不断增强，直至收敛于某一峰值，该峰值是衡量变量之间因果关系强度的重要指标（Tsonis et al.，2015；van Nes et al.，2015）。在实证检验中，可以通过统计学中的显著性检验确定相关系数 ρ 是否显著大于零，同时考察预测能力是否会随着 L 的增加呈现明显的增强趋势。对此，相关学者提出了多空间收敛交叉映射方法，该方法融合了收敛交叉映射方法与 bootstrap 技术（Hsieh et al.，2008），为检验收敛交叉映射相关系数的显著性提供了有效途径（Clark et al.，2015）。通过多次迭代，可以重复计算收敛交叉映射相关系数，并通过比较最长 L 与最短 L 的 ρ 值大小，对收敛交叉映射相关系数做出统计检验。收敛交叉映射相关系数显著性的计算公式如下：

$$\text{Pro.} = \frac{N-M}{N} \qquad (11\text{-}9)$$

式中，N 为迭代次数；M 为收敛交叉映射相关系数 ρ 在最长 L 处大于最短 L 处的次数；Pro.为"X 不是 Y 的因（$X \nRightarrow Y$）"的概率。迭代次数越多，显著性检验的精度越高，运算时间越长，实证研究中迭代次数通常在 100 次以上（Clark et al.，2015）。

2. 广义同步检验

作为一种高级非参数因果推断技术，收敛交叉映射已经成功应用于生态学、生物学和地理学等领域（Clark et al.，2015；Tsonis et al.，2015；van Nes et al.，2015；Yao，2017；Ushio et al.，2018）。然而，在受到广义同步现象影响时，收敛交叉映射也可能会将单向因果识别为双向因果。例如，当 "X 是 Y 的因（$X \Rightarrow Y$），但 Y 不是 X 的因（$Y \nRightarrow X$）" 时，虽然 Y 对 X 没有影响，但由于广义同步现象的存在，X 对 Y 存在一种非常强烈的单向因果，以至于 Y 的变化完全由 X 主导，此时收敛交叉映射将会把这种强烈的单向因果识别为双向因果。为了从广义同步现象中识别出真正的因果关系，Ye 等（2015）提出了广义同步检验：因果关系并不是在一瞬间发生的，因果关系的产生往往需要一定的时间，因此可以通过比较不同的映射滞后阶数（cross map lag）来区分双向因果和广义同步。下面以 "存在广义同步现象时，X 是 Y 的因（$X \Rightarrow Y$），但 Y 不是 X 的因（$Y \nRightarrow X$）" 为例阐述拓展收敛交叉映射方法的基本思想："X 是 Y 的因（$X \Rightarrow Y$ 或 Y 交叉映射 X）" 说明 Y 能够更好地预测 X 的历史值（past values），而不是未来值（future values），因此最优的预测能力将对应一个非正的映射滞后阶数，此时最优映射滞后阶数的大小就是因果关系发生的实际滞后阶数。当 "Y 不是 X 的因（$Y \nRightarrow X$）" 时，受广义同步的影响，Y 能够更好地预测 X 的未来值，此时 X 交叉映射 Y 的最优滞后阶数为正值。

二、样本数据与描述性统计

1. 样本数据

根据全球化与世界级城市研究小组与网络（Globalization and World Cities Study Group and Network，GaWC）①发布的全球城市排名，在中国和美国一共选择了 10 个样本城市，分别是北京、上海、广州、重庆、天津、华盛顿、纽约、洛杉矶、芝加哥和休斯敦。本章以 $PM_{2.5}$ 浓度作为雾霾污染的代理变量。作为雾霾污染的首要污染物，$PM_{2.5}$ 能够渗透到呼吸和循环系统，损伤肺、心脏和大脑，导致永久的 DNA 突变、癌症、心脏病发作、呼吸系统疾病和过早死亡，已成为主要的全球健康隐患（Lelieveld et al.，2015；Forouzanfar et al.，2016；Heft-Neal et al.，2018）。

如何获取雾霾污染时间序列对于从信息流视角考察中美雾霾污染的空间交互影

---

① GaWC 位于英国拉夫堡大学，该组织自 1999 年开始持续发布系统、权威的世界城市排名体系。

响来说至关重要。近年来，PM$_{2.5}$ 连续时间序列的获取渠道日益丰富，主要来源可以分为卫星遥感数据和地面监测数据。其中，卫星遥感数据会因为不良天气条件而遗漏观测数据，从而导致估算出的 PM$_{2.5}$ 浓度具有不确定性（Liu et al.，2005）。与卫星遥感数据相比，地面监测通过设立固定的监测站点，能够对各类污染物指标进行连续监测，从而克服了数据遗漏问题，为获取雾霾污染时间序列数据提供了基础。随着监测技术的不断提高和监测范围的逐步扩大，通过地面监测获取雾霾污染数据成为更加可靠的渠道。伯克利地球（Berkeley Earth）是由加利福尼亚大学伯克利分校的物理学教授 Richard Muller 和经济合作与发展组织的政策顾问 Elizabeth 创立、由大量科学家组成的非营利组织，可以获取全球国家及城市的 PM$_{2.5}$ 地面监测时间序列数据。2014 年 4 月起，伯克利地球开始从全球数千个地面监测站点收集 PM$_{2.5}$ 浓度数据。本章首先采集 2018 年 1 月 1 日至 12 月 31 日伯克利地球发布的 PM$_{2.5}$ 浓度小时数据，然后在对小时数据算术平均的基础上得到了 PM$_{2.5}$ 浓度日报数据。

2. 描述性统计

图 11-2 和表 11-1 从国家和城市层面展示了 2018 年中国和美国雾霾污染的基本状况，可以直观地发现，中美两国的雾霾污染表现出很大差异。

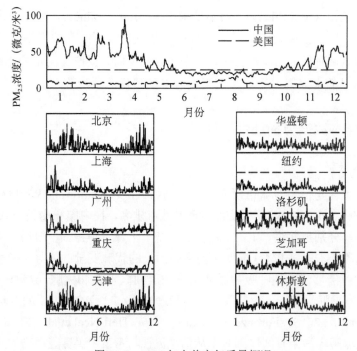

图 11-2　2018 年中美空气质量概况

图中虚线表示世界卫生组织规定的日均 PM$_{2.5}$ 浓度标准：25 微克/米^3。左侧 5 个折线图的纵轴表示日均 PM$_{2.5}$ 浓度，范围是 0~250 微克/米^3，右侧 5 个折线图的纵轴表示日均 PM$_{2.5}$ 浓度，范围是 0~50 微克/米^3

表 11-1 描述性统计

样本	PM$_{2.5}$ 浓度/（微克/米^3）			达标天数比例/%
	年均值	最大值	最小值	
中国	35.926	94.485	17.016	35.93
北京	46.167	195.571	6.271	29.41
上海	36.347	180.123	8.298	38.55
广州	34.335	128.983	7.604	35.85
重庆	37.030	145.908	9.487	34.92
天津	48.667	230.067	10.345	18.99
美国	7.524	15.566	4.221	100.00
华盛顿	8.529	21.725	1.953	100.00
纽约	6.523	18.005	2.100	100.00
洛杉矶	14.857	60.975	4.713	95.52
芝加哥	9.637	23.463	3.061	100.00
休斯敦	9.352	34.813	2.226	98.04

在国家层面，中国遭受的雾霾污染远比美国严重，中国的 PM$_{2.5}$ 浓度均超美国的 PM$_{2.5}$ 浓度，且波动幅度大，冬季的雾霾污染最严重。从年均 PM$_{2.5}$ 浓度看，中国的年均 PM$_{2.5}$ 浓度（35.926 微克/米^3）远远超出世界卫生组织公布的年均值空气质量标准（10 微克/米^3），而美国的年均 PM$_{2.5}$ 浓度（7.524 微克/米^3）则完全符合世界卫生组织公布的标准。从日均值达标天数比例看，中国的日均 PM$_{2.5}$ 浓度在 2018 年符合世界卫生组织公布的日均值标准（25 微克/米^3）的比例为 35.93%，而美国的日均 PM$_{2.5}$ 浓度在一年中都符合世界卫生组织标准。

在城市层面，中国 5 个城市的年均 PM$_{2.5}$ 浓度均远远超出世界卫生组织的年均值标准，其中天津的年均 PM$_{2.5}$ 浓度最高（48.667 微克/米^3），且其最大值甚至达 230.067 微克/米^3。在美国 5 个城市中，只有洛杉矶的年均 PM$_{2.5}$ 浓度没有符合世界卫生组织标准。从日均值达标天数比例看，中国 5 个城市的日均 PM$_{2.5}$ 浓度在 2018 年达到世界卫生组织规定的日均值标准的比例均小于 40%，其中天津的比例最低为 18.99%。相反，美国 5 个城市的日均 PM$_{2.5}$ 浓度在一年中只有极少几天，甚至没有不符合空气质量日均值标准的。因此，特朗普关于"美国的空气绝对干净"的说法绝对不是空穴来风。

第三节　中美雾霾污染的空间交互影响：
国家层面的考察

一、雾霾污染的弱耦合与非线性特征

　　收敛交叉映射是一种适用于非线性动力系统的因果推断方法，因此在使用该方法之前需要对数据的弱耦合与非线性特征进行检验。经过计算，中国和美国的 $PM_{2.5}$ 时间序列的相关系数为-0.219（P=0.000），说明中美之间的雾霾污染是弱耦合的。同时，为了检验非线性特征，将滚动窗口技术与相关系数相结合，分别计算了窗口长度为 10 天、30 天、60 天，窗口间隔为 1 天的相关系数，结果如图 11-3 所示。从波动程度看，窗口长度为 10 天计算的相关系数波动最为剧烈，随着窗口长度的增加，滚动窗口相关系数的波动程度逐渐变小。在样本考察期内基于不同窗口长度计算的相关系数时高时低，时正时负，这种现象就是不稳定相关，而不稳定相关正是非线性系统的重要特征（Sugihara et al.，2012）。

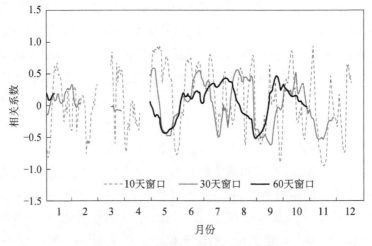

图 11-3　中美雾霾污染的不稳定相关

二、参数选择与非线性趋势检验

　　尽管一些学者认为收敛交叉映射的结果对参数的选择是不敏感的（van Nes et al.，

2015；Chen et al.，2017），但本着严谨科学的原则，分别采用平均互信息法（average mutual informationa criterion，AMI）（Kantz and Schreiber，1997）和平均伪邻近点法（averaged flase neighbors，AFN）（Cao，1997）对时间滞后（τ）和嵌入维度（e）两个关键参数进行遴选，并在此基础上使用 S-map 方法（Sugihara，1994）进一步对非线性趋势进行检验，如图 11-4 和图 11-5 所示。

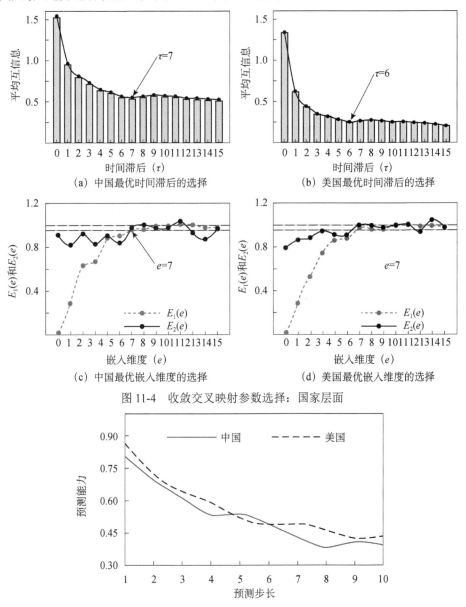

图 11-4　收敛交叉映射参数选择：国家层面

图 11-5　中美 $PM_{2.5}$ 时间序列非线性趋势检验结果

根据平均互信息法，最优的滞后期是平均互信息第一个极小值对应的 τ，根据图 11-4（a）和图 11-4（b），中国和美国的最优滞后期分别为 7 和 6。在选定最优滞后期的基础上，根据平均伪邻近点法，只有确定的时间序列才存在嵌入维度。因此，需要构建两个新的变量 $E_1(e)$ 和 $E_2(e)$，$E_2(e)$ 用来区分确定时间序列和随机时间序列，如果 $E_2(e)$ 恒等于 1，那么该时间序列是随机的，否则就是确定的。对于一个确定时间序列，如果 $E_1(e)$ 在 e 处到达某个阈值（将阈值设定为 0.95），之后就几乎不再发生变化，那么 e 就是最优嵌入维度。根据图 11-4（c）和图 11-4（d），中美的 $E_2(e)$ 均不恒等于 1，说明两国的雾霾污染系统都是确定的，都存在嵌入维度，当 $E_1(e)$ 超过 0.95 时对应的 e 就是最优嵌入维度，由图可知，中美的最优嵌入维度都是 7。

尽管图 11-2 中 $PM_{2.5}$ 时间序列已经呈现出不规则波动的非线性特征，在使用收敛交叉映射方法前仍需对非线性进行检验。采用 S-map 方法进一步检验变量的非线性趋势，图 11-5 展示了中美 $PM_{2.5}$ 时间序列非线性趋势检验结果。对于非线性变量而言，短期内的预测能力应当高于长期内的预测能力。由图 11-5 可知，随着预测时间的增加，中国和美国的预测能力均呈现出下降趋势，说明中美两国的雾霾污染存在明显的非线性趋势。

三、收敛交叉映射因果推断与甄别广义同步

在经过参数选择和非线性趋势检验之后，收敛交叉映射因果推断技术可以被用于识别中美雾霾污染的空间交互影响，图 11-6 展示了国家层面收敛交叉映射因果推断的结果。

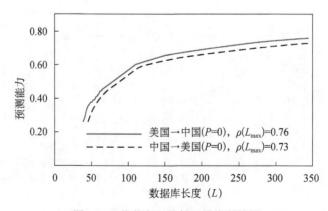

图 11-6　收敛交叉映射因果推断结果

根据收敛交叉映射方法的基本原理，如果中美雾霾污染存在因果关系，那么随着数据库长度 L 的增加，预测能力 ρ 将会逐渐收敛于一个峰值，而在数据库长度 L 最大值处对应的预测能力可以用来衡量中美之间雾霾污染因果关系的影响强度。如图 11-6 所示，不管是美国雾霾污染对中国的预测能力，还是中国雾霾污染对美国的预测能力，都随着数据库长度的增加呈现出明显的收敛态势，且通过了 1% 的显著性检验，这说明中美两国雾霾污染的因果关系是双向的。在国家层面，中美雾霾污染不仅表现出交互影响的特征，而且在影响强度上，美国对中国的影响强度（0.76）略高于中国对美国的影响强度（0.73）。

值得注意的是，受广义同步现象的影响，一些非常强烈的单向因果关系会被收敛交叉映射错误地识别为双向因果关系，因此对于收敛交叉映射识别出的双向因果，需要将广义同步与真实的双向因果进行区分，图 11-7 列出了相关结果。在中国雾霾污染影响美国雾霾污染这一因果方向上，最高的预测能力对应的映射滞后阶数为 3，映射滞后阶数为正说明对于中美雾霾污染的空间交互影响而言，在中国雾霾污染影响美国雾霾污染这一方向上不存在因果关系；而在美国雾霾污染影响中国雾霾污染这一方向上，最优的映射滞后阶数为-8，映射滞后阶数为负，说明美国雾霾污染影响中国雾霾污染这一因果关系是真实的。综上所述，正是受到广义同步现象的影响，中美雾霾污染的影响在国家层面被错误地识别为是双向的，而事实上只存在美国雾霾污染影响中国雾霾污染的单向因果关系。

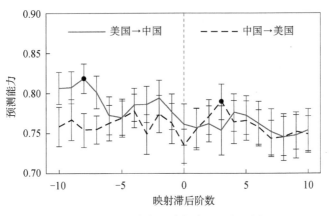

图 11-7　识别广义同步与真正双向因果

第四节 中美雾霾污染的空间交互影响：
城市层面的考察

遵循同样的参数选择方法和非线性趋势检验过程，在城市层面进一步考察了中美雾霾污染的空间交互影响。表 11-2 展示了中美雾霾污染的弱耦合特征，从相关系数绝对值的大小看，中国城市与美国城市 PM$_{2.5}$ 浓度的相关系数都较小且均未超过 0.3，其中，重庆与纽约的相关系数最大为 0.263，且通过了 1% 的显著性检验，这说明中美雾霾污染在城市层面同样存在弱耦合特征。此外，本章通过滚动窗口的相关系数对城市层面的雾霾污染非线性特征进行了检验，结果表明城市层面的雾霾污染依然存在非线性特征。同样地，使用相同方法进行了城市层面收敛交叉映射的参数选择与非线性趋势检验，表 11-3 列出了关键参数选择的最终结果。

表 11-2　中美雾霾污染的相关系数：城市层面

相关系数	华盛顿	纽约	洛杉矶	芝加哥	休斯敦
北京	−0.048	−0.087	−0.188***	−0.106**	−0.008
上海	0.055	0.065	0.108**	−0.120**	−0.098*
广州	0.140***	0.204***	0.077	−0.046	−0.155***
重庆	0.156***	0.263***	0.059	0.142***	−0.160***
天津	−0.071	−0.026	−0.178***	−0.108**	−0.078

***、**、*分别代表 1%、5% 和 10% 的显著性水平

表 11-3　收敛交叉映射关键参数选择：城市层面

中国城市	时间滞后（τ）	嵌入维度（e）	美国城市	时间滞后（τ）	嵌入维度（e）
北京	3	10	华盛顿	3	9
上海	5	8	纽约	7	10
广州	8	8	洛杉矶	4	11
重庆	7	8	芝加哥	4	8
天津	3	8	休斯敦	5	10

在收敛交叉映射的关键参数确定后，从城市层面考察中美雾霾污染的空间交互影响，表 11-4 和表 11-5 列出了城市层面收敛交叉映射的统计结果。在理论上，

从中国城市到美国城市有 25（5×5）个可能的因果关系，反之亦然。根据表 11-4 和表 11-5 的统计结果，从因果关系数量看，当显著性水平为 1%时，中国城市雾霾污染影响美国城市雾霾污染的关系数量为 6，而美国城市雾霾污染影响中国城市雾霾污染的关系数量为 13 个；当显著性水平为 5%时，中国城市雾霾污染影响美国城市雾霾污染的关系数量为 12 个，美国城市雾霾污染影响中国城市雾霾污染的关系数量为 23 个；当显著性水平为 10%时，中国城市雾霾污染影响美国城市雾霾污染的关系数量为 16 个，美国城市雾霾污染影响中国城市雾霾污染的关系数量为 24 个。从因果关系影响强度看，城市层面中美城市雾霾污染因果关系的组合共 25 对，其中有 21 对城市之间的因果关系表现为美国雾霾污染对中国雾霾污染的影响强度更大。

表 11-4　中国城市对美国城市的收敛交叉映射结果统计

城市	P					ρ（L_{max}）				
	华盛顿	纽约	洛杉矶	芝加哥	休斯敦	华盛顿	纽约	洛杉矶	芝加哥	休斯敦
北京	0.140	0.382	0.005***	0.199	0.019**	0.106	0.053	0.320	0.164	0.220
上海	0.120	0.078*	0.000***	0.179	0.030**	0.099	0.094	0.383	0.159	0.262
广州	0.005***	0.310	0.002***	0.018**	0.077*	0.251	0.175	0.323	0.320	0.374
重庆	0.009***	0.013**	0.000***	0.110	0.066*	0.211	0.306	0.521	0.307	0.395
天津	0.117	0.089*	0.050**	0.204	0.039**	0.095	0.120	0.310	0.165	0.258

***、**、*分别代表 1%、5%和 10%的显著性水平，行城市表示因果关系的发出者，列城市表示因果关系的接收者，下同

表 11-5　美国城市对中国城市的收敛交叉映射结果统计

城市	P					ρ（L_{max}）				
	北京	上海	广州	重庆	天津	北京	上海	广州	重庆	天津
华盛顿	0.020**	0.001***	0.020**	0.000***	0.033**	0.206	0.231	0.220	0.346	0.196
纽约	0.003***	0.000***	0.000***	0.000***	0.037**	0.377	0.287	0.378	0.573	0.272
洛杉矶	0.011**	0.017**	0.056*	0.001***	0.020**	0.342	0.329	0.377	0.461	0.362
芝加哥	0.029**	0.003***	0.173	0.000***	0.014**	0.240	0.296	0.189	0.477	0.269
休斯敦	0.004***	0.000***	0.007***	0.000***	0.012**	0.444	0.508	0.491	0.584	0.380

与识别国家层面的雾霾污染空间交互影响相同，城市层面同样需要使用拓展的收敛交叉映射方法识别广义同步中真正的双向因果，识别广义同步之后中美雾霾污染的空间交互影响的最终结果如图 11-8 所示。从雾霾污染因果关系数量看，

从美国城市到中国城市的雾霾污染关系数量总是多于从中国城市到美国城市的关系数量。例如，当显著性水平为1%时，中国城市影响美国城市的关系数量为5个（北京→洛杉矶、上海→洛杉矶、广州→华盛顿、广州→洛杉矶、重庆→华盛顿），而美国城市影响中国城市的关系数量为12个（华盛顿→上海、华盛顿→重庆、纽约→北京、纽约→上海、纽约→广州、纽约→重庆、芝加哥→上海、芝加哥→重庆、休斯敦→北京、休斯敦→上海、休斯敦→广州、休斯敦→重庆）。从因果关系影响强度看，美国城市对中国城市的影响强度一般略高于中国城市对美国城市的影响强度。例如，北京雾霾污染对华盛顿的影响强度为0.106，略小于华盛顿雾霾污染对北京的影响强度（0.206）。总的来说，在不同的显著性水平上，从美国城市到中国城市的雾霾污染因果关系不仅在数量上总是多于从中国城市到美国城市，在影响强度上也基本强于从中国城市到美国城市。

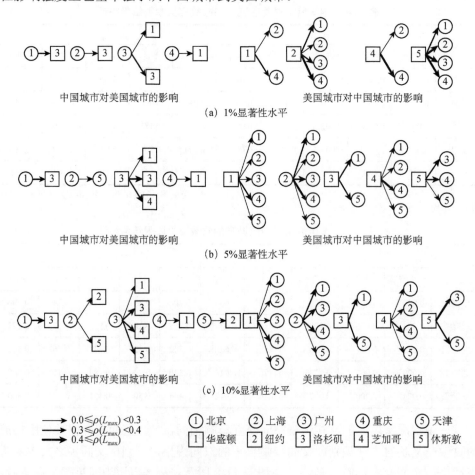

图 11-8　中美雾霾污染空间交互影响：城市层面

第五节 本章小结

本章在收敛交叉映射推断因果的基础上，识别广义同步中真正的双向因果关系，从国家和城市两个层面识别中美雾霾污染的空间交互影响。研究发现，中美两国的雾霾污染存在空间交互影响，美国雾霾污染影响中国雾霾污染的因果关系不仅数量多，而且影响强度也略高于中国雾霾污染影响美国的强度。

中美两国在国家制度、历史文化、经济发展阶段等方面存在差异，但这并不应该成为中美合作道路上的绊脚石，中美两个国家都在雾霾污染治理上花费了大量的时间和精力。作为世界上第一个大规模开展 $PM_{2.5}$ 治理的发展中大国，中国在借鉴其他国家成功经验的基础上，立足中国特色社会主义实践，形成了"政府主导、部门联动、企业尽责、公众参与"的中国模式，在雾霾污染治理上取得了前所未有的成效。雾霾污染问题并非中国独有，美国为了应对雾霾污染的困扰，实施了环保立法、成立环保机构、开展州际合作、制定排放总量与交易制度等措施，经过多年的努力，美国的空气污染治理已经取得了巨大成效。

面对雾霾污染的空间交互影响，中美两国应当求同存异，以构建人类命运共同体理念为指导，充分发挥自身的优势和长处，通过多种方式在雾霾污染治理领域建立双边合作关系，共同应对全球雾霾污染。首先，中美两国应积极开展联合科研攻关，厘清雾霾污染的传输路径及其驱动因素，进行污染物的联合监测与数据管理，加强科研机构之间的交流，为两国制定雾霾污染治理政策提供有力支撑。其次，通过技术转移分享两国先进的雾霾污染治理技术，如清洁能源生产技术、氮氧化物减排技术等。最后，设立雾霾污染联合治理基金。雾霾污染治理需要大量的资金支持，政府作为管理者应当在雾霾污染联合治理基金中发挥主导作用，企业、社会组织和个人积极参与，以确保联合科研和技术转移所需资金来源的稳定性。人类只有一个地球，人类文明与地球生态共生共赢。雾霾污染是全球性问题，中国和美国之间的合作是解决全球雾霾污染问题的重要保证。一旦中美两国在雾霾污染领域成功建立了双边合作体系，那么依靠双方强大的国际地位和国际影响力，全球雾霾污染合作体系的建立将非常值得期待。

开展中美雾霾污染空间交互影响的相关研究，可为中美两国在雾霾污染治理领域建立双边合作体系提供理论依据。然而，受一些客观条件的限制，该研究仍存在一定局限，主要体现在以下几个方面：在数据质量上，使用的 $PM_{2.5}$ 数据是由伯克利地球处理并发布的，一方面，伯克利地球的 $PM_{2.5}$ 数据是通过各个国家和地区的环境监测站点获取的，难免存在地方官员为了政绩而谎报数据的情况（Ghanem and Zhang，2014）；另一方面，为了获得连续的空气质量估算数据，伯克利地球采用克里金插值对监测数据进行了处理，但是插值之后的数据依然会存在连续噪声和估计误差。在样本城市的选择上，受限于现有的硬件设备以及收敛交叉映射运行时间会随着样本量的增加而延长，因而只在中国和美国分别选择了 5 个经济、人口都比较集中的大都市，因为这些城市受到雾霾污染威胁的可能性更大，更具有代表性。未来，随着硬件设备的更新和算法的改进，更多的样本城市被纳入考察范围，研究结果将会更具有说服力。在雾霾污染传导的具体路径上，中美之间雾霾污染的空间交互影响必定涉及比较复杂的传输机制。本章只是将中美作为雾霾污染空间交互影响的起始点，而中间的传导机制是否包括日本、韩国、加拿大等其他中间国家，以及是怎么通过中间国家产生雾霾污染的空间交互影响还有待进一步探讨。

第十二章　雾霾污染的全球交互影响与全球治理体系构建路径 [①]

雾霾污染是人类发展面临的重大全球性问题。全球问题需要全球治理，而深刻认识雾霾污染的全球交互影响是开展雾霾污染全球治理的基本前提。本章立足全球视野，基于地面监测 $PM_{2.5}$ 时间序列数据，从信息流和非线性动力学视角出发，采用收敛交叉映射技术，识别了雾霾污染的全球交互影响，并进一步从网络视角深入考察了雾霾污染全球交互影响的结构特征。研究发现，在全球范围内，雾霾污染在国家之间普遍存在双向交互影响，而且构成了"你中有我、我中有你、相互嵌入、结构紧密"的全球网络。面对全球雾霾污染的挑战，开展国家间的联防联控，并由国家间联防联控走向全球合作治理，是解决全球雾霾污染问题的必然要求，也是构建人类命运共同体思想在全球雾霾治理领域的重大实践。

第一节　引　言

雾霾污染威胁人类健康和经济社会的可持续发展（Lelieveld and Pöschl，2017；Zhang et al.，2017），给全球气候变化带来了严重负面影响（Zhang，2017；Rosenfeld et al.，2019），已经成为人类社会面临的共同挑战。作为一种复合大气现象，雾霾污染中的颗粒物，尤其是 $PM_{2.5}$ 能够在空气中悬浮较长时间，极易向周边地区扩散，甚至可以跨越大洲和大洋实现远距离传输（Morgan，1970；Cooper et al.，2010），这使得不同国家和地区的雾霾污染构成了复杂的全球交互系统（Lelieveld et al.，2002；Huang et al.，2014）。

---

① 本章是在刘华军、雷名雨撰写的智库报告《雾霾污染的全球交互影响与全球治理体系构建路径》和研究简报《开展雾霾污染国家间联防联控，推动全球合作治理，携手构建人类命运共同体》基础上修改完成的。

近年来，学界针对雾霾污染的成因及来源开展了大量研究，然而对雾霾污染全球交互影响的探索仍显不足，社会公众对这一问题的认知存在误区。一种流行的观点是，发展中国家雾霾污染的跨界传输应该对发达国家的雾霾污染负责[1]。美国总统特朗普就是持有这种观点的典型代表。在2018年召开的G20峰会上，美国总统特朗普在接受美国之音的采访时强调，美国的空气是"绝对干净"的，但中国和其他国家的"脏空气"会飘到美国[2]。从全球空气质量分布情况看，必须承认，与美国相比，中国等发展中国家的空气状况的确令人担忧，然而，这并不意味着只有中国的雾霾污染会"飘"到美国，而美国的雾霾污染就不会影响中国。在大气运动的作用下，雾霾污染绝不是一个单向传输的过程。更何况，受国际经贸活动、产业分工布局等社会经济因素的影响，美国的雾霾污染也会对中国产生影响。换言之，在自然因素和社会经济因素组成的复杂驱动机制下，雾霾污染的全球交互影响绝非单向传导关系，如果罔顾这一事实，一味将本国雾霾污染"甩锅"给其他国家，是极其不负责任的。雾霾污染无国界，面对全球雾霾污染给人类带来的严峻挑战，必须要澄清目前社会各界对雾霾污染全球交互影响的错误认识，加深对雾霾污染全球交互影响的理解，才能为雾霾污染全球治理提供科学依据。

关于雾霾污染的空间交互影响，本书在第十一章已经对这部分文献进行了综合评述与详细介绍，在此不再赘述。实际上，纵览已有研究，可以发现雾霾污染空间交互影响的表现形式并不复杂，无非表现为双向影响、单向影响或互不影响。然而，随着样本范围不断扩大，研究样本不断增加，不同地区雾霾污染之间的交互影响关系也逐渐复杂，多线程的交互影响交织在一起构成了紧密的网状结构，这就要求研究者必须立足于全局的、联系的视角把握雾霾污染空间交互影响的结构特征。2015年以来，山东财经大学经济增长与绿色发展科研团队将网络分析范式成功应用于雾霾污染的空间关联研究中，开展了一系列原创性工作，围绕雾霾污染空间交互影响做了大量探索。团队的多项研究表明，雾霾污染不仅具有显著的空间外溢特征，还具有明显的网络联动特征，同时，网络的紧密程度与研究样本的覆盖范围大小之间并无明显的"此消彼长"关系。换言之，无论是在相对较小的区域范围内，还是在相对较大的空间尺度上，雾霾污染的空间交互影响始终保持着紧密的网络结构形态（刘华军和刘传明，2016；刘华军等，2016，2017；孙亚男等，2017；刘华军和杜广杰，2018）。面对全球雾霾污染问题，网络分析为重新审视和把握雾霾

---

① 日本、韩国的多家媒体曾多次发布类似报道。2013年1月31日，日本《每日新闻》《朝日新闻》《产经新闻》《读卖新闻》等媒体报道中国雾霾污染对日本产生了越境污染。2019年1月7日，首尔市长朴元淳在接受韩国MBC广播节目《视线集中》的电话采访时称"首尔市50%～60%以上的雾霾污染源自中国"。参见https://world.huanqiu.com/article/9CaKrnJz7RF 和 http://www.xinhuanet.com/politics/2019-03/26/c_1124286585.htm.

② VOA Interview with U.S. President Trump[EB/OL]. https://www.voazimbabwe.com/a/voa-interview-with-us-president-donald-trump/4681988.html[2020-08-15].

污染全球交互影响的结构特征提供了方法论支持。

不谋全局者，不足谋一域。应对全球雾霾污染的严峻挑战，必须建立在对雾霾污染全球交互影响的深刻认识之上。为此，本研究立足全球视野，基于地面监测的 $PM_{2.5}$ 连续时间序列数据，将收敛交叉映射方法与网络分析方法相结合，在识别雾霾污染全球交互影响的基础上，绘制雾霾污染全球交互影响网络图，并利用多样化的网络指标揭示其结构特征，最终为构建雾霾污染全球治理体系提供了路径支持。与已有研究相比，本研究的边际学术贡献体现在以下四个方面。

第一，立足全球视野审视雾霾污染的空间交互影响。从全球视野出发，选择全球 24 个主要城市为研究对象。这些城市在地理范围上覆盖了六大洲，在经济发展水平上既包含了发达国家，也包含了发展中国家；在雾霾污染程度上既包含了污染严重地区，也包含了空气质量优良地区。异质性研究样本的选择，有利于更加全面地把握雾霾污染的全球交互影响。

第二，从非线性动力学和信息流视角出发，采用收敛交叉映射方法识别雾霾污染全球交互影响。本研究首次将 Sugihara 等（2012）提出的收敛交叉映射因果推断技术应用于雾霾污染全球交互影响的识别中。作为一种数据驱动的高级非参数方法，收敛交叉映射解决了非线性动力学系统中弱耦合变量之间的因果关系识别问题，为科学识别雾霾污染的全球交互影响提供了新的方法论支持。

第三，从网络视角出发，揭示雾霾污染全球交互影响的结构特征。基于雾霾污染全球交互影响的识别结果，本研究首次构建了雾霾污染的全球交互影响网络，并从整体、节点和路径等多个层面，利用多样化的网络指标系统揭示了雾霾污染全球交互影响的网络结构特征，有利于加深对雾霾污染全球交互影响的认识。

第四，提出了雾霾污染全球治理体系的构建路径。面对全球雾霾污染问题，任何国家都不应坚持本位主义或个人英雄主义，必须从区域合作中汲取力量，从全球治理中取得突破。对此，本研究着眼于构建人类命运共同体，从可行路径、关键举措等方面为雾霾污染全球治理体系的构建提供了基本框架。

第二节　雾霾污染全球交互影响的内在机理

雾霾污染之所以能够实现全球交互影响，除与雾霾污染的自身特性密切相关外，还离不开外界的驱动力量。就雾霾污染的自身特性而言，$PM_{2.5}$ 是其最主要的组成部分，PM$_{2.5}$具有较强的空间外溢性，不仅极易扩散，而且可以形成远距离传输。从外部驱动力量看，归纳起来，自然因素和社会经济因素是雾霾污染全球交互影响最重要的驱动力量（Jaffe et al.，1999；Cooper et al.，2010；Zhang et al.，2017）。

一、自然因素驱动下的雾霾污染全球交互影响

大气运动是雾霾污染全球交互影响的最主要自然因素，从物质传输的角度为雾霾污染全球交互影响提供了可靠依据。通俗来说，大气运动的直观表现就是风的变化，而风主要受气象动力因子、气象热力因子、地理因素三个方面的影响。

1）气象动力因子（Morgan，1970；Wu et al.，2017；Cáliz et al.，2018）。季风和湍流是最为主要的气象动力因子。季风形成于季节交替的过程中，是雾霾污染跨界传输的主要途径。不同季节下的盛行风在地域之间有规律转移，使得雾霾污染向盛行风的下风向扩散。大气湍流形成于空气的无规则运动过程中，是雾霾污染传输和扩散的另一重要途径。大气湍流能够将周围清洁空气卷入污染中，使空气污染物不断向四周扩散，造成雾霾污染的跨界传输。

2）气象热力因子主要以空气温度为代表（Hobbs，1974）。温度是决定空气污染物上升和扩散的重要因素。当大气层气温的垂直分布属于正常分布层结时，地表空气在太阳的辐射下温度升高，形成低层热高层冷的不稳定结构，推动大气垂直上升，气团将挟卷着污染物由近地表的高温区向高层低温区上升，导致雾霾污染在垂直方向上移动。随后，由于不同地区的温度层结存在相对差异，气团将会继续夹杂着污染物在水平方向上实现由高温区向低温区的扩散和移动，从而推动雾霾污染物实现较远距离的传输转移。

3）地理因素。无论是在水平方向上，还是在垂直方向上，山区地形、海陆界面、大中城市等地形地势都能够影响气流运动的动力和热力，形成局地大气环流，如山谷风、海陆风、城市热岛效应（Duce，1980；Akimoto，2003；Law and Stohl，2007；刘旭艳等，2018）。

在自然因素驱动下，雾霾污染的全球交互影响通常与大气运动的方向保持一致。与发达国家相比，发展中国家的雾霾污染形势更为严峻。当发展中国家处于上风向，发达国家处于下风向时，发展中国家雾霾污染对发达国家空气质量的负面影响将非常明显，这也是发达国家将雾霾污染归咎于发展中国家的重要原因。然而，风不总是朝一个方向吹。即使发达国家拥有"绝对干净"的空气，但只要空气中含有污染物，那么当发达国家处于上风向，发展中国家处于下风向时，发达国家同样会影响发展中国家的空气质量。

二、社会经济因素驱动下的雾霾污染全球交互影响

随着全球经济一体化程度的不断加深，国家和地区之间的经济交流与贸易活动日益频繁和密切，社会经济因素逐渐成为雾霾污染全球交互影响的重要驱动力量。在诸多社会经济因素中，国际贸易和产业分工是驱动雾霾污染全球交互影响的最主要因素。

1. 国际贸易驱动机制

国际贸易是雾霾污染全球交互影响的重要隐含途径（Oita et al.，2016）。近年来，伴随着隐含污染（embodied pollution）概念的兴起，以高污染商品为载体的污染外包引起了社会的广泛关注。在经济全球化背景下，一个国家的商品需求除依靠本国的生产供给以外，还可以通过商品进口得以平衡。对于某些高污染商品而言，这类商品的生产活动将带来大量的环境成本，消费国通常通过进口活动将商品生产过程中的污染"外包"给其他国家，进而带来污染物在出口国的大量排放，最终形成"需求端→供给端"的影响过程（Peters，2008；Davis and Caldeira，2010）。近年来，雾霾污染的隐含交互影响路径已经引起了学界的广泛关注。例如，Zhang等（2017）的研究发现，2007 年国际贸易隐含的 $PM_{2.5}$ 跨界污染造成全球约 76 万人过早死亡，约占 $PM_{2.5}$ 造成全球过早死亡总人数的 22%。必须强调，国际贸易并不是一个单边进口或出口过程，任一国家或地区都有可能同时成为消费端或生产端，这意味着雾霾污染也具有发生双向交互影响的可能。

2. 产业分工驱动机制

产业分工与产业布局为雾霾污染全球交互影响提供了显性途径（World Bank，2000；马丽梅和张晓，2014a）。不同于国际贸易的商品往来，产业的国际分工与转移可以直接将雾霾污染由产业所在地"搬运"至产业承接地区。具体而言，当某个地区的经济发展水平达到一定程度后，劳动密集型和污染密集型产业的比较优势将会逐渐消失，而该地区的环境规制水平与环境标准也会随之提高。与此同时，后发地区在劳动密集型和污染密集型产业上的比较优势逐渐凸显，且环境规制水平相对较低。因此，部分污染产业将会趋向于由环境规制严格、污染成本高、比较优势逐渐减弱的地区向环境规制宽松、污染成本低、比较优势显著提升的地区转移，导致产业承接地区沦为所谓的"污染天堂"（pollution heaven）。当然，根据生态学马克思主义思想（詹姆斯·奥康纳，2003），高环境风险产业往往表现为由发达国家向发展中国家转移，但自新一轮科技革命以来，产业的转移不再仅仅以劳动力、土地、环境等要素的低成本优势为导向，消费市场、技术体系、营商环境、创新生态等高端要素成为产业转移的主要考虑因素，产业分工布局的全球化趋势日益明

显。在产业分工逐渐多元化的影响下，发达国家和发展中国家不再是单一的产业转出地区和产业承接地区，这意味着雾霾污染在发达国家和发展中国家之间将更多地呈现出双向影响。

最后必须指出，雾霾污染全球交互影响受自然、社会和经济等多种因素的共同驱动，通过空气质量模型很难完整模拟雾霾污染的全球交互影响过程。现象是信息的反馈，数据是信息的载体，而单纯利用数据则为解析雾霾污染的全球交互影响过程提供了新的研究视角与研究思路，同时也为从信息流视角认识雾霾污染的全球交互影响提供了重要支撑。

第三节　方法与数据

在信息流视角下，对于两个地区 X 和 Y，如果地区 X 的雾霾污染影响地区 Y，则地区 Y 的雾霾污染数据将包含地区 X 雾霾污染的全部信息。地面监测技术的不断发展为研究的推进提供了更加可靠的数据保障，但考察雾霾污染的全球交互影响还有赖于科学的因果推断技术。本研究从非线性动力学出发，采用收敛交叉映射技术识别雾霾污染的全球交互影响，并借助网络分析工具解析雾霾污染全球交互影响的网络结构。

一、CCM 因果推断技术

具体参考第十一章第二节。

二、网络分析方法

自 Moreno（1934）提出社会测量学以来，作为一种针对关系数据的跨学科分析方法，网络分析方法得到了快速发展（Freeman et al., 1979；Krackhardt, 2014），在多个领域得到了广泛应用（Scott, 1988；Borgatti et al., 2009）。网络分析克服了属性数据"有大小无结构"的缺陷，为我们从关联视角揭示雾霾污染空间交互影响的结构特征提供了新的研究范式。

1. 网络构建

网络是由作为节点的"行动者"和节点之间关系构成的集合。对于有向网络来说，任意两节点 X、Y 之间的联结关系存在四种表现形式：当 X 和 Y 之间存在双向影响时，可表示为"$X \leftrightarrow Y$"的双向连线；当 X 影响 Y 而 Y 不影响 X 时，可表示为"$X \to Y$"的单向连线；当 Y 影响 X 而 X 不影响 Y 时，可表示为"$Y \to X$"的单向连线；如果 X 和 Y 之间相互独立，不存在交互影响时，则 X 和 Y 之间不存在连线。

2. 网络指标

根据研究目的，利用整体网络特征指标、节点特征指标与网络路径特征指标揭示雾霾污染全球交互影响的网络结构特征。

（1）整体网络特征指标 [①]

整体网络特征指标包括基本网络结构指标、关联性指标、小世界特征指标。①基本网络结构指标。考察网络的基本结构通常采用网络组成成分、网络密度和网络直径等指标。其中，网络组成成分表示网络中互不关联的子网络个数。网络组成成分越多，网络结构越松散。网络密度则是反映网络中关联关系疏密程度的指标，被定义为实际关系数与理论上最大关系数的比值。网络密度越大，节点之间的联系越密切。网络直径考察的是网络规模，用每个节点到其他节点最短路径中的最大值来表示。网络直径越大，网络的整体规模就越大。②关联性指标。关联度、等级度和网络效率是考察网络关联性采用的主要指标。其中，关联度反映节点之间的可达性，通常采用网络可达的点对数目与理论上最大可达的点对数目的比值来表示。网络关联度越大，就意味着更多的节点之间存在直接或间接的联系。等级度是用来衡量网络节点之间非对称可达的指标，反映了网络中节点的支配地位，以对称不可达的点对数目与非对称可达的点对数目的比值来表示。等级度越高，网络的等级结构就越森严。网络效率则反映了网络中连线的冗余程度，以潜在冗余连线数与最大可能冗余连线数的比值表示。网络效率越低，网络结构越稳定，信息流动也更具效率。③小世界特征指标 [②]。小世界是复杂网络中的重要理论，具有小世界特征的网络通常存在高度聚类现象，节点之间的联系重叠程度很高，具有较强的稳定性，即使拿走其中一个或几个节点，网络也不会塌陷。考察网络小世界特征主要采用途经长度均值与聚类系数两个指标。其中，途经长度均值是网络中两个节点之间的平均路径长度，表示平均经过多少个中间人就可以建立联系。聚类系数包括局部聚类系数和全局聚类系数，前者反映了某节点与其邻居点之间的闭合程度，而后者则是前者

[①] 整体网络特征指标在国内外研究中已经得到了广泛应用，在此不再赘述。

[②] 小世界网络代表的是关联性较强的一种网络模型，其中最具代表性的理论为六度分隔理论（six degrees of separation），该理论认为，地球上的任意两个人最多只需通过 6 个人就可以建立联系（Milgram，1967）。

的算数平均，衡量的是整个网络的凝聚程度。如果网络具有明显的小世界特征，那么网络将具有较小的途经长度均值和较大的全局聚类系数。

（2）节点特征指标

反映网络节点特征可以采用度数中心度、中间中心度、接近中心度、最佳分割网络节点等指标。其中，度数中心度是某一节点与其他节点之间的直接关系数，反映该节点在网络中的活跃程度。在有向网络中，度数中心度又可以分为出度和入度，分别代表某一节点的发出关系数和接收关系数。中间中心度衡量节点对网络的控制程度，如果某一节点总是处于其他节点之间的捷径上，那么该节点将具有较高的中间中心度，在网络中发挥着更加重要的中介作用。接近中心度反映的是某一节点到其他节点的相对难易程度，用以衡量该节点是否处于网络的中心位置。接近中心度越大，意味着该节点与其他节点之间的距离越短，其所处位置也就越接近网络中心。在有向网络中，接近中心度同样可以分为出接近中心度和入接近中心度，分别代表某一节点对网络的整合力和辐射力。最佳分割网络节点由 Borgatti（2006）提出，用以寻找和考察网络中的"掮客"（broker）。"掮客"是一组对网络具有最大控制能力的节点集合，通常是网络中的关键"桥梁"。

（3）网络路径特征指标

关键路径和微观交互模式是考察网络路径特征的主要指标。其中，关键路径是线的中间中心度，测算的是某条线作为中介路径出现的频率，衡量其对整个网络的信息控制程度。在测算某条线 i 的中间中心度时，首先统计网络中所有经过 i 的两点 j 和 k 之间的捷径 g_{jik}，进而统计两点 j 和 k 之间存在的全部捷径 g_{jk}，而对于边 i，其中间中心度 $eb_i = \sum_j \sum_k g_{jik} / g_{jk}$。考察网络各节点之间的微观交互模式，可以采用三方谱（triad census）和诚实中间人指数（honest broker index）对网络中的同构类进行识别。其中，三方谱是网络中的一系列有向图的汇总（Holland and Leinhardt，1977），能够反映局部网络结构特征，而诚实中间人指数通过计算每个节点充当中间人的次数以及该节点连接的点对数，来考察节点在网络中所扮演的角色。

三、研究数据与样本城市的选择

1. 雾霾污染指标的选择

本研究以 $PM_{2.5}$ 浓度表征雾霾污染程度。作为雾霾污染的首要污染物，$PM_{2.5}$ 已成为主要的全球健康隐患（Lelieveld et al.，2015），它能够渗透到呼吸和循环系统，损伤肺、心脏和大脑，导致永久的 DNA 突变、心脏病发作、呼吸系统疾病和过早死亡（Forouzanfar et al.，2016；Heft-Neal et al.，2018）。根据 Chen 等（2013b）的研究，人类长期暴露于高浓度的颗粒物中，其预期寿命将会减少 3 年。根据世界卫生组织发布的报道，雾霾污染中的 PM$_{2.5}$ 造成全球每年约 700 万人因癌症、中风、心脏病和肺病等疾病死亡，被视为人类健康的最大威胁之一[①]。

从信息流视角实证考察雾霾污染的空间交互影响，需要长的且连续的时间序列。近年来，PM$_{2.5}$ 连续时间序列数据的获取渠道逐渐丰富，获取途径主要包括卫星遥感数据与地面监测数据。卫星遥感数据容易受到天气影响而频繁地遗漏某些数值，给近地表 PM$_{2.5}$ 浓度数据的估算带来了不确定性（Liu et al.，2005）。与卫星遥感数据相比，地面监测通过定点和连续观测雾霾污染物水平，克服了数据遗漏问题，为雾霾污染时间序列数据的获取创造了有利条件。随着雾霾污染监测技术的不断成熟和监测范围的不断扩大，通过地面监测站点来获取连续的雾霾污染数据成为更加可靠的渠道。就全球数据而言，从伯克利地球可以获取全球国家及城市的 PM$_{2.5}$ 地面监测时间序列数据。伯克利地球由加利尼福尼亚大学伯克利分校的物理学教授 Richard Muller 和经济合作与发展组织的政策顾问 Elizabeth 创立的非营利组织。2014 年 4 月起，伯克利地球开始从全球数千个地面监测站点收集 PM$_{2.5}$ 浓度数据。因此，本章采用伯克利地球发布的全球城市 PM$_{2.5}$ 浓度的地面监测数据，并将时间跨度定为 2018 年 1 月 1 日至 12 月 31 日[②]。此外，伯克利地球发布的 PM$_{2.5}$ 数据是小时数据，以此为基础我们计算得到了 PM$_{2.5}$ 浓度的日报数据。

2. 样本选择及其描述性统计

在此按照以下三个原则选择样本城市：一是样本城市所在国家既包含发达国家，又包含发展中国家；二是样本城市尽可能实现全球覆盖；三是以国家的首都城市为首要选择。基于上述三个原则，选取俄罗斯圣彼得堡、冰岛雷克雅未克、墨西哥墨西哥城、巴西圣保罗、澳大利亚堪培拉、中国北京、日本东京、印度新德里、印度尼西亚雅加达、韩国首尔、泰国曼谷、土耳其安卡拉、马来西亚吉隆坡、德国柏林、芬兰赫尔辛基、英国伦敦、西班牙马德里、埃塞俄比亚亚的斯亚贝巴、美国华盛顿、加拿大多伦多、哥伦比亚波哥大、智利圣地亚哥、新西兰惠灵顿、埃及阿里什 24 个城市构成研究样本。其中，由于俄罗斯莫斯科、加拿大渥太华、埃及开

---

① Ten threats to global health in 2019[EB/OL].https://www.who.int/emergencies/ten-threats-to-global-health-in-2019[2020-05-20].

② 为了尽可能提高收敛交叉映射检验结果的准确性，经过反复讨论，本研究将迭代次数定为 2000 次，将样本区间定为 2018 年 1 月 1 日至 12 月 31 日，在满足数据时效性的前提下，缩短检验所需时长，并降低对设备的要求与潜在的损耗。

罗等的地面监测 $PM_{2.5}$ 浓度数据存在大量缺失或时间跨度较短的缺陷，难以构成长时期连续时间序列数据。对此，本章基于数据的可得性、完整性与连续性原则，并根据城市的政治、经济、文化发展水平，选取加拿大多伦多、俄罗斯圣彼得堡、埃及阿里什作为替代城市。表 12-1 列出了全部样本城市 $PM_{2.5}$ 的基本数据特征。

根据表 12-1，样本城市中仅有赫尔辛基、圣彼得堡、雷克雅未克、华盛顿、多伦多、堪培拉、惠灵顿 7 个城市达到了世界卫生组织规定的 $PM_{2.5}$ 年均浓度标准（10 微克/米 ^{3}），而北京、新德里、雅加达等城市的污染水平则远超过世界卫生组织的规定标准，新德里的 $PM_{2.5}$ 年均浓度甚至达到 104.7 微克/米 ^{3}。从 $PM_{2.5}$ 浓度的日最大值看，北京、新德里、安卡拉 3 个城市的日最大值超过 100 微克/米 ^{3}。其中，新德里的日 $PM_{2.5}$ 浓度最高达到 448.90 微克/米 ^{3}。从 $PM_{2.5}$ 浓度的达标天数看，根据世界卫生组织规定的日均 $PM_{2.5}$ 浓度标准（25 微克/米 ^{3}），发达国家主要城市的达标天数比例普遍高于 90%，并且圣彼得堡、雷克雅未克、堪培拉、惠灵顿、赫尔辛基实现了全年达标。从雾霾污染的区位特征看，亚洲、非洲、南美洲的污染水平高于欧洲、北美洲、大洋洲。

表 12-1　全球样本城市的地理位置分布与雾霾污染水平

地理位置分布			$PM_{2.5}$ 浓度/（微克/米 ^{3}）			达标比例/%
大洲	国家	城市	年均值	最大值	最小值	
亚洲	中国	北京	46.17	195.57	6.27	29.41
	日本	东京	10.78	37.73	2.35	96.35
	印度	新德里	104.70	448.90	17.99	2.52
	印度尼西亚	雅加达	34.47	75.15	4.89	25.42
	韩国	首尔	23.78	94.97	3.18	63.01
	泰国	曼谷	25.24	77.71	8.97	60.39
	土耳其	安卡拉	26.53	140.94	4.06	56.50
	马来西亚	吉隆坡	18.38	37.61	6.97	89.66
非洲	埃塞俄比亚	亚的斯亚贝巴	24.68	74.63	7.79	57.51
	埃及	阿里什	18.24	60.25	6.88	86.24
欧洲	德国	柏林	14.72	52.75	2.10	89.66
	芬兰	赫尔辛基	7.51	23.20	2.27	100.00
	英国	伦敦	12.48	63.27	4.26	91.32
	西班牙	马德里	10.34	26.06	2.83	99.72
	俄罗斯	圣彼得堡	6.13	20.90	1.89	100.00
	冰岛	雷克雅未克	5.73	17.89	2.77	100.00
北美洲	墨西哥	墨西哥城	22.61	94.29	6.72	65.24
	美国	华盛顿	8.00	104.50	1.71	96.08
	加拿大	多伦多	7.87	26.82	0.89	99.16

续表

地理位置分布			PM$_{2.5}$浓度/（微克/米^3）			达标比例/%
大洲	国家	城市	年均值	最大值	最小值	
南美洲	哥伦比亚	波哥大	12.33	31.50	1.85	96.69
	智利	圣地亚哥	25.26	74.68	4.27	61.02
	巴西	圣保罗	16.14	48.00	3.75	83.79
大洋洲	澳大利亚	堪培拉	7.35	20.32	2.47	100.00
	新西兰	惠灵顿	6.25	19.28	2.20	100.00

第四节　雾霾污染全球交互影响的识别

科学认识雾霾污染全球交互影响的关键在于，准确识别雾霾污染在不同地区之间的交互影响方向和路径。基于这一认识，本节从信息流视角出发，采用收敛交叉映射因果推断技术对雾霾污染的全球交互影响进行识别。

一、雾霾污染的非线性与弱耦合特征

地区之间尤其是远距离地区之间的雾霾污染并非呈简单的线性相关关系，而是具有显著的非线性与弱耦合特征。不同地区之间的雾霾污染交织在一起，就构成了非线性动力学系统。

1. 雾霾污染的非线性特征

根据表 12-1，尽管全部样本城市 PM$_{2.5}$ 时间序列的走势各不相同，雾霾污染水平也存在较大差异，但却均呈现出不规则的波动态势，这从一个侧面反映出雾霾污染具有明显的非线性特征。考虑到样本城市所在国家既包括发展中国家又包括发达国家，两类城市组成了三种情况，即发展中国家主要城市-发展中国家主要城市、发展中国家主要城市-发达国家主要城市、发达国家主要城市-发达国家主要城市。因此，根据上述三种情况，选取北京-新德里、北京-华盛顿、华盛顿-柏林三组代表性城市展示雾霾污染的非线性特征。我们计算了三组代表性城市雾霾污染之间的相关系数，如图 12-1 所示。

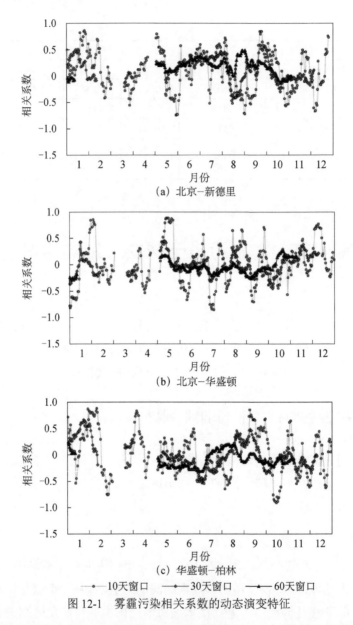

图 12-1　雾霾污染相关系数的动态演变特征

观察图 12-1 不难发现，三组代表性城市雾霾污染之间的相关性均呈现出"时有时无，时正时负"的不稳定变化特征，而这恰恰是非线性系统的重要特征。上述分析表明，无论是雾霾污染时间序列，还是其组成的全球雾霾污染系统，均呈现出显著的非线性特征（Lee and Lin，2008；Shi et al.，2008）。

2. 雾霾污染的弱耦合特征

图 12-2 和图 12-3 直观展示了雾霾污染的弱耦合特征。根据图 12-2，雾霾污染的耦合程度随着地理距离的增加呈下降趋势。

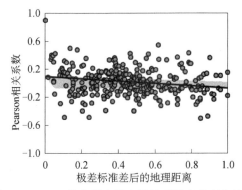

图 12-2　PM$_{2.5}$浓度耦合程度随地理距离的变化趋势

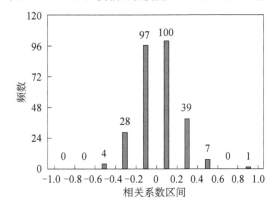

图 12-3　城市间 PM$_{2.5}$浓度耦合程度的数值特征

例如，在全部样本城市中，西班牙马德里和新西兰惠灵顿之间地理距离最远，达到 19 856.3 千米，两地雾霾污染之间的相关系数为 0.147，相关程度较低。而在全部样本城市中，芬兰赫尔辛基与俄罗斯圣彼得堡之间地理距离最近，为 305.652 千米，两地雾霾污染之间的相关系数高达 0.893，是全部样本城市之间相关系数的最高值。更为一般性地，通过简单拟合雾霾污染相关系数与城市地理距离，发现当地理距离不断增加时，城市雾霾污染之间的相关性随之减弱，弱耦合特征愈发明显。从相关系数的集聚情况看，如图 12-3 所示，在 276 组城市中有 197 组城市雾霾污染之间的相关系数在−0.2～0.2 的弱相关区间内，占比达到 71.38%，进一步反映了雾霾污染之间的弱耦合特征。

二、雾霾污染的全球交互影响：以代表性城市为例

本研究的样本城市共存在 552 对可能的关联关系，受篇幅限制，在此无法展示全部研究样本城市的收敛交叉映射因果检验过程，因此本部分仍然以北京-新德里、北京-华盛顿、华盛顿-柏林三组代表性城市为例，展示收敛交叉映射的因果检验过程。完整的收敛交叉映射因果检验过程包括以下四个步骤（Wang et al., 2018）。

1. 选择滞后期 τ 与最优嵌入维度 e

目前，有研究认为滞后期 τ 与嵌入维度 E 的选择并不会对收敛交叉映射因果检验结果产生重要影响（van Nes et al., 2015；Chen et al., 2017），然而为了确保收敛交叉映射因果推断结果的可靠性，选择恰当的 τ 和 E 是非常有必要的。为此，采用 Kantz 和 Schreiber（1997）提出的平均互信息法选择滞后期；采用 Cao（1997）提出的 AFN 法（average false neighbors）选择最优嵌入维度，结果分别如图 12-4 和图 12-5 所示。

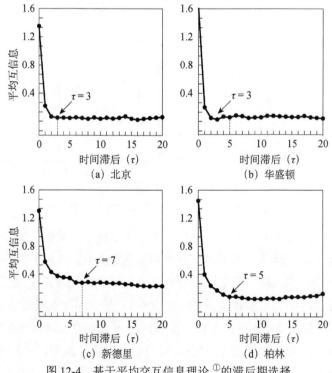

图 12-4　基于平均交互信息理论[①]的滞后期选择

---

①　根据平均互信息法，对时间序列 $X(t)$ 与 $X(t+\tau)$ 而言，两者之间的互信息可以表示为 $I(\tau)$，用以表征两者之间预测能力的强弱。为了得到更加精确的检验结果，往往选取使 $I(\tau)$ 达到第一个极小值的延迟时间作为滞后期 τ。

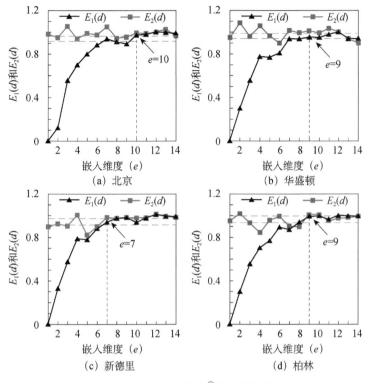

图 12-5　最优嵌入维度 ①的识别与选择

根据图 12-4，当平均互信息量达到第一个极小值时，北京、华盛顿、新德里、柏林的滞后期 τ 分别为 3、3、7、5。根据图 12-5，$E_2(d)$ 的值并不恒等于 1 意味着雾霾污染是确定性的而非随机的，当 $E_1(d)$ 达到特定阈值（0.95）时，北京、华盛顿、新德里、柏林的最优嵌入维度分别为 10、9、7、9。

2. 非线性趋势检验

鉴于非线性系统中的变量会随着时间演进而产生不规律的波动，如果某一变量存在非线性特征，那么在较短的时间间隔下通过单纯形映射（simplex projection）得到的预测值将更为精确。为此，我们进一步采用单纯形映射方法对 24 个样本城市的雾霾污染时间序列的非线性特征进行检验。

图 12-6 展示了代表性城市的非线性检验结果。根据图 12-6 的结果可以发现，三组城市涉及的 4 个样本城市雾霾污染的预测值与其真实值的相关性均随着时间

---

① AFN 法定义了两个新的变量 $E_1(d)$ 与 $E_2(d)$，其中 d 为维度。其中，当达到某一特定值后，$E_1(d)$ 将会趋于稳定，而首次达到该特定值的嵌入维度则被定义为最优嵌入维度。此外，如果时间序列具有确定性，那么一定有嵌入维度使 $E_2(d)$ 不恒等于 1。

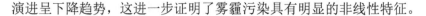

演进呈下降趋势，这进一步证明了雾霾污染具有明显的非线性特征。

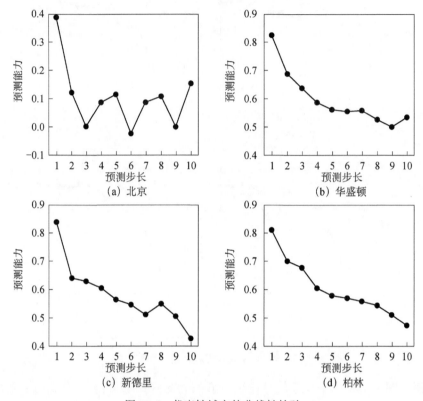

图 12-6　代表性城市的非线性检验

3. 计算收敛交叉映射相关系数

通常情况下，如果存在因果关系，那么随着数据库长度 L 的不断增加，收敛交叉映射的预测能力往往会逐渐增大，直至收敛于某一峰值，因此在最大数据库长度 L 处的收敛交叉映射相关系数通常用来衡量因果关系强度。图 12-7 展示了代表性城市的收敛交叉映射检验结果。

根据图 12-7，北京-华盛顿、北京-新德里、柏林-华盛顿三组代表性城市的收敛交叉映射相关系数均呈收敛态势，且城市之间的交互影响强度基本对称。其中，华盛顿对北京的影响强度（$\rho=0.205$）略高于北京对华盛顿的影响强度（$\rho=0.105$）；新德里对北京的影响强度（$\rho=0.449$）略高于北京对新德里的影响强度（$\rho=0.411$）；柏林对华盛顿的影响强度（$\rho=0.222$）略高于华盛顿对柏林的影响强度（$\rho=0.179$）。

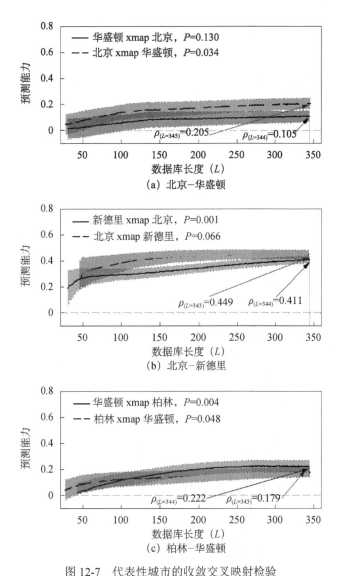

图 12-7 代表性城市的收敛交叉映射检验

xmap 表示交叉映射，以华盛顿 xmap 北京为例，其 P 值表示的是北京⇢华盛顿的概率

4. 统计显著性检验

为了确定收敛交叉映射检验结果究竟是否具有统计意义上的显著性，在此采用迭代技术，将收敛交叉映射因果检验过程进行 2000 次迭代，计算城市之间不存在交互影响的概率值，结果如图 12-7 所示。

在三组代表性城市中，北京-华盛顿的收敛交叉映射检验结果仅在华盛顿→北京方向上通过了 5% 的显著性水平（$P_{北京\to华盛顿}$=0.130，$P_{华盛顿\to北京}$=0.034），这意味着华盛顿的雾霾污染影响北京，而北京的雾霾污染并不影响华盛顿。北京-新德里收敛交叉映射相关系数的显著性检验结果表明，两者的交互影响强度并未表现出明显差异，但新德里的雾霾污染仅在 10%的显著性水平下影响了北京（$P_{新德里\to北京}= 0.066$），而北京对新德里的显著性检验则通过了 1%的显著性水平（$P_{北京\to新德里}= 0.001$）。对于柏林-华盛顿而言，两者的收敛交叉映射相关系数均通过了 5%的显著性水平检验（$P_{柏林\to华盛顿}= 0.004$，$P_{华盛顿\to柏林}=0.048$），这意味着柏林与华盛顿之间存在显著的双向交互影响。

三、雾霾污染全球交互影响：全部样本城市

遵循同样的方法与检验流程，考察了全部样本城市雾霾污染的交互影响。图12-8 和图 12-9 的矩阵直观展示了收敛交叉映射相关系数矩阵及其显著性检验的概率。其中，矩阵行标题表示雾霾污染的影响者，列标题表示被影响者，数值分别代表收敛交叉映射相关系数与相关系数的统计显著性概率。

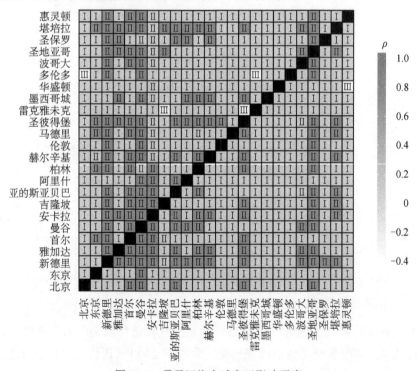

图 12-8　雾霾污染全球交互影响强度

Ⅰ～Ⅲ代表收敛交叉映射相关系数值分别处于 [0，0.5]、（0.5，1]、[-0.5，1] 区间

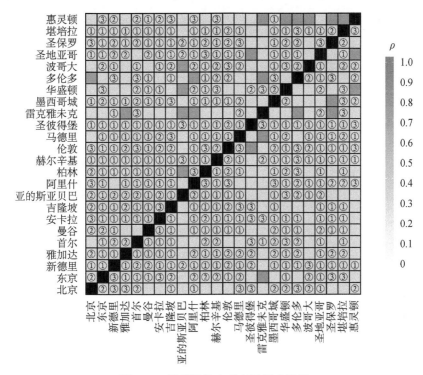

图 12-9 雾霾污染全球交互影响路径

①～③代表收敛交叉映射相关系数分别在 1%、5%、10%的显著性水平下显著

1. 收敛交叉映射因果识别结果

根据图 12-8 和图 12-9，进一步分析了收敛交叉映射相关系数及其概率水平的累计分布趋势，如图 12-10 和图 12-11 所示。从不同交互影响强度区间内的关系频数看，根据图 12-10，在可能存在交互影响关系的 552 对城市中，仅有 5 对城市之间的交互影响为负值，雾霾污染在这些城市之间呈负向变动趋势；有 385 条路径的交互影响强度在 0.0～0.5，交互影响强度普遍处于较低水平。从累计交互影响关系频数在不同交互影响强度区间内的增长幅度看，当交互影响强度在 0.2～0.3 时，交互影响关系的累计频数边际增加量达到峰值，而当雾霾污染交互影响强度高于 0.5 时，累计频数的边际增加值呈持续下降态势，交互影响强度更多地集中在 0.3～0.5。

从雾霾污染交互影响的显著性统计结果看，根据图 12-11，在 552 条最大可能的雾霾污染交互影响路径中，有 232 条交互影响路径通过了 1%显著性水平的统计检验，占比为 42.03%；有 340 条交互影响路径通过了 5%显著性水平的统计检验，占比为 61.59%；有 403 条交互路径通过了 10%显著性水平的统计检验，占比为 73.01%。从不同显著性水平下的城市频数增幅看，交互影响关系数量在 0.01～0.02

的区间范围内达到了边际增幅的峰值,并在 0.02~0.10 的区间范围内保持着较为平稳的降低态势。

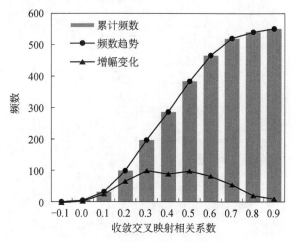

图 12-10   收敛交叉映射相关系数的累计分布

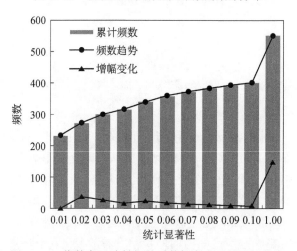

图 12-11   收敛交叉映射相关系数概率水平的累计分布

2. 雾霾污染全球交互影响的类型分析

基于收敛交叉映射因果检验结果,图 12-12 直观展示了三种显著性水平下雾霾污染全球交互影响的类型特征。根据图 12-12,在 10%的显著性水平下,552 对城市中仅有 149 对城市(占比为 27%)不存在统计意义上显著的雾霾污染交互影响关系,而有 403 对城市(占比为 73%)之间的全球交互影响通过了显著性检验。在显著的交互影响关系中,雾霾污染在 308 对城市(占比为 76%)之间表现为双向影响,只有 95 对城市(占比为 24%)之间表现为单向影响。在 5%的显著性水平下，不显著的城市雾霾污染交互影响关系数增加至 212 对（占比为 38%），但仍有 340 对城市（占比为 62%）之间的交互影响关系在统计意义上是显著的。在上述 340 对城市中，又有 232 对城市（占比为 68%）之间表现为双向影响，剩余 108 对城市（占比为 32%）之间表现为单边影响。在 1% 的显著性水平下，有 320 对城市（占比为 58%）的交互影响关系在统计意义上是不显著的，有 232 对城市（占比为 42%）之间的交互影响通过了显著性检验。

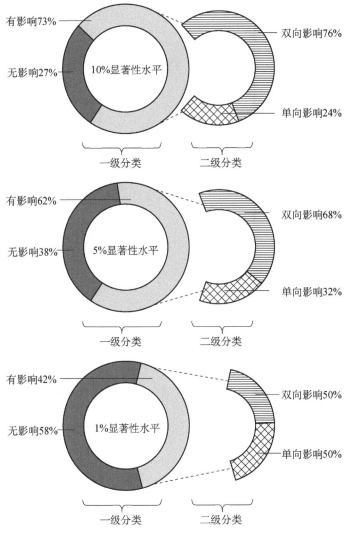

图 12-12　雾霾污染全球交互影响统计分析

在显著的交互影响关系中，双向影响与单向影响的占比均达到了 50%。综合来看，在三种显著性水平下，均有接近半数甚至超过半数的雾霾污染交互影响通过了显著性检验，其中普遍有超过 50%的影响关系表现为双向影响。上述结论表明，雾霾污染不仅整体呈现出明显的全球交互影响现象，并且普遍存在显著的双向影响而非单向影响。

第五节　雾霾污染全球交互影响的网络分析

基于收敛交叉映射的识别结果，本节借助多样化的网络指标解析雾霾污染全球交互影响的网络结构特征。

一、网络构建及可视化

以样本城市为节点，以 1%、5%、10%显著性水平下得到的收敛交叉映射因果检验结果为连线，构建了雾霾污染全球交互影响网络，如图 12-13 所示。

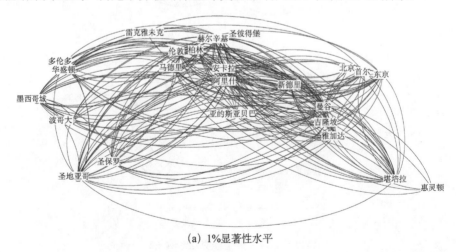

(a) 1%显著性水平

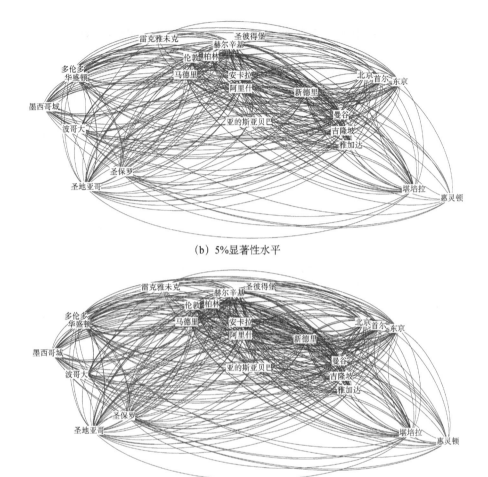

（b）5%显著性水平

（c）10%显著性水平

图 12-13　雾霾污染全球交互影响网络

二、整体网络分析

对于不同的显著性水平，1%的显著性水平或许会遗漏某些交互影响关系，10%的显著性水平可能会高估网络的紧密程度。有鉴于此，本章以 5%的显著性水平作为阈值，以揭示雾霾污染全球交互影响网络的结构特征[①]。

表 12-2 列出了雾霾污染全球交互影响网络的整体结构特征。根据表 12-2，雾

---

①　概率大于 5%，仅能代表变量在 5%的显著性水平下不存在因果关系，并不能表示变量之间不存在关联（Amrhein et al.，2019）。尽管如此，显著性检验在很大程度上仍然为研究者考察变量之间可能存在的关联关系提供了一种可行的判断标准。

霾污染的全球交互影响构成了全连通网络，该网络仅有 1 个组成成分，说明雾霾污染全球交互影响网络没有孤立的节点。网络密度达到 0.62，网络直径为 3.00，表明节点之间的联系非常紧密。网络关联度为 1.00，说明无论是通过直接影响还是间接影响，任意两个城市均能组成可达点对。网络的等级结构特征极不明显，网络等级度为 0.00，表明任意城市之间不仅可以组成可达点对，而且点对之间均存在双向交互影响。平均而言，每一城市的雾霾污染都能影响其他 14.17 个城市，同时也受到 14.17 个城市雾霾污染的影响。雾霾污染全球交互影响网络的出度中心势为 26.47%，入度中心势为 31.00%，尽管两者均处于较低水平，但相比于雾霾污染的影响者，被影响者向重要节点靠拢的趋势更为明显。此外，根据途经长度均值、聚类系数等小世界测量指标，任意两个城市之间的距离平均值仅为 1.19，而聚类系数达 0.88，表明雾霾污染的全球交互影响具有明显的小世界特征。

表 12-2 雾霾污染全球交互影响网络的整体特征与关联性

指标	统计值	指标	统计值	指标	统计值
网络密度	0.62	网络关联度	1.00	出度中心势	26.47%
网络直径	3.00	网络等级度	0.00	入度中心势	31.00%
组成成分	1.00	平均出度	14.17	途经长度均值	1.19
网络效率	0.21	平均入度	14.17	聚类系数	0.88

三、节点特征分析

本部分通过中心性分析和最佳分割点集分析，考察雾霾污染全球交互影响网络的节点特征。

1. 中心性分析

表 12-3 列出了雾霾污染全球交互影响网络中的节点中心性特征。

表 12-3 网络中心性

城市	度数中心度			接近中心度			中间中心度
	出度	入度	相对度数	出度	入度	相对度数	
圣彼得堡	3	20	50.00	88.46	52.27	70.37	2.51
雷克雅未克	2	3	10.87	53.49	52.27	52.88	0.09
墨西哥城	19	14	71.74	71.88	85.19	78.54	10.65
圣保罗	11	16	58.70	76.67	65.71	71.19	5.03
堪培拉	15	18	71.74	82.14	74.19	78.17	5.09

续表

城市	度数中心度			接近中心度			中间中心度
	出度	入度	相对度数	出度	入度	相对度数	
北京	12	9	45.65	62.16	67.65	64.91	3.32
东京	19	13	69.57	69.70	85.19	77.45	5.86
新德里	18	21	84.78	92.00	82.14	87.07	33.04
雅加达	16	19	76.09	85.19	76.67	80.93	10.94
首尔	18	13	67.39	69.70	82.14	75.92	16.65
曼谷	20	16	78.26	76.67	88.46	82.57	11.93
安卡拉	18	17	76.09	79.31	82.14	80.73	9.00
吉隆坡	18	14	69.57	71.88	82.14	77.01	6.58
柏林	17	15	69.57	74.19	79.31	76.75	5.81
赫尔辛基	19	20	84.78	88.46	85.19	86.83	22.65
伦敦	16	14	65.22	71.88	76.67	74.28	4.83
马德里	14	17	67.39	79.31	71.88	75.60	11.13
亚的斯亚贝巴	3	17	43.48	79.31	53.49	66.40	0.80
华盛顿	16	8	52.17	60.53	76.67	68.60	7.17
多伦多	11	8	41.30	58.97	65.71	62.34	3.49
波哥大	10	14	52.17	71.88	62.16	67.02	5.71
圣地亚哥	20	16	78.26	76.67	88.46	82.57	23.23
惠灵顿	7	5	26.09	54.76	58.97	56.87	1.15
阿里什	18	13	67.39	69.70	82.14	75.92	7.33
均值	14.17	14.17	61.59	73.54	74.03	73.79	8.92

（1）度数中心性

根据表 12-3，新德里和赫尔辛基、圣地亚哥和曼谷、雅加达和安卡拉的度数中心度位于前 3 名，在雾霾污染全球交互影响网络中，与这 6 个城市直接相连的路径数量最多，说明上述 6 个城市更趋近于网络中心。对于有向网络来说，节点的度数中心度分为发出关系数和接收关系数。根据测算结果，发出关系数高于平均水平（14.17）有 15 个城市，分别是新德里、雅加达、堪培拉、赫尔辛基、安卡拉、柏林、伦敦、曼谷、圣地亚哥、吉隆坡、墨西哥城、首尔、阿里什、东京、华盛顿，这些城市的雾霾污染能够影响网络中半数以上的城市。在上述 15 个城市中，有 7 个城市位于发展中国家，8 个城市位于发达国家。从接收关系数看，接收关系数高于平均水平（14.17）有 12 个城市，分别是圣彼得堡、亚的斯亚贝巴、圣保罗、新德里、雅加达、堪培拉、马德里、赫尔辛基、安卡拉、柏林、曼谷、圣地亚哥，网络中半数以上城市的雾霾污染都能够对上述 12 个城市产生影响。在上述 12 个城市中，7 个城市位于发展中国家，5 个城市位于发达国家。综合来看，24 个样本城市中有 10 个城市的接收关系数大于发出关系数，10 个城市中 6 个城市位于发展中国家，4 个城市位于发达国家。有 14 个城市的发出关系数大于接收关系数，其中 6 个城市位于发展中国家，8 个城市位于发达国家。上述结论表明，无论是发展中国家还是发达国家均同时扮演着影响者和被影响者的角色。

（2）接近中心性

根据表 12-3，新德里、赫尔辛基、圣地亚哥和曼谷的接近中心度位于前 3 名，这些城市与雾霾污染全球交互影响网络中其他节点之间的交互影响路径距离之和最小，说明这些城市的雾霾污染更容易与其他城市产生关联。出接近中心度高于平均水平（73.54）的城市包括新德里、圣彼得堡、赫尔辛基、雅加达、堪培拉、安卡拉、马德里、亚的斯亚贝巴、圣保罗、曼谷、圣地亚哥、柏林，其中有 7 个城市位于发展中国家，5 个城市位于发达国家。上述 12 个城市对其他节点发出影响的路径距离较短，具有较强的雾霾污染辐射能力，雾霾污染能够更加迅速地影响网络中的其他节点。入接近中心度高于平均水平（74.03）的城市包括新德里、赫尔辛基、雅加达、堪培拉、安卡拉、曼谷、圣地亚哥、柏林、墨西哥城、吉隆坡、伦敦、东京、首尔、阿里什、华盛顿，其中有 7 个城市位于发展中国家，8 个城市位于发达国家。上述 15 个城市受到其他城市影响的路径距离较短，更容易成为外界雾霾污染的集聚区。综合来看，新德里、赫尔辛基、圣地亚哥、曼谷、雅加达、安卡拉、堪培拉、柏林同时具有较高水平的出接近中心度和入接近中心度。

（3）中间中心性

根据表 12-3，新德里、圣地亚哥、赫尔辛基的中间中心度位于前 3 名，说明经过它们的雾霾污染交互影响路径最多，这 3 个城市在雾霾污染全球交互影响网络中发挥着明显的中介效应。以平均中间中心度（8.92）为标准，高于这一平均水平的城市分别为新德里、圣地亚哥、赫尔辛基、首尔、曼谷、马德里、雅加达、墨西哥城、安卡拉，其中有 5 个城市位于发展中国家，4 个城市位于发达国家。因此，无论是发展中国家还是发达国家，在雾霾污染全球交互影响网络中都发挥着重要作用。

2. 最佳分割点集分析

表 12-4 列出了雾霾污染全球交互影响网络的最佳分割点集。根据表 12-4，当最佳分割点集的规模为 1 时，雾霾污染全球交互影响网络的核心城市为新德里。然而，即使重点治理新德里的雾霾污染问题，全球"霾网"的崩溃比例也仅能达到 10.3%。当最佳分割点集的规模扩大到 5 个城市时，新德里、赫尔辛基、首尔、圣地亚哥、马德里构成了网络的核心城市集合，但也仅仅控制了雾霾污染全球交互影

响网络的 18.7%。当最佳分割点集的规模增加到 10 个城市时，网络崩溃比例达到
26.4%，核心城市集合包括新德里、赫尔辛基、首尔、圣地亚哥、马德里、安卡拉、
墨西哥城、曼谷、柏林、阿里什。综合来看，随着节点规模由 1 增加至 10，尽管
城市数量不断增多，但网络分割系数的提升并不明显。这也意味着，面对雾霾污染
的全球交互影响，简单治理少数地区的污染问题，对全球性雾霾污染的缓解效应就
如同蚍蜉撼树，不值一提。

表 12-4　网络核心节点与分割系数

规模	核心节点	系数
1	新德里	0.103
2	新德里、赫尔辛基	0.113
3	新德里、赫尔辛基、首尔	0.121
4	新德里、赫尔辛基、首尔、圣地亚哥	0.132
5	新德里、赫尔辛基、首尔、圣地亚哥、马德里	0.187
6	新德里、赫尔辛基、首尔、圣地亚哥、马德里、安卡拉	0.199
7	新德里、赫尔辛基、首尔、圣地亚哥、马德里、安卡拉、墨西哥城	0.213
8	新德里、赫尔辛基、首尔、圣地亚哥、马德里、安卡拉、墨西哥城、曼谷	0.229
9	新德里、赫尔辛基、首尔、圣地亚哥、马德里、安卡拉、墨西哥城、曼谷、柏林	0.243
10	新德里、赫尔辛基、首尔、圣地亚哥、马德里、安卡拉、墨西哥城、曼谷、柏林、阿里什	0.264

雾霾污染在城市之间的交互影响错综复杂，任意两个城市建立关联关系所需
要依靠的中间节点并不唯一，雾霾污染全球交互影响网络表现出明显的"树状"延
伸特征，网络不存在明显的"掮客"，结构形态极其稳固。因此，全球性雾霾污染
并不是某几个城市就可以解决的问题，仅仅敦促其中一个或某几个城市的雾霾污
染治理进程，对防控雾霾污染的全球交互影响只是杯水车薪。

四、网络路径分析

本部分从雾霾污染全球交互影响网络的关键路径、交互影响路径、微观模式多
个维度出发，揭示全球交互影响网络的路径特征。

1. 关键路径分析

表 12-5 列出了排在前 20 位的关键路径。根据表 12-5，排在前 3 位的影响路
径为雷克雅未克→赫尔辛基、雷克雅未克→首尔、亚的斯亚贝巴→圣地亚哥。上述
3 条影响路径在雾霾污染全球交互影响网络的全部完整路径中出现的次数最为频
繁，对网络的控制能力较强。在排名前 20 位的关键路径中，有 5 条交互影响路径

是由发展中国家指向发达国家,有 2 条影响路径是由发达国家指向发展中国家,前者可能是受到了自然因素的驱动,而后者或许是社会经济因素作用下的结果。在 20 条关键路径中,有 7 条路径表现为发达国家之间的雾霾污染交互影响。此外,20 条关键路径中有 18 条路径表现为跨洲交互,占比高达 90%,雾霾污染的全球交互影响网络存在"路远亦可达"的远程交互特征。

表 12-5 雾霾污染全球交互影响网络的关键路径

排名	关键路径	线的中间中心度	地理距离/千米
1	雷克雅未克→赫尔辛基	12.00	2 417.22
2	雷克雅未克→首尔	11.09	8 382.12
3	亚的斯亚贝巴→圣地亚哥	10.77	12 350.22
4	圣彼得堡→新德里	9.57	4 926.32
5	新德里→雷克雅未克	9.33	7 593.30
6	圣彼得堡→华盛顿	9.05	7 201.15
7	亚的斯亚贝巴→新德里	8.13	4 569.42
8	马德里→雷克雅未克	7.42	2 891.11
9	新德里→惠灵顿	7.15	12 648.50
10	圣彼得堡→雅加达	6.89	9 852.24
11	圣地亚哥→雷克雅未克	6.33	11 657.23
12	亚的斯亚贝巴→圣保罗	4.91	9 938.69
13	曼谷→惠灵顿	4.69	9 742.39
14	安卡拉→惠灵顿	4.67	16 822.43
15	惠灵顿→墨西哥城	4.35	11 103.89
16	赫尔辛基→多伦多	4.26	6 599.62
17	首尔→惠灵顿	4.16	10 021.25
18	惠灵顿→赫尔辛基	3.94	17 078.76
19	圣地亚哥→多伦多	3.88	8 620.86
20	惠灵顿→新德里	3.85	12 648.50

注:城市间的地理距离是作者根据城市经纬度计算的球面距离

2. 交互影响路径分析

本部分以发达国家和发展中国家为分类依据,考察了北京-华盛顿、华盛顿-柏林、北京-新德里三组城市之间的雾霾污染交互影响路径,如图 12-14 所示。

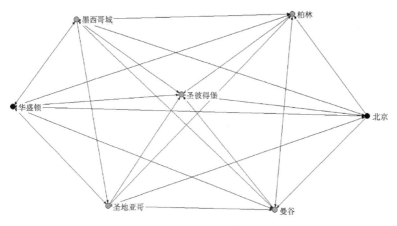

（a）北京-华盛顿

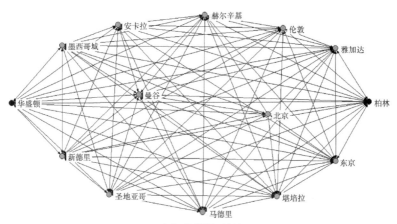

（b）华盛顿-柏林

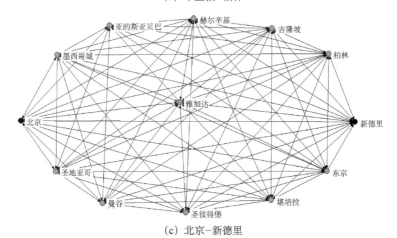

（c）北京-新德里

图 12-14　代表性城市雾霾污染的交互影响路径特征

根据图 12-14，代表性城市之间显著的雾霾污染交互影响路径通常不止 1 条，并且呈现出明显的双向交互影响特征。在不同的城市组合中，无论是发达城市-发展中城市、发达城市-发达城市还是发展中城市-发展中城市，雾霾污染在任意两城市之间的交互影响存在直接影响与间接影响两种情况，城市之间的雾霾污染交互影响现象往往会将其他城市牵涉其中，在一定范围内产生负面影响。以北京-华盛顿为例，两者之间的交互影响路径至少途经雾霾污染全球交互影响网络中的其他 5 个城市。上述结论表明，一方面，雾霾污染的交互影响路径并非单向的，发达国家同样会对发展中国家的空气质量产生不利影响，澄清了社会各界所秉持的"雾霾污染只会由发展中国家向发达国家传导"的错误认识；另一方面，雾霾污染的间接交互影响通常具有显著的负外部性特征，能够在全球范围内影响多个城市，衍生出多条附加的交互影响路径，显著提高了雾霾污染全球交互影响网络的复杂程度和稳定性。

3. 微观模式分析

对于多线程的复杂网络而言，任意三个节点之间均存在多样化的局部网络结构。表 12-6 列出了雾霾污染全球交互影响网络的微观交互模式。

表 12-6　雾霾污染全球交互影响网络的微观交互模式

序号	代码	结构	频次/次	频率/%
1	003		35	1.729
2	012		139	6.868
3	102		108	5.336
4	021D		51	2.520
5	021U		59	2.915
6	021C		80	3.953
7	111D		121	5.978
8	111U		142	7.016
9	030T		124	6.126
10	030C		10	0.494
11	201		92	4.545
12	120D		97	4.792
13	120U		193	9.536

续表

序号	代码	结构	频次/次	频率/%
14	120C		113	5.583
15	210		386	19.071
16	300		274	13.538

根据表 12-6，在全部的局部交互结构中，代码为 210 与 300 的两种模式出现频次较多，分别为 386 次与 274 次，在最大可能组合数量（2024 次 [①]）中占比分别达到 19.07%、13.54%。上述两种局部交互模式均表示雾霾污染具有高度集团化特征，即对任意两个地区而言，雾霾污染往往表现出显著的相互影响现象。代码为 030C 与 003 的两种模式出现频次较少，分别为 10 次与 35 次，占比分别为 0.49%、1.73%。前者意味着 3 个城市之间不存在任何连接，是完全的"陌生人"，而后者则表示雾霾污染在 3 个城市之间形成了影响闭环，即雾霾污染在城市与城市之间仅存在单向影响规律，上述两种结构特征在雾霾污染全球交互影响网络中均不明显。综合来看，雾霾污染全球交互影响网络中各节点普遍表现出双向的微观交互特征。为进一步考察城市在网络局部交互模式中扮演的角色，测算了每个城市节点的诚实中间人指数，结果如表 12-7 所示。其中，代码 HBI0 表示城市在影响路径中扮演着纯中介的角色，即与其相连的两个节点之间不存在任何关系；代码 HBI1 代表城市在影响路径中扮演着弱中介的角色，即与其相连的两个节点之间存在一条单向连接关系；代码 HBI2 表示城市在交互影响路径中并没有发挥不可替代的中介作用，与其相连的两个城市之间存在双向影响关系。

表 12-7　雾霾污染全球交互影响网络中各节点的诚实中间人指数

城市	中介频次/次	连接对数/对	HBI0	HBI1	HBI2
圣彼得堡	3	3	0	2	1
雷克雅未克	0	0	0	0	0
墨西哥城	12	66	8	24	34
圣保罗	9	36	0	4	32
堪培拉	14	91	7	22	62
北京	4	6	0	3	3
东京	12	66	7	22	37
新德里	16	120	14	43	63
雅加达	15	105	4	36	65
首尔	9	36	0	7	29

[①]　2024 次为 24 个城市中任选 3 个城市所构成的最大组合数量，组合方式不考虑排序。

续表

城市	中介频次/次	连接对数/对	HBI0	HBI1	HBI2
曼谷	15	105	9	34	62
安卡拉	14	91	3	26	62
吉隆坡	13	78	5	21	52
柏林	12	66	2	17	47
赫尔辛基	16	120	7	33	80
伦敦	11	55	1	11	43
马德里	11	55	2	13	40
亚的斯亚贝巴	2	1	0	0	1
华盛顿	7	21	1	9	11
多伦多	3	3	1	1	1
波哥大	6	15	3	4	8
圣地亚哥	15	105	12	41	52
惠灵顿	2	1	0	0	1
阿里什	11	55	6	13	36

根据表12-7，新德里（16次）、赫尔辛基（16次）、雅加达（15次）、曼谷（15次）、圣地亚哥（15次）、堪培拉（14次）、安卡拉（14次）的中介频次位于前3名。这些城市连接的城市对数最低为91对，最高为120对。然而，即使是中介频次与连接对数最大的新德里，也仅有14对关系属于纯中介交互模式，而非中介交互模式多达63对。

纵观24个城市节点在全球交互影响网络中的局部交互模式，HBI0纯中介交互模式出现的频次远低于HBI2非中介交互模式，说明没有任何一个城市能够发挥非常突出的中介效应，部分城市（如雷克雅未克）甚至完全没有发挥中介作用，在雾霾污染全球交互影响网络中存在显著的边缘化特征。综合来看，城市节点普遍表现出非中介特征，雾霾污染的全球交互影响并不依赖于几个核心节点的维系，因此试图控制少数城市以防控雾霾污染全球交互影响网络是不切实际的，积极构建全球治理体系才是有效防控全球性雾霾污染问题的根本之策。

第六节　雾霾污染全球治理体系的构建路径

处于雾霾污染的全球交互影响网络中，没有任何一个国家和地区可以孤立存在，这恰恰证明了人类的确是一个难割难舍的命运共同体。应对全球性雾霾污染问题，需要在构建人类命运共同体思想的指引下，加快推动开展全球治理进程。全球治理是解决全球雾霾污染问题的必然选择，也是推动共建人类命运共同体的迫切要求。

一、构建雾霾污染全球治理体系的可选道路

单丝不线，孤掌难鸣。雾霾污染全球合作治理需要世界各国的共同参与。从雾霾污染全球治理的参与主体看，雾霾污染全球治理体系的构建理论需要遵循以下三条道路。

第一条道路：将雾霾污染合作治理作为重要议题纳入现有全球治理框架，打造雾霾污染的全球治理体系。

"合则强，孤则弱"。全球性雾霾污染问题需要世界各国的携手合作，只有加速形成"风雨同舟，携手合作"的治霾责任共同体和命运共同体，才能解决雾霾污染带来的全球性挑战。因此，依托于联合国等国际组织或《联合国气候变化框架公约》《京都议定书》《巴黎协定》等现有的应对气候变化的全球治理框架，并将雾霾污染治理作为其中的重要议题，无疑是构建雾霾污染全球治理体系最为直接的选择。

从参与规模和参与主体看，现有的国际组织或全球治理框架已经有了良好的运行体系和成熟的运作流程，在环境保护、气候变化等全球事务上也达成了一定的合作共识与治理协定，并且几乎涵盖了全球范围内的全部国家。联合国现有 193 个成员国，《联合国气候变化框架公约》共有 197 个缔约国，而《联合国气候变化框架公约》下衍生出的《京都议定书》和《巴黎协定》，分别得到了 192 个和 185 个《联合国气候变化框架公约》缔约方的批准[1]。因此，将雾霾污染全球治理体系纳入现有全球治理框架中，能够快速寻找到参与各项国际事务的最大国家集合，所需的前期组织成本与经济成本相对较少。

尽管将雾霾污染合作治理作为重要议题纳入现有全球治理框架，看似是最为直接和合理的选择，但这一构建路径却面临着雾霾污染全球合作治理困境的严峻挑战。一方面，参与主体数量越多，参与规模越大，所需要的协商成本与协调成本也随之增加。从《京都议定书》和《巴黎协定》的形成历程看，前者于 1997 年 12 月 11 日在日本京都通过，于 2005 年 2 月 16 日生效，期间经历了至少 7 年的磋商与协调，而《巴黎协定》自 2015 年 12 月 12 日在巴黎举行的第二十一届缔约方会议提出，于 2016 年 11 月 4 日生效，共历经接近一年的准备时间[2]。另一方面，雾霾污染治理不同于气候变化，发达国家和发展中国家难以就雾霾污染全球治理问

① 参见 https://www.un.org/zh/member-states/index.html.

② 参见 https://unfccc.int/about-us/about-the-secretariat.

题达成一致共识。就发达国家而言，世界上很多发达国家都曾受到雾霾污染的困扰，它们也针对本国或本地区的雾霾污染开展了一系列的治霾行动和治霾实践。从全球空气质量的分布情况看，发达国家的空气质量相对较好，在本国雾霾污染治理过程中所需付出的经济成本相对较低。然而，一旦参与到雾霾污染全球治理中，发达国家就会面对更大的人力、物力和资金需求，此时它们往往秉持"事不关己，高高挂起"的孤岛心态，缺少参与全球治理的积极性。就发展中国家而言，尽管当前很多发展中国家深受雾霾污染的困扰，但多数发展中国家却面临着治霾资金不足、治霾人才匮乏、治霾技术落后、治霾制度尚不完善等诸多困难，无论是应对本国的雾霾污染，还是参与雾霾污染全球治理，它们都不具备相应的客观条件与能力。因此，一旦遵循第一条道路构建雾霾污染全球治理体系，破解"发达国家不愿意干，发展中国家干不了"的全球治理困境，将成为推动开展雾霾污染全球治理面临的重大挑战。

第二条道路：将雾霾污染治理纳入"一带一路"倡议，在推动区域性雾霾污染治理的基础上，吸引更多国家和地区参与进来，最终构建起雾霾污染全球治理体系。

骐骥千里，非一日之功。面对全球性雾霾污染问题的严峻性和紧迫性，为了尽可能地减少构建雾霾污染全球治理体系的时间成本，可依托于"一带一路"倡议，将雾霾污染合作治理作为"一带一路"倡议中的环保新议题，在推动打造雾霾污染区域治理体系的基础上，不断吸引更多国家和地区加入雾霾污染治理的人类命运共同体，加速构建雾霾污染的全球治理体系。"一带一路"倡议与雾霾污染治理相辅相成。

首先，将"打造雾霾污染区域治理体系"作为一项重要议题纳入"一带一路"倡议，顺应了应对全球雾霾污染问题的内在要求，顺应了高质量共建"一带一路"的核心理念，顺应了各国人民对美好蓝天的强烈愿望。自"一带一路"倡议提出以来，在经历了几年时间的建设与发展后，"一带一路"已经基本形成"六廊六路多国多港"的互联互通框架，得到了150多个国家和国际组织的积极响应和参与①。目前，"一带一路"倡议已经进入了由"大写意"向"工笔画"的高质量共建阶段，而绿色发展始终是高质量共建"一带一路"的核心理念之一，应对环境保护及气候变化等全球性的挑战更是"一带一路"倡议的重要命题。环境就是民生，蓝天也是幸福，加快构建"一带一路"区域雾霾污染治理体系不仅是践行绿色发展核心理念的重要突破口，还为高质量共建"一带一路"创造了新的共识，有助于进一步推动"一带一路"倡议向纵深方向发展。

其次，作为凝聚了广泛共识的国际合作新平台，"一带一路"倡议为构建雾霾

---

① 150多个国家和国际组织响应参与"一带一路"[EB/OL]. http://ex.cssn.cn/zx/shwx/shhnew/201903/t20190330_4857850.shtml[2020-09-16].

污染区域体系奠定了坚实的合作治理基础，积淀了良好的合作治理意愿，积累了成熟的合作治理经验。与发达国家绝对优良的空气质量不同，发展中国家与新兴经济体往往是雾霾污染的"重灾区"，这些国家普遍具有更为强烈的治理意愿，也保持着更加一致的共同利益与共同目标。伴随着"一带一路"沿线发展中国家与新兴经济体话语权的提高，在"还蓝天于民"这一共同愿望的驱使下，"一带一路"沿线发展中国家将更容易凝聚形成区域治霾合力，为推动构建雾霾污染区域治理体系提供有力的助推器。

第三条道路：以大国之间的通力合作为基础，将雾霾污染治理作为国家战略合作新突破，为雾霾污染全球治理体系的构建提供有力支撑。

大国合作是构建雾霾污染全球治理体系的重要基石。一旦大国之间能够就雾霾污染治理达成双边合作共识，不仅可以为拓展国家战略合作空间提供新突破，还能充分发挥大国的吸引力效应，加速建立雾霾污染全球治理体系。基于吸引力法则（也可称为同类相吸定律），构建雾霾污染双边治理体系，只有既包含发展中国家又包含发达国家，才能最大限度地发挥大国合作的"集聚效应"。因此，作为全球最大的经济体，中美合作或中欧合作无疑是构建雾霾污染双边治理体系的最优解集。

一是构建雾霾污染中美双边治理体系，通过寻求中美双方对雾霾污染治理问题的重要共识，推动建立雾霾污染全球治理体系。中国和美国是全球最大的发展中国家和发达国家，对世界各国的影响力与号召力不可估量，而中美关系同样也是世界上最具影响力的双边关系之一。因此，一旦中国和美国能够在治霾方面达成合作共识，构建起雾霾污染的中美双边治理体系，必然将在全球范围内掀起一场影响深远的治霾浪潮，并吸引越来越多的国家和国际组织加入雾霾污染治理行动中，在推动雾霾污染双边治理体系向多边治理进一步拓展的基础上，雾霾污染全球治理体系的构建也是值得期待的。然而，不可否认的是，当前中美两国在经济和贸易领域仍然存在一些难以调和的矛盾与冲突，而在中美经贸摩擦不断升级的现实背景下，很难期待两国能够在雾霾污染治理领域达成双边合作共识，但面对全球性雾霾污染问题带来的严峻挑战与严重威胁，现在正是中美两国毫不犹豫和毫不退缩地履行大国责任和担当的时刻，希望推动开展雾霾污染合作治理能够成为中美两国之间战略合作关系的新突破。

二是构建雾霾污染中欧双边治理体系，通过加深中欧双方在雾霾污染治理问题上的战略合作，推动建立雾霾污染全球治理体系。从欧盟的雾霾污染治理经历看，欧盟是当今世界最大的经济联合体，也是最早开展大气跨界污染治理的经济体，并且于1979年制定了世界上第一个具有法律约束力的国际性综合合作公约《远距离越境空气污染公约》（*The Convention on Long-range Transboundary Air Pollution*），具有丰富的跨界污染治理经验。从中国的雾霾污染治理经历看，近年来中国同样在雾霾污染跨界治理方面取得了长足的进步。2013年以来，以打赢蓝天保卫战为最终目标，中国颁布实施了《大气污染防治行动计划》，打造了"政府主导、部门联动、企业尽责、公众参与"的治霾模式，开拓了"国家统筹，区域协同"的治霾道路，积累了较为成熟的合作治理经验。因此，在中欧双边均具有良好治霾基础的现实背景下，推动构建中欧之间的雾霾污染双边治理体系，无疑为双方提供了一个治霾经验的融合与启发平台、治霾技术的转让与共享平台、治霾举措的借鉴与互补平台。从中国和欧盟的双边关系看，与中美近年来愈发紧张的双边经贸关系不同，中欧始终保持着紧密的战略合作伙伴关系，2014 年以来先后签订了《关于深化互利共赢的中欧全面战略伙伴关系的联合声明》《中欧合作 2020 战略规划》《中欧气候变化联合声明》等多项合作协定，在经济、文化、气候变化、环境保护等领域均形成了良好的合作关系，在低碳发展、新兴产业、可持续发展等方面开展了深入合作。在此背景下，推动开展中欧雾霾污染双边合作治理，不仅为双方提供了一个治霾经验的分享平台、治霾技术的转让与共享平台，也是深化中欧全面战略合作伙伴关系的重要举措。百尺竿头，更进一步。打造雾霾污染中欧双边治理体系，不仅能为中欧的环保合作提供新机遇、新交集、新支点，也有助于深化中欧战略合作伙伴关系，为构建雾霾污染全球治理体系奠定坚实基础。

二、构建雾霾污染全球治理体系的中国方案

雾霾污染全球治理体系构建路径的选择，是一个需要满足及时性、经济性、可行性三方约束条件的运筹学问题。当然，固然可以选择第一条道路，将雾霾污染纳入现有全球合作治理框架，打造雾霾污染全球治理体系，但却难以避免陷入雾霾污染的全球合作治理困境。面对"发达国家不愿意干，发展中国家干不了"的现实困境，中国作为全球生态文明建设的重要参与者、贡献者、引领者，中国经验和中国道路，显得尤为重要。

就中国的雾霾污染治理经历看，作为世界上第一个大规模开展雾霾治理的发展中大国，党的十八大以来，中国展现出了前所未有的治霾决心，在蓝天保卫战中积累了丰富的治霾经验，成功走出了雾霾污染治理的中国道路。中国愿意与其他各国分享中国的治霾经验，将雾霾污染治理的中国经验和中国道路惠及全球。就中国在国际舞台上的大国担当看，中国在全球治理变革中始终扮演着至关重要的角色，提出了"一带一路"倡议，坚持推动共建人类命运共同体。面对全球性雾霾污染带来的严峻挑战，中国有能力、有实力继续表现出切实可行的领导力和凝聚力，在雾霾污染全球治理中发出中国声音、提出中国方案、贡献中国智慧。

全球治理离不开体系保障，中国需要在雾霾污染全球治理体系的构建过程中彰显大国责任和大国担当。以人类命运共同体理念为指引，中国可以将雾霾污染合

作治理作为重要议题纳入"一带一路"倡议，同时深化中国与欧盟的全面战略合作伙伴关系，启动中欧雾霾污染合作治理行动，建立"一带一路—欧盟雾霾污染合作治理体系"，以此为基础，吸引更多国家和地区加入，从而构建起雾霾污染全球治理体系，打造雾霾污染全球治理新格局。

三、雾霾污染全球治理的重要举措

雾霾污染全球治理体系的构建与运作，是国家之间的对话，同时也是科学、技术甚至资金之间的交流、汇聚与共振。因此，必须要牢牢把握科研攻关、技术共享与基金运作三个重要着力点，为构建雾霾污染全球治理体系提供有力支撑。

一是形成多元互动的科研交流平台。科学研究无国界，有效应对雾霾污染问题，归根结底要回答好三个问题，即雾霾污染是什么？雾霾污染的来源是什么？雾霾污染在国家之间的交互模式是什么？因此，必须要积极架设不同科学家互学互鉴的桥梁，汇聚世界各国的科研顶尖人才。通过建立融汇世界各国人才资源的联合攻关实验室，在雾霾污染领域展开专业建设、人才培育、企业孵化等方面的深度合作。

二是深化各领域技术资源的开发合作。科技是第一生产力，先进的治霾技术是从根本上解决雾霾污染问题的内在要求。因此，必须坚持"开发，转让，共享"原则，加快打造新兴技术孵化开发平台、卓越技术转让交易平台、优势技术共享交流平台。通过打造"政府—企业—机构—个人"四位一体的技术交流与共享平台，为加快实现先进治霾技术在雾霾污染全球治理体系中的大规模应用提供有力支撑。

三是募集和发展雾霾污染全球治理体系的运作基金。各国必须发动起企业、国家、组织等一切可以集结的力量，积极发展和共建雾霾污染全球治理体系的运作资金池，充分发挥专项贷款、各类专项投资基金的重要作用，发展治霾主题债券，支持多边开发融资合作中心有效运作，同时呼吁多边和各国金融机构参与共建雾霾污染全球治理的投融资工程，鼓励开展第三方市场合作。通过建立雾霾污染联合基金项目，为雾霾污染全球治理行动的顺利开展提供坚实的资金保障。

第七节　本章小结

变革催生机遇，团结进发力量。当今世界正处于百年未有之大变局，全球雾霾污染已经为人类社会的可持续发展敲响了警钟。大鹏之动，非一羽之轻也。正如习近平总书记在中法全球治理论坛闭幕式上所指出的，面对严峻的全球性挑战，面对人类发展在十字路口何去何从的抉择，各国应该有以天下为己任的担当精神，积极做行动派、不做观望者，共同努力把人类前途命运掌握在自己手中 ①。大道至简，实干为要。伫立于全球治理体系变革的时代浪潮之上，我们相信，只要世界各国摒弃零和博弈的惯性思维，秉承人类命运共同体的重要共识，持"长风破浪会有时，直挂云帆济沧海"的决心，承"自信人生二百年，会当水击三千里"的勇气，坚持遵循正确的治霾道路，深入践行重要的治霾举措，推动雾霾污染全球治理体系在运行中不断完善，在完善中不断提效，一定能够彻底解决全球性雾霾污染问题，还世界一片蓝天白云、繁星闪烁！

---

① 习近平在中法全球治理论坛闭幕式上的讲话（全文）[EB/OL]. http://www.xinhuanet.com/politics/2019-03/26/c_1124286585.htm[2020-09-16].

参考文献

安俊岭,李健,张伟.2012.京津冀污染物跨界输送通量模拟[J].环境科学学报,(11):2684-2692.

包群,彭水军.2006.经济增长与环境污染:基于面板数据的联立方程估计[J].世界经济,(11):48-58.

蔡昉,都阳.2000.中国地区经济增长的趋同与差异——对西部开发战略的启示[J].经济研究,(10):30-37.

柴发合,云雅如,王淑兰.2013.关于我国落实区域大气联防联控机制的深度思考[J].环境与可持续发展,(4):5-9,38.

陈分定.2011.PMF、CMB、FA等大气颗粒物源解析模型对比研究[D].长春:吉林大学.

陈黎明,程度胜.2014.长株潭空气污染指数相关性研究及季节调整[J].统计与决策,(14):139-142.

陈硕,陈婷.2014.空气质量与公共健康:以火电厂二氧化硫排放为例[J].经济研究,(8):158-183.

陈潭.2003.集体行动的困境:理论阐释与实证分析[J].中国软科学,(9):139-144.

陈彦军,李伟铿,张宝春,等.2012.基于GIS的珠三角区域空气质量时空演化分析模型研究[J].中国环境监测,(5):136-141.

迪安·鲁谢尔,约翰·科斯基宁,加里·罗宾斯.2016.社会网络指数随机图模型:理论,方法与应用[M].杜海风,任义科,杜巍,等译.北京:社会科学文献出版社.

杜吴鹏,高庆先,王跃思,等.2009.沙尘天气对我国北方城市大气环境质量的影响[J].环境科学研究,(9):22,1021-1026.

段玉森,魏海萍,伏晴艳,等.2008.中国环保重点城市API指数的时空模态区域分异[J].环境科学学报,(2):384-391.

范恒山.2017.高度重视并有效应对地区分化问题[J].经济研究参考,(10):3-6.

高歌.2008.1961-2005年中国霾日气候特征及变化分析[J].地理学报,(7):761-768.

高会旺,陈金玲,陈静.2014.中国城市空气污染指数的区域分布特征[J].中国海洋大学学报,(10):25-34.

高明，郭施宏，夏玲玲. 2016. 大气污染府际间合作治理联盟的达成与稳定——基于演化博弈分析[J]. 中国管理科学，（8）：62-70.

巩英洲. 2005. 沙尘暴：一种跨区域的大气环境污染物[J]. 中国环境监测，（6）：21，79-82.

国家统计局. 2017. 分省年度数据库[Z]. http://data.stats.gov.cn/easyquery.htm?cn=E0103[2018-06-06].

何枫，马栋栋，祝丽云. 2016. 中国雾霾污染的环境库兹涅茨曲线研究——基于2001~2012年中国30个省市面板数据的分析[J]. 软科学，（4）：30，37-40.

贺克斌. 2011. 大气颗粒物与区域复合污染[M]. 北京：科学出版社.

胡安俊，孙久文. 2014. 空间计量——模型、方法与趋势[J]. 世界经济文汇，（6）：111-120.

胡晓宇，李云鹏，李金凤. 2011. 珠江三角洲城市群PM_{10}的相互影响研究[J]. 北京大学学报（自然科学版），（3）：519-524.

黄寿峰. 2017. 财政分权对中国雾霾影响的研究[J]. 世界经济，（2）：40，127-152.

姜珂，游达明. 2016. 基于央地分权视角的环境规制策略演化博弈分析[J]. 中国人口·资源与环境，（9）：139-148

李根生，韩春民. 2015. 财政分权、空间外溢与中国城市雾霾污染：机理与证据[J]. 当代财经，（6）：26-34.

李婕，滕丽. 2014. 珠三角城市空气质量的时空变化特征及影响因素[J]. 城市观察，（5）：85-95.

李婧，谭清美，白俊红. 2010. 中国区域创新生产的空间计量分析——基于静态与动态空间面板模型的实证研究[J]. 管理世界，（7）：43-55.

李敬，陈澍，万广华，等. 2014. 中国区域经济增长的空间关联及其解释[J]. 经济研究，（11）：4-16.

李静，彭飞. 2013. 城市空气污染与收入关系的EKC再检验[J]. 统计与决策，（20）：86-89.

李拓. 2016. 土地财政下的环境规制"逐底竞争"存在吗？[J]. 中国经济问题，（5）：42-51.

李维，蒋明. 2015. 基于GIS云平台的环境监测数据三维表征设计与应用初探[J]. 中国环境监测，（3）：171-181.

李小飞，张明军，王圣杰，等. 2012. 中国空气污染指数变化特征及影响因素分析[J]. 环境科学，（6）：33，1936-1943.

李欣，杨朝远，曹建华. 2017. 网络舆论有助于缓解雾霾污染吗？[J]. 经济学动态，（6）：45-57.

李自然，成思危，祖垒. 2011. 基于格兰杰因果检验遍历性分析的中国股市和国际股市的时变联动特征研究[J]. 系统科学与数学，（2）：31，131-143.

林伯强，蒋竺均. 2009. 中国二氧化碳的环境库兹涅茨曲线预测及影响因素分析[J]. 管理世界，（4）：27-36.

林毅夫，蔡昉，李周. 1998. 中国经济转型时期的地区差距分析[J]. 经济研究，（6）：5-12.

刘华军. 2016. 资源环境约束下全要素生产率增长的空间差异及区域协调对策研究[M]. 北京：经济科学出版社.

刘华军, 鲍振, 杨骞. 2013. 中国农业碳排放的地区差距及其分布动态演进——基于 Dagum 基尼系数分解与非参数估计方法的实证研究[J]. 农业技术经济, 03: 72-81.

刘华军, 杜广杰. 2016. 中国城市大气污染的空间格局与分布动态演进——基于 161 个城市 AQI 及 6 种分项污染物的实证[J]. 经济地理, (10): 36, 33-38.

刘华军, 杜广杰. 2017. 中国大范围雾霾污染的空间来源贡献度解析[R]. 济南: 山东财经大学.

刘华军, 杜广杰. 2018. 中国雾霾污染的空间关联研究[J]. 统计研究, (4): 5-17, 319.

刘华军, 何礼伟. 2016. 中国省际经济增长的空间关联网络结构——基于非线性 Granger 因果检验方法的再考察[J]. 财经研究, (2): 42, 97-107.

刘华军, 雷名雨. 2018. 中国雾霾污染区域协同治理困境及其破解思路[J]. 中国人口·资源与环境, (10): 28, 91-98.

刘华军, 刘传明, 孙亚男. 2015a. 中国能源消费的空间关联网络结构特征及其效应研究[J]. 中国工业经济, (5): 83-95.

刘华军, 刘传明, 杨骞. 2015b. 环境污染的空间溢出及其来源——基于网络分析视角的实证研究[J]. 经济学家, (10): 28-35.

刘华军, 张耀, 孙亚男. 2015c. 中国区域发展的空间网络结构及其时滞变化——基于 DLI 指数的分析[J]. 中国人口科学, (4): 60-71.

刘华军, 等. 2015d. 关于加快建立山东省大气污染联防联控机制的建议[R]. 山东财经大学经济增长与绿色发展科研团队智库报告.

刘华军, 等. 2016. 城市大气污染的空间传导网络与动态交互影响[Z]. 中国科学院科技论文预发布平台.

刘华军, 刘传明. 2016. 京津冀地区城市间大气污染的非线性传导及其联动网络[J]. 中国人口科学, (2): 84-95.

刘华军, 裴延峰. 2017. 我国雾霾污染的环境库兹涅茨曲线检验[J]. 统计研究, (3): 45-54.

刘华军, 孙亚男, 陈明华. 2017. 雾霾污染的城市间动态关联及其成因研究[J]. 中国人口·资源与环境, (3): 27, 74-81.

刘华军, 杨骞. 2014. 环境污染、时空依赖与经济增长[J]. 产业经济研究, (1): 81-91.

刘军. 2014. 整体网分析: UCINET 软件实用指南. 2 版[M]. 北京: 格致出版社.

刘瑞明, 赵仁杰. 2015. 国家高新区推动了地区经济发展吗？——基于双重差分法的验证[J]. 管理世界, (8): 30-38.

刘旭艳, 刘欢, 张强, 等. 2018. 不利风向条件下北部湾人为源对海口市 $PM_{2.5}$ 浓度影响的模拟研究[J]. 环境科学学报, (8): 38, 3197-3209.

罗莹华. 2017. 基于 CMB 受体模型的大气颗粒物源成分谱研究[J]. 四川环境, (1): 17-23, 36.

马丽梅，刘生龙，张晓.2016.能源结构、交通模式与雾霾污染——基于空间计量模型的研究[J].财贸经济，（1）：37，147-160.

马丽梅，张晓.2014a.中国雾霾污染的空间效应及经济、能源结构影响[J].中国工业经济，（4）：19-31.

马丽梅，张晓.2014b.区域大气污染空间效应及产业结构影响[J].中国人口·资源环境，（7）：24，157-164.

马楠，赵春生，陈静，等.2015.基于实测 PM$_{2.5}$，能见度和相对湿度分辨雾霾的新方法[J].中国科学，（2）：45，227-235.

曼瑟尔·奥尔森.1995.集体行动的逻辑[M].陈郁，郭宇锋，李崇新，译.上海：上海人民出版社.

美国哥伦比亚大学社会经济数据和应用中心.全球年度 PM2.5（1998-2016）[EB/OL].https://beta.sedac.ciesin.columbia.edu/data/set/sdei-global-annual-gwr-pm2-5-modis-misr-seawifs-aod.

潘慧峰，王鑫，张书宇.2015a.重雾霾污染的溢出效应研究——来自京津冀地区的证据[J].科学决策，（2）：1-15.

潘慧峰，王鑫，张书宇.2015b.雾霾污染的持续性及空间溢出效应分析[J].中国软科学，（12）：134-143.

潘竟虎，张文，李俊峰，等.2014.中国大范围雾霾期间主要城市空气污染物分布特征[J].生态学杂志，（12）：33，3423-3431.

潘文卿.2012.中国的区域关联与经济增长的空间溢出效应[J].经济研究，（11）：54-65.

齐绍洲，严雅雪.2017.基于面板门槛模型的中国雾霾（PM$_{2.5}$）库兹涅茨曲线研究[J].武汉大学学报（哲学社会科学版），（4）：70，80-90.

任婉侠，薛冰，张琳，等.2013.中国特大型城市空气污染指数的时空变化[J].生态学杂志，（10）：2788-2796.

桑曼乘，覃成林.2014.国外区域经济研究的一个新趋势——区域经济网络研究[J].人文地理，（3）：28-34.

邵帅，李欣，曹建华，等.2016.中国雾霾污染治理的经济政策选择——基于空间溢出效应的视角[J].经济研究，（9）：73-88.

施益强，王坚，张枝萍.2014.厦门市空气污染的空间分布及其与影响因素空间相关性分析[J].环境工程学报，（12）：5406-5412.

石敏俊.2017a.雾霾治理目标需要合理制定[N].社会科学报，第2版.

石敏俊.2017b.雾霾治理的经济成本与社会成本[EB/OL].http://www.rmlt.cn/2017/0124/457460.shtml?winzoom=1[2020-08-16].

石庆玲，郭峰，陈诗一.2016.雾霾治理中的"政治性蓝天"——来自中国地方"两会"的证据[J].中国工业经济，（5）：40-56.

宋伟民.2013.中国雾霾天气的现状与挑战[J].环境与健康展望，（8）：2-4.

孙才志，李欣.2015. 基于核密度估计的中国海洋经济发展动态演变[J]. 经济地理，(1)：96-103.

孙亚男，肖彩霞，刘华军.2017. 长三角地区大气污染的空间关联及动态交互影响——基于 2015 年城市 AQI 数据的实证考察[J]. 经济与管理评论，(2)：121-131.

陶然，苏福兵，陆曦，等.2010. 经济增长能够带来晋升吗？——对晋升锦标竞赛理论的逻辑挑战与省级实验重估[J]. 管理世界，(12)：13-26.

田国强.2003.经济机制理论：信息效率与激励机制设计[J].经济学（季刊），(2)：2-39.

田国强.2016.高级微观经济学[M]. 北京：中国人民大学出版社.

万海远，李实.2013. 户籍歧视对城乡收入差距的影响[J]. 经济研究，(9)：43-55.

汪伟全.2014. 空气污染的跨域合作治理研究——以北京地区为例[J]. 公共管理学报，(1)：55-64.

王金南，宁淼，孙亚梅.2012. 区域大气污染联防联控的理论与方法分析[J]. 环境与可持续发展，(5)：5-10，37.

王连伟.2012. 跨流域污染治理中集体行动困境问题的探讨——以奥尔森"集体行动的逻辑"为切入点[J]. 四川行政学院学报，(5)：82-84.

王敏，黄滢.2015. 中国的环境污染与经济增长[J]. 经济学（季刊），(2)：14，557-578.

王小鲁，樊纲.2004. 中国地区差距的变动趋势和影响因素[J]. 经济研究，(1)：33-44.

王晓琦，郎建垒，程水源，等.2016. 京津冀及周边地区 $PM_{2.5}$ 传输规律研究[J]. 中国环境科学，(11)：36，3211-3217.

王孝松，李博，翟光宇.2015. 引资竞争与地方政府环境规制[J]. 国际贸易问题，(8)：51-61.

王星.2016. 城市规模、经济增长与雾霾污染——基于省会城市面板数据的实证研究[J]. 华东经济管理，(7)：30，86-92.

王艳丽，钟奥.2016. 地方政府竞争、环境规制与高耗能产业转移——基于"逐底竞争"和"污染避难所"假说的联合检验[J]. 山西财经大学学报，(8)：38，46-54.

王英，李令军，刘阳.2012. 京津冀与长三角区域大气 NO_2 污染特征[J]. 环境科学，(11)：3685-3692.

王宇澄.2015. 基于空间面板模型的我国地方政府环境规制竞争研究[J]. 管理评论，(8)：27，23-32.

王振波，方创琳，许光，等.2015.2014 年中国城市 $PM_{2.5}$ 浓度的时空变化规律[J]. 地理学报，(11)：1720-1734.

伍复胜，管东生.2013. 城市大气污染相互影响的 VAR 模型分析[J]. 环境科学与技术，(6)：36，57-61.

向堃，宋德勇.2015. 中国省域 $PM_{2.5}$ 污染的空间实证研究[J]. 中国人口·资源与环境，(9)：153-159.

徐振宇.2013. 社会网络分析在经济学领域的应用进展[J]. 经济学动态，(10)：61-72.

许广月, 宋德勇.2010. 中国碳排放环境库兹涅茨曲线的实证研究——基于省域面板数据[J]. 中国工业经济, (5): 37-47.

许敏兰.2007. 公共产品的产权问题研究[D]. 上海: 上海财经大学.

薛文博, 付飞, 王金南, 等.2014.中国 $PM_{2.5}$ 跨区域传输特征数值模拟研究[J]. 中国环境科学, (6): 1361-1368.

严雅雪, 齐绍洲.2017a. 外商直接投资与中国雾霾污染[J]. 统计研究, (5): 34, 69-81.

严雅雪, 齐绍洲.2017b. 外商直接投资对中国城市雾霾 $PM_{2.5}$ 污染的时空效应检验[J]. 中国人口·资源与环境, (4): 27, 68-77.

杨海生, 陈少凌, 周永章.2008.地方政府竞争与环境政策——来自中国省份数据的证据[J]. 南方经济, (6): 15-30.

杨骞, 王弘儒, 刘华军.2016. 区域大气污染联防联控是否取得了预期效果?——来自山东省会城市群的经验证据[J]. 城市与环境研究, (4): 3-21.

杨冕, 王银.2017. 长江经济带 $PM_{2.5}$ 时空特征及影响因素研究[J]. 中国人口·资源与环境, (1): 27, 91-100.

杨子晖.2010. "经济增长" 与 "二氧化碳排放" 关系的非线性研究: 基于发展中国家的非线性 Granger 因果检验[J].世界经济, (10): 33, 139-160.

杨子晖, 赵永亮.2014.非线性 Granger 因果检验方法的检验功效及有限样本性质的模拟分析[J]. 统计研究, (5): 31, 107-112.

杨子晖, 赵永亮, 柳建华.2013.CPI 与 PPI 传导机制的非线性研究: 正向传导还是反向倒逼?[J]. 经济研究, (3): 48, 83-95.

姚洋, 张牧扬.2013. 官员绩效与晋升锦标赛——来自城市数据的证据[J]. 经济研究, (1): 137-150.

叶大凤.2015. 协同治理: 政策冲突治理模式的新探索[J]. 管理世界, (6): 172-173.

叶继革, 余道先.2007. 我国出口贸易与环境污染的实证分析[J]. 国际贸易问题, 293(5): 72-77.

原毅军, 耿殿贺.2010. 环境政策传导机制与中国环保产业发展[J]. 中国工业经济, (10): 65-74.

岳书敬, 霍晓.2017. 跨区域大气污染联合防治中的地方政府演化博弈分析[J]. 南京邮电大学学报 (社会科学版), (1): 107-116.

臧新, 赵炯.2016.外资区域转移背景下 FDI 对我国劳动力流动的影响研究[J]. 数量经济技术经济研究, (3): 78-94.

臧正, 邹欣庆, 宋翘楚.2017. 空间权重对分析地理要素时空关联格局的影响——基于中国大陆省域水资源消耗强度的实证[J]. 地理研究, (5): 36, 872-886.

詹姆斯·奥康纳.2003. 自然的理由——生态学马克思主义研究[M]. 唐正东,臧佩洪,译.南京: 南京大学出版社.

占华.2016. 博弈视角下政府污染减排补贴政策选择的研究[J]. 财贸经济，（4）：30-42.

张可，汪东芳.2014. 经济集聚与环境污染的交互影响及空间溢出[J]. 中国工业经济，（6）：70-82.

张可，汪东芳，周海燕.2016. 地区间环保投入与污染排放的内生策略互动[J]. 中国工业经济，（2）：68-82.

张庆丰，罗伯特·克鲁克斯.2012. 迈向环境可持续的未来：中华人民共和国国家环境分析[M]. 北京：中国财政经济出版社.

张文彬，张理芃，张可云.2010.中国环境规制强度省际竞争形态及其演变——基于两区制空间 Durbin 固定效应模型的分析[J]. 管理世界，（12）：34-44.

张小曳，孙俊英，王亚强，等.2013. 我国雾霾成因及其治理的思考[J]. 科学通报，58（13）：1178-1187.

张殷俊，陈曦，谢高地，等.2015. 中国细颗粒物（$PM_{2.5}$）污染状况和空间分布[J]. 资源科学，（7）：1339-1346.

张征宇，朱平芳.2010. 地方环境支出的实证研究[J]. 经济研究，（5）：45，82-94.

赵鼎新.2006. 集体行动、搭便车理论与形式社会学方法[J]. 社会学研究，（1）：1-21.

赵璐，赵作权.2014. 基于特征椭圆的中国经济空间分异研究[J]. 地理科学，（8）：34，979-986.

赵霄伟.2014. 地方政府间环境规制竞争策略及其地区增长效应[J]. 财贸经济，（10）：105-113.

中国环境年鉴编辑委员会.1999-2004. 中国环境年鉴（1999-2004）[M]. 北京：中国环境年鉴社.

周成虎，刘海江，欧阳.2008. 中国环境污染的区域联防方案[J]. 地球信息科学，（4）：10，431-437.

周华林，李雪松.2012. Tobit 模型估计方法与应用[J]. 经济学动态，（5）：105-119.

周黎安.2007.中国地方官员的晋升锦标赛模式研究[J]. 经济研究，（7）：36-50.

周黎安，陈烨.2005. 中国农村税费改革的策效果：基于双重差分模型的估计[J]. 经济研究，（5）：44-53.

周涛，柏文洁，汪秉宏，等.2005. 复杂网络研究概述[J]. 物理，（1）：31-36.

周晓艳，汪德华，李钧鹏.2011. 新型农村合作医疗对中国农村居民储蓄行为影响的实证分析[J]. 经济科学，（2）：63-76.

朱国忠，乔坤元，虞吉海.2014. 中国各省经济增长是否收敛？[J]. 经济学（季刊），（3）：1171-1194.

朱平芳，张征宇.2010. FDI 竞争下的地方政府环境规制"逐底竞赛"存在么——来自中国地级城市的空间计量实证[J]. 数量经济研究，（9）：79-92.

朱平芳, 张征宇, 姜国麟. 2011. FDI 与环境规制: 基于地方分权视角的实证研究[J]. 经济研究, (6): 133-145.

朱平辉, 袁加军, 曾五一. 2010. 中国工业环境库兹涅茨曲线分析——基于空间面板模型的经验研究[J]. 中国工业经济, (6): 65-74.

朱彤, 尚静, 赵德峰. 2010. 大气复合污染及灰霾形成中非均相化学过程的作用[J]. 中国科学: 化学, 40 (12): 1731-1740.

庄贵阳, 周伟铎, 薄凡. 2017. 京津冀雾霾协同治理的理论基础与机制创新[J]. 中国地质大学学报 (社会科学版), (5): 10-17.

Akimoto H. 2003. Global air quality and pollution[J]. Science, 302 (5651): 1716-1719.

Amrhein V, Greenland S, McShane B. 2019. Retire statistical significance[J]. Nature, 567(7748): 305-307.

Andreoni J, Levinson A. 2001. The simple analytics of the environmental Kuznets Curve[J]. Journal of Public Economics, 80 (2): 269-286.

Anselin L. 1988. Spatial econometrics: methods and models[J]. Studies in Operational Regional Science, 85 (411): 310-330.

Anselin L. 2001. Spatial effects in econometric practice in environmental and resource economic[J]. American Journal of Agricultural Economics, 83 (3): 705-710.

Anselin L. 2005. Exploring Spatial Data with GeoDaTM: A Workbook[M]. USA: Center for Spatially Integrated Science.

Anselin L, Florax R J G M. 1995. New Directions in Spatial Econometrics[M]. New York: Springer Science & Business Media.

Ansell C, Gash A. 2008. Collaborative governance in theory and practice[J]. Journal of Public Administration Research and Theory, 18 (4): 543-571.

Ashenfelter O, Card D. 1985. Using the longitudinal structure of earnings to estimate the effect of training programs[J]. Review of Economics and Statistics, 67 (4): 648-660.

Aunan K, Pan X. 2004. Exposure-response functions for health effects of ambient air pollution applicable for China-a meta-analysis[J]. Science of The Total Environment, 329: 3-16.

Baek E, Brock W. 1992. A general test for nonlinear Granger causality: Bivariate model[R]. Iowa State University and University of Wisconsin at Madison Working Paper.

Bai X, Shi P, Liu Y. 2014. Society: realizing China's urban dream[J]. Nature, 509 (7499): 158.

Balcilar M, Gupta R, Miller S. 2014. Housing and the great depression[J]. Applied Economics, 24: 2966-2981.

Berkeley G. 1970. A treatise concerning the principles of human knowledge[J]. The Journal of Nervous and Mental Disease, 85 (4): 468.

Besley T，Case A. 1992. Incumbent behavior：vote seeking，tax setting and yardstick competition[J]. The American Economic Review，85（1）：25-45.

Borgatti S P. 2006. Identifying sets of key players in a social network[J]. Comput. Math. Organ. Theory，12（1）：21-34.

Borgatti S P，Mehra A，Brass D J，et al. 2009. Network analysis in the social sciences[J]. Science，323（5916）：892-895.

Brashears M E. 2014. Exponential random graph models for social networks：theory，methods and applications[J]. Contemporary Sociology，43（4）：552-553.

Broock W A，Scheinkman J A，Dechert W D，et al. 1996. A test for independence based on the correlation dimension[J]. Econometric Reviews，15（3）：197-235.

Brown G，Eberly S，Paatero P，et al. 2015. Methods for estimating uncertainty in PMF solutions：examples with ambient air and water quality data and guidance on reporting PMF results[J]. Science of the Total Environment，518：626-635.

Busse M，Silberberger M. 2013.Trade in pollutive industries and the stringency of environmental regulations[J]. Applied Economics Letters，20（4）：320-323.

Cáliz J，Triadó-Margarit X，Camarero L，et al. 2018. A long-term survey unveils strong seasonal patterns in the airborne microbiome coupled to general and regional atmospheric circulations[J]. Proceedings of the National Academy of Sciences，115（48）：12229-12234.

Callen L，Segal D. 2010. A variance decomposition primer for accounting research[J]. Journal of Accounting，Auditing and Finance，25（1）：121-142.

Campbell Y. 1991. A variance decomposition model for stock returns[J]. Economic Journal，101（405）：157-179.

Cao L. 1997. Practical method for determining the minimum embedding dimension of a scalar time series[J]. Physica D：Nonlinear Phenomena，110（1/2）：43-50.

Chakraborty D，Mukherjee S. 2013. How do trade and investment flows affect environmental sustainability? Evidence from panel data[J]. Environmental Development，（6）：34-47.

Chemel C，Fisher B E A，Kong X，et al. 2014. Application of chemical transport model CMAQ to policy decisions regarding $PM_{2.5}$ in the UK[J]. Atmospheric Environment，82：410-417.

Chen Y，Ebenstein A，Greenstone M，et al.，2013a. Evidence on the impact of sustained exposure to air pollution on life expectancy from China's Huai River Policy[J]. Proceedings of the National Academy of Sciences，110（32）：12936-12941.

Chen D，Lan Z，Bai X，et al. 2013b. Evidence that acidification-induced declines in plant diversity and productivity are mediated by changes in below-ground communities and soil properties in a semi-arid steppe[J]. Journal of Ecology，101（5）：1322-1334.

Chen Z, Cai J, Gao B, et al. 2017. Detecting the causality influence of individual meteorological factors on local PM$_{2.5}$ concentration in the Jing-Jin-Ji region[J]. Scientific Reports, 7 (1): 1-11.

Cheng K. 2016. Spatial overflow effect of haze pollution in China and its influencing factors[J]. Nature Environment and Pollution Technology, 15 (4): 1409-1416.

Cheng S, Lang J, Zhou Y, et al. 2013a. A new monitoring-simulation-source apportionment approach for investigating the vehicular emission contribution to the PM$_{2.5}$ pollution in Beijing, China[J]. Atmospheric Environment, 79: 308-316.

Cheng Z, Wang S, Jiang J, et al. 2013b. Long-term trend of haze pollution and impact of particulate matter in the Yangtze River Delta, China[J]. Environmental Pollution, 182: 101-110.

Cheng Z, Li L, Liu J. 2017. Identifying the spatial effects and driving factors of urban PM$_{2.5}$ pollution in China[J]. Ecological Indicators, 82 (9): 61-75.

Clark A T, Ye H, Isbell F, et al. 2015. Spatial convergent cross mapping to detect causal relationships from short time series[J]. Ecology, 96 (5): 1174-1181.

Cohen D D, Stelcer E, Atanacio A, et al. 2014. The application of IBA techniques to air pollution source fingerprinting and source apportionment[J]. Nuclear Instruments and Methods in Physics Research Section B: Beam Interactions with Materials and Atoms, 318: 113-118.

Cooper O R, Parrish D D, Stohl A, et al. 2010. Increasing springtime ozone mixing ratios in the free troposphere over western North America[J]. Nature, 463 (7279): 344-348.

Cressie N. 2015. Statistics for Spatial Data[M]. New York: John Wiley.

Cui H, Chen W, Dai W, et al. 2015. Source apportionment of PM$_{2.5}$ in Guangzhou combining observation data analysis and chemical transport model simulation[J]. Atmospheric Environment, 116: 262-271.

Daniel G, Arce M, Sandler T. 2005. The dilemma of the Prisoners' dilemmas[J]. Kyklos, 58 (1): 3-24.

Davis S J, Caldeira K. 2010. Consumption-based accounting of CO$_2$ emissions[J]. Proceedings of the National Academy of Sciences, 107 (12): 5687-5692.

Deng H, Zheng X, Huang N, et al. 2012. Strategic interaction in spending on environmental protection: spatial evidence from Chinese cities[J]. China & World Economy, 20 (5): 103-120.

Deyle E R, Sugihara G. 2011. Generalized theorems for nonlinear state space reconstruction[J]. PLoS One, 6 (3): e18295.

Diks C, Panchenko V. 2006. A new statistic and practical guidelines for nonparametric Granger causality testing[J]. Journal of Economic Dynamics and Control, 30 (9): 1647-1669.

Dinda S. 2004. Environmental Kuznets Curve hypothesis: a survey[J]. Ecological Economics, 49(4): 431-455.

Dinda S. 2005. A theoretical basis for the Environmental Kuznets Curve[J]. Ecological Economics, 53 (3): 403-413.

Ding G, Zhang B, Zhao P. 2017. ESDA based spatial correlation features analysis of China urban regional haze pollution[J]. Boletín Técnico, 55 (6): 704-713.

Dixon P A, Milicich M J, Sugihara G. 1999. Episodic fluctuations in larval supply[J]. Science, 283 (5407): 1528-1530.

Donahue J. 2004. On collaborative governance[J]. Corporate Social Responsibility Initiative Working Paper, 2.

Duce R A. 1980. Long-range atmospheric transport of soil dust from Asia to the tropical north pacific: temporal variability[J]. Science, 209: 1522-1524.

Ducruet C, Beauguitte L. 2014. Spatial science and network science: review and outcomes of a complex relationshi[J]. Networks and Spatial Economics, 14 (3/4): 297-316.

Elhorst J P. 2014. Spatial Econometrics: from Cross-Sectional Data to Spatial Panels[M]. Berlin: Springer.

Elhorst J P, Fréret S. 2009. Evidence of political yardstick competition in France using a two-regime spatial Durbin model with fixed effects[J]. Journal of Regional Science, 49 (5): 931-951.

Engling G, Gelencsér A. 2010. Atmospheric brown clouds: from local air pollution to climate change[J]. Elements, 6 (4): 223-228.

Esty D C, Dua A. 1997. Sustaining the Asia pacific miracle[J]. Institute for International Economics, 3 (4): 307-331.

Fan Q, Yu W. 2014. Process analysis of a regional air pollution episode over Pearl River delta region, China, Using the MM5-CMAQ Model[J]. Journal of the Air and Waste Management Association, 64 (4): 406-418.

Feng X, Li Q, Zhu Y, et al. 2015. Artificial neural networks forecasting of $PM_{2.5}$ pollution using air mass trajectory based geographic model and wavelet transformation[J]. Atmospheric Environment, 107: 118-128.

Foley K M, Hogrefe C, Pouliot G, et al. 2015. Dynamic evaluation of CMAQ part I: separating the effects of changing emissions and changing meteorology on ozone levels between 2002 and 2005 in the eastern US[J]. Atmospheric Environment, 103: 247-255.

Forouzanfar M H, Afshin A, Alexander L T, et al. 2016. Global, regional, and national comparative risk assessment of 79 behavioural, environmental and occupational, and metabolic risks or clusters of risks, 1990–2015: a systematic analysis for the Global Burden of Disease Study 2015[J]. The Lancet, 388 (10053): 1659-1724.

Fraenkel A A. 1989. The convention on Long-range transboundary air pollution：meeting the challenge of international cooperation[J]. Harvard International Law Journal，30（2）：447-476.

Francis B B，Mougoue M，Panchenko V. 2010. Is there a symmetric nonlinear causal relationship between large and small firms？[J]. Journal of Empirical Finance，17（1）：23-28.

Frank O，Strauss D. 1986. Markov graphs[J]. Journal of the American Statistical Association，81（395）：832-842.

Fredriksson P G，Millimet D L. 2002. Strategic interaction and the determination of environmental policy across US states[J]. Journal of Urban Economics，51（1）：101-122.

Freeman L C，Roeder D，Mulholland R R. 1979. Centrality in social networks：II. Experimentalresults[J]. Social Networks，2（2）：119-141.

Ghanem D L，Zhang J J. 2014. Effortless perfection：Do Chinese cities manipulate air pollution data？[J]. Journal of Environmental Economics and Management，68（2）：203-225.

Granger C W J. 1969.Investigating causal relations by econometric models and cross-spectral methods[J]. Econometrica：Journal of the Econometric Society，37（3）：424-438.

Granger C W J，Newbold P. 2014. Forecasting Economic Time Series（2nd Edition）[M]. New York：Academic Press.

Grossman G M，Krueger A B. 1991. Environmental impacts of a North American Free Trade Agreement[J]. Social Science Electronic Publishing，8（2）：223-250.

Grossman G M，Krueger A B. 1995. Economic growth and the environment[J]. The Quarterly Journal of Economics，110（2）：353-377.

Groves T，Ledyard J. 1977. Optimal allocation of public goods：a solution to the "Free Rider" problem[J]. Econometrica：Journal of The Econometric Society，45：783-811.

Guan D，Su X，Zhang Q，et al. 2014. The socioeconomic drivers of China's primary $PM_{2.5}$ emissions[J]. Environmental Research Letters，（2）：9.

Guo S. 2016. Environmental options of local governments for regional air pollution joint control：application of evolutionary game theory[J]. Economic and Political Studies，4（3）：238-257.

Han R，Wang S，Shen W. 2016. Spatial and temporal variation of haze in China from 1961 to 2012[J]. Journal of Environmental Sciences，46：134-146.

Hao Y，Liu Y. 2016. The influential factors of urban $PM_{2.5}$ concentrations in China：a spatial econometric analysis[J]. Journal of Cleaner Production，112（2）：1443-1453.

Harris J K. 2013. An Introduction to Exponential Random Graph Modeling[M]. London：Sage Publication.

Harris J K，Carothers B J，Wald L M. 2012. Interpersonal influence among public health leaders in the United States Department of Health and Human Services[J]. Journal of Public Health Research，1（1）：67.

Heft-Neal S，Burney J，Bendavid E，et al. 2018. Robust relationship between air quality and infant mortality in Africa[J]. Nature，559（7713）：254-258.

Hiemstra C，Jones J D.1994. Testing for Linear and Nonlinear Granger causality in the stock price volume relation[J]. The Journal of Finance，49（5）：1639-1664.

Hobbs P V. 1974. Atmospheric effects of pollutants：pollutants which affect clouds are most likely to produce modifications in weather and climate[J]. Science，183：909-915.

Holland P W，Leinhardt S. 1977. A Method for Detecting Structure in Sociometric Data[M]. Pittsburgh：Academic Press.

Hsiao C. 1981. Autoregressive modelling and Money-income causality detection[J]. Journal of Monetary Economics，7（1）：85-106.

Hsieh C H，Anderson C，Sugihara G. 2008. Extending nonlinear analysis to short ecological time series[J]. The American Naturalist，171（1）：71-80.

Hu J，Chen J，Ying Q. 2016. One-year simulation of ozone and particulate matter in China using WRF/CMAQ modeling system[J]. Atmospheric Chemistry and Physics，16：10333-10350.

Hu J，Wang Y，Ying Q，et al. 2014. Spatial and temporal variability of $PM_{2.5}$ and PM_{10} over the North China Plain and the Yangtze River Delta，China[J]. Atmospheric Environment，95：598-609.

Huang R J，Zhang Y，Bozzetti C，et al. 2014. High secondary aerosol contribution to particulate pollution during haze events in China[J]. Nature，514（7521）：218-222.

Huang Z，Ou J，Zheng J. 2016. Process contributions to secondary inorganic aerosols during typical pollution episodes over the Pearl River Delta region，China[J]. Aerosol and Air Quality Research，16（9）：2129-2144.

Hurwicz L，Reiter S. 2006. Designing Economic Mechanisms[M]. Cambridge：Cambridge University Press.

Jaffe D，Anderson T，Covert D，et al. 1999. Transport of Asian air pollution to North America[J]. Geophysical Research Letters，26（6）：711-714.

Jessie P H，Irene C，Canfei H. 2006. The impact of energy, transport, and trade on air pollution in China[J]. Eurasian Geography & Economics，47（5）：1-17.

Jiang C，Wang H，Zhao T. 2015. Modeling study of $PM_{2.5}$ pollutant transport across cities in China's Jing-Jin-Ji region during a severe haze episode in December 2013[J]. Atmospheric Chemistry and Physics，15（10）：5803-5814.

Jiang L，Bai L. 2018. Spatio-temporal characteristics of urban air pollutions and their causal relationships：evidence from Beijing and its neighboring cities[J]. Scientific Reports，8（1）：1279.

Kan H，Chen R，Tong S. 2012. Ambient air pollution，climate change，and pollution health in China[J]. Environment International，（42）：10-19.

Kantz H，Schreiber T. 1997. Nonlinear Time Series Analysis[M]. Cambridge：Cambridge University Press.

Kennan G F. 1970. To prevent a world wasteland：a proposal[J]. Foreign Affairs，48（3）：401-413.

Kilian L. 2001. Impulse response analysis in vector autoregressions with unknown lag order[J]. Journal of Forecasting，20（3）：161-179.

Kioumourtzoglou M A. 2014. Exposure measurement error in $PM_{2.5}$ health effects studies：a pooled analysis of eight personal exposure validation studies[J]. Environmental Health a Global Access Science Source，13（1）：170-180.

Konisky D M. 2007. Regulatory competition and environmental enforcement：is there a race to the bottom?[J]. American Journal of Political Science，51（4）：853-872.

Krackhardt D. 2014. Graph Theoretical Dimensions of Informal Organizations[M]. London：Psychology Press.

Kuznets S. 1955. Economic growth and income inequality[J]. American Economic Review，45（1）：1-28.

Lang J. 2013. A monitoring and modeling study to investigate eegional transport and characteristics of $PM_{2.5}$ pollution[J]. Aerosol and Air Quality Research，13（3）：943-956.

Law K S，Stohl A. 2007. Arctic air pollution：origins and impacts[J]. Science，315：1537-1540.

Lee C K，Lin S. 2008. Chaos in Air Pollutant Concentration（APC）time series[J]. Aerosol and Air Quality Research，8（4）：381-391.

Lee L，Yu J. 2010. Estimation of spatial autoregressive panel data models with fixed effects[J]. Journal of Econometrics，154（2）：165-185.

Lefever D W. 1926. Measuring geographic concentration by means of the standard deviational ellipse[J]. American Journal of Sociology，32（1）：88-94.

Lelieveld J，Berresheim H，Borrmann S，et al. 2002. Global air pollution crossroads over the Mediterranean[J]. Science，298（5594）：794-799.

Lelieveld J，Pöschl U. 2017. Chemists can help to solve the air-pollution health crisis[J]. Nature，551：291.

Lelieveld J，Bourtsoukidis E，Bruhl C，et al. 2018. The South Asian monsoon-pollution pump and purifier[J]. Science，361（6399）：270-273.

Lelieveld J，Evans J S，Fnais M，et al. 2015. The contribution of outdoor air pollution sources to premature mortality on a global scale[J]. Nature，525（7569）：367-371.

Lesage J P，Pace R K. 2009. Introduction to Spatial Econometrics：Statistics[M]. Textbooks and Monographs F L：CRC Press.

Levinson A. 2003. Environmental regulatory competition: a status report and some new evidence[J]. National Tax Journal, 56 (1): 91-106.

Li L, Huang C, Huang H Y, et al. 2014a. An integrated process rate analysis of a regional fine particulate matter episode over Yangtze River Delta in 2010[J]. Atmospheric Environment, 91: 60-70.

Li L, Qian J, Ou C, et al. 2014b. Spatial and temporal analysis of air pollution index and its Timescale-Dependent relationship with meteorological factors in Guangzhou, China, 2001-2011[J]. Environmental Pollution, 190 (7): 75-81.

Li L, Tang D, Kong Y. 2016. Spatial analysis of Haze-fog pollution in China[J]. Energy and Environment, 27 (6/7): 726-740.

Li M, Li C, Zhang M. 2018. Exploring the spatial spillover effects of industrialization and urbanization factors on pollutants emissions in China's Huang-Huai-Hai region[J]. Journal of Cleaner Production, 195: 154-162.

Li X, Zhang Q, Zhang Y, et al. 2017. Attribution of $PM_{2.5}$ exposure in Beijing-Tianjin-Hebei region to emissions: implication to control strategies[J]. Science Bulletin, 62 (13): 957-964.

Lin J, Pan D, Davis S J, et al. 2014. China's international trade and air pollution in the United States[J]. Proceedings of the National Academy of Sciences of the United States of America, 111 (5): 1736-1741.

Liu H, Fang C, Zhang X, et al. 2017. The effect of natural and anthropogenic factors on haze pollution in Chinese cities[J]. Journal of Cleaner Production, 165 (1): 323-333.

Liu H, Du G, Liu Y. 2018. A new approach to spatial source apportionment of haze pollution in large scale and its application in China[J]. Chinese Journal of Population Resources and Environment, 16 (2): 131-148.

Liu H, Zhang Y, Cheng S, et al. 2010. Understanding of regional air pollution over China using CMAQ, part I performance evaluation and seasonal variation[J]. Atmospheric Environment, 44 (20): 2415-2426.

Liu J, Mauzerall D L, Chen Q, et al. 2016. Air pollutant emissions from Chinese households: a major and underappreciated ambient pollution source[J]. Proceedings of the National Academy of Sciences of the United States of America, 113 (28): 7756-7761.

Liu Y, Sarnat J A, Kilaru V, et al. 2005. Estimating ground-level $PM_{2.5}$ in the eastern United States using satellite remote sensing[J]. Environmental Science and Technology, 39 (9): 3269-3278.

Long S, Zhu Y, Jang C, et al. 2016. A case study of development and application of a streamlined control and response modeling system for $PM_{2.5}$ attainment assessment in China[J]. Journal of Environmental Sciences, 41: 69-80.

Lundberg J. 2006. Spatial interaction model of spillover from locally provided public services[J]. Regional Studies, 40 (6): 634-644.

Lusher E B D, Koskinen J, Robins G. 2013. Exponential Random Graph Models for Social Networks[M]. Cambridge: Cambridge University Press.

Lüthi Z L, Škerlak B, Kim S W, et al. 2015. Atmospheric brown clouds reach the Tibetan Plateau by crossing the Himalayas[J]. Atmospheric Chemistry and Physics, 15 (6): 6007-6021.

Lutkepohl H. 1994. New Introduction to Multiple Time Series Analysis[M]. New York: Springer Science and Business Media.

Ma H, Leng S, Chen L.2018. Data-based prediction and causality inference of nonlinear dynamics[J]. Science China-Mathematics, 61 (3): 403-420.

Ma Z, Hu X, Sayer M, et al. 2016a. Satellite-based spatiotemporal trends in $PM_{2.5}$ concentrations: China, 2004-2013[J]. Environmental Health Perspectives, 124 (2): 184.

Ma Y, Ji Q, Fan Y. 2016b. Spatial linkage analysis of the impact of regional economic activities on $PM_{2.5}$ pollution in China[J]. Journal of Cleaner Production, 139 (15): 1157-1167.

Marshall A. 1961. Principles of Economics: an Introductory Volume[M]. London: Macmillan.

Marzio G, Alessandro L, Francesco P. 2006. Reassessing the EKC for CO_2 emissions: a robustness exercise[J]. Ecological Economics, 57 (1): 152-163.

Meyer B.1995. Natural and quasi-experiments in economics[J]. Journal of Business and Economic Statistics, 13 (2): 151-161.

Milgram S.1967. The small world problem[J]. Psychology Today, 2 (1): 60-67.

Milo R, Shen-Orr S, Itzkovitz S. 2002. Network motifs: simple building blocks of complex networks[J]. Science, 298 (5594): 824-827.

Moran P. 1950. Notes on continuous stochastic phenomena[J]. Biometrika, 37 (1/2): 17-23.

Moreno J L. 1934. Who Shall Survive?: A New Approach to the Problem of Human Interrelations[M]. Washington D C: Nervous and Mental Disease Publishing Company.

Morgan G B. 1970. Air pollution surveillance systems[J]. Science, 170 (3955): 289-296.

Myradal G. 1957. Economic Theory and Under-Developed Regions[M]. London: Duckworth.

Myradal G. 1968. Asian Drama: an Inquiry into the Poverty of Nations[M]. New York: Pantheon.

Nehzat M.1999. Winter time $PM_{2.5}$ and PM_{10}, source apportionment at Sacramento[J]. Air and Manage, 12 (49): 25-29.

Newman M E J. 2003. Mixing patterns in networks[J]. Physical Review, 67 (2): 026126.

Ngo N S, Zhong N, Bao X J. 2018a. The effects of transboundary air pollution following major events in China on air quality in the US: evidence from Chinese New Year and sandstorms[J]. Journal of Environmental Management, 212: 169-175.

Ngo N S，Bao X J，Zhong N. 2018b. Local pollutants go global：the impacts of intercontinental air pollution from China on air quality and morbidity in California[J]. Environmental Research，165：473-483.

Nyakabawo W，Miller M，Balcilar M，et al. 2015. Temporal causality between house prices and output in the US：a bootstrap rolling-window approach[J]. The North American Journal of Economics and Finance，33：55-73.

Oita A，Malik A，Kanemoto K，et al. 2016. Substantial nitrogen pollution embedded in international trade[J]. Nature Geoscience，9（2）：111-115.

Oliveira M，Gama J. 2012. Wiley interdisciplinary reviews：data mining and knowledge discovery[J]. An Overview of Social Network Analysis，2（2）：99-115.

Olson M. 1965. Logic of Collective Action：Public Goods and the Theory of Groups[M]. Boston：Harvard University Press.

Ostrom E E，Dietz T E，Dolšak N E，et al. 2002. The Drama of the Commons[M]. Washington D C：National Academy Press.

Panayotou T. 1993. Empirical tests and policy analysis of environmental degradation at different stages of economic development[R]. International Labour Organization.

Pavcnik N. 2002. Tread liberalization exit and productivity improvement evidence from Chilean Plants[J]. Review of Economic Studies，69（1）：245-276.

Penrose R. 1956. On best approximate solutions of linear matrix equations[J]. Mathematical Proceedings of the Cambridge Philosophical Society，52（1）：17.

Peters G P. 2008. From production-based to consumption-based national emission inventories[J]. Ecological Economics，65（1）：13-23.

Pigou A C. 1920. The Economics of Welfare[M]. London：Palgrave Macmillan.

Poon J P H，Casas I，He C. 2006. The impact of energy，transport，and trade on air pollution in China[J]. Eurasian Geography and Economics，47（5）：568-584.

Popkin G. 2015. A twisted path to equation-free prediction[J]. Quanta Magazine，10（3）：1-7.

Porter G. 1999. Trade competition and pollution standards："race to the bottom" or "stuck at the bottom"[J]. The Journal of Environment and Development，8（2）：133-151.

Qin M，Wang X，Hu Y，et al. 2015. Formation of particulate sulfate and nitrate over the Pearl River Delta in the Fall：diagnostic analysis using the community multiscale air quality model[J]. Atmospheric Environment，112：81-89.

Quah D. 1993. Galton's fallacy and tests of the convergence hypothesis[J]. The Scandinavian Journal of Economics，95（4）：427-443.

Randel W J，Park M，Emmons L，et al. 2010. Asian monsoon transport of pollution to the stratosphere[J]. Science，328：611-613.

Rasli A M，Qureshi M I，Isah-Chikaji A，et al. 2018. New toxics，race to the bottom and revised environmental Kuznets curve：the case of local and global pollutants[J]. Renewable and Sustainable Energy Reviews，81（2）：3120-3130.

Renard M F，Xiong H. 2012. Strategic Interactions in Environmental Regulation Enforcement：Evidence from Chinese Provinces[R]. Clermont-Ferrand：CERDI Working Paper.

Rosenfeld D，Zhu Y，Wang M，et al. 2019. Aerosol-driven droplet concentrations dominate coverage and water of oceanic low-level clouds[J]. Science，363：566.

Roy S，Jantzen B. 2018. Detecting causality using symmetry transformations[J]. Chaos：An Interdisciplinary Journal of Nonlinear Science，28（7）：1-11.

Rutter A P，Griffin R J，Cevik B K，et al. 2015. Sources of air pollution in a region of oil and gas exploration downwind of a large city[J]. Atmospheric Environment，120：89-99.

Schlesinger R B. 2007. The health impact of common inorganic components of fine Particulate Matter （PM$_{2.5}$）in ambient air：a critical review[J]. Inhalation Toxicology，19（10）：811-832.

Scott J. 2013. Social Network Analysis：A Hand book（3rd edition）[M]. London：Sage Publication.

Seinfeld J H，Pandis S N. 2016. Atmospheric Chemistry and Physics：from Air Pollution to Climate Change[M]. New York：John Wiley & Sons.

Selden T，Song D. 1994. Environmental quality and development：is there a Kuznets Curve for air pollution emissions?[J]. Journal of Environmental Economics and Management，27（2）：147-162.

Shao M，Tang X，Zhang Y. 2006. City clusters in China：air and surface water pollution[J]. Frontiers in Ecology and the Environment，4（7）：353-361.

Shi K，Liu C Q，Ai N S，et al. 2008. Using three methods to investigate time-scaling properties in air pollution indexes time series[J]. Nonlinear Analysis：Real World Applications，9（2）：693-707.

Silverman B W. 1986. Density Estimation for Statistics and Data Analysis[M]. London：Chapman and Hall.

Sims C A.1980. Macroeconomics and reality[J]. Econometrica，48（1）：1-48.

Song T. 2016. Spatial and temporal variability and correlation of air pollution in provincial capitals in central China[J]. Journal of Residuals Science and Technology，13（5）：74.1-74.5.

Stern D I. 2004. The rise and fall of the Environmental Kuznets Curve[J]. World Development，32（8）：1419-1439.

Streets D G，Fu J，Jang C，et al. 2007. Air quality during the 2008 Beijing Olympic games[J]. Atmospheric Environment，41（3）：480-492.

Sugihara G. 1994. Nonlinear forecasting for the classification of natural time series. Philosophical Transactions of the Royal Society of London[J]. Series A: Physical and Engineering Sciences, 348 (1688): 477-495.

Sugihara G, May R. 1990. Nonlinear forecasting as a way of distinguishing chaos from measurement error in time series[J]. Nature, 344: 734.

Sugihara G, May R, Ye H, et al. 2012. Detecting causality in complex ecosystems[J]. Science, 338 (6106): 496-500.

Takens F. 1981. Detecting strange attractors in Turbulence[J]. Dynamical Systems and Turbulence, Lecture Notes in Mathematics, 898: 366-381.

Tang D, Li L, Yang Y. 2016. Spatial econometric model analysis of foreign direct investment and haze pollution in China[J]. Polish Journal of Environmental Studies, 25 (1): 317-324.

Tao M, Chen L, Su L, et al. 2012. Satellite observation of regional haze pollution over the North China Plain[J]. Journal of Geophysical Research: Atmospheres, 117 (D12) .

Ter Wal A L J, Boschma R A. 2009. Applying social network analysis in economic geography: framing some key analytic issues[J]. The Annals of Regional Science, 43 (3): 739-756.

Tobler W R. 1970. A computer movie simulating urban growth in the detroit region[J]. Economic Geography, 46 (2): 234-240.

Trefler D. 2004. The long and short of the Canada-US free tread agreement[J]. American Economic Review, 94 (4): 870-895.

Tsonis A A, Deyle E R, May R M, et al. 2015. Dynamical evidence for causality between galactic cosmic rays and interannual variation in global temperature[J]. Proceedings of the National Academy of Sciences, 112 (11): 3253-3256.

Ulph A.2000. Harmonization and optimal environmental policy in a federal system with asymmetric information[J]. Journal of Environmental Economics and Management, 39 (2): 224-241.

Ushio M, Hsieh C, Masuda R, et al. 2018. Fluctuating interaction network and time-varying stability of a natural fish community[J]. Nature, 554 (7692): 360-363.

Vallero D. 2014. Fundamentals of Air Pollution[M]. New York: Academic Press.

van Donkelaar, Martin R V, Brauer M, et al. 2010. Global estimates of ambient fine particulate matter concentrations from satellite-based aerosol optical depth : development and application[J]. Environmental Health Perspectives, 118 (6): 847-855.

van Donkelaar A, Martin R V, Brauer M, et al. 2016. Global estimates of fine particulate matter using a combined geophysical-statistical method with information from satellites, models, and monitors[J]. Environmental Science & Technology, 50 (7): 3762-3772.

van Nes E H，Scheffer M，Brovkin V，et al. 2015. Causal feedbacks in climate change[J]. Nature Climate Change，5（5）：445-448.

Verstraeten W W，Neu J L，Williams J E，et al. 2015. Rapid increases in tropospheric ozone production and export from China[J]. Nature Geoscience，8（9）：690.

Villalobos A M，Barraza F，Jorquera H，et al. 2017. Wood burning pollution in southern chile：PM$_{2.5}$ source apportionment using CMB and molecular markers[J]. Environmental Pollution，225：514-523.

Wang H，Xue M. 2014. Mesoscale modeling study of the interactions between aerosols and PBL meteorology during a haze episode in China Jing-Jin-Ji and its near surrounding region-part 1：aerosol distributions and meteorological features[J]. Atmospheric Chemistry and Physics Discussions，31675-31717.

Wang G，Cheng J，Lang J，et al. 2015. Source apportionment and seasonal variation of PM$_{2.5}$ carbonaceous aerosol in the Beijing-Tianjin-Hebei region of China[J]. Environmental Monitoring and Assessment，187（3）：143.

Wang J，Zhang Y，Feng Y，et al. 2016. Characterization and source apportionment of aerosol light extinction with a coupled model of CMB-IMPROVE in Hangzhou，Yangtze River Delta of China[J]. Atmospheric Research，178：570-579.

Wang K，Zhang Y，Jang C，et al. 2009. Modeling intercontinental air pollution transport over the trans-Pacific region in 2001 using the Community Multiscale Air Quality modeling system[J]. Journal of Geophysical Research：Atmospheres，114（D4）：Do4307.

Wang L，Zhang P，Zhao X，et al. 2013. A modeling study on the January 2013 severe haze over the southern Hebei，China[C]. AGU Fall Meeting Abstracts.

Wang Y，Ying Q，Hu J，et al. 2014a. Spatial and temporal variations of six criteria air pollutants in 31 provincial capital cities in China during 2013-2014[J]. Environment International，73：413-422.

Wang L，Wang S，Zhang L，et al. 2014b. Source apportionment of atmospheric mercury pollution in China using the GEOS-Chem Model[J]. Environmental Pollution，190（7）：166-175.

Wang X，Piao S，Ciais P，et al. 2014c. A two-fold increase of carbon cycle sensitivity to tropical temperature variations[J]. Nature，506（7487）：212-215.

Wang Y，Yang J，Chen Y，et al. 2018. Detecting the causal effect of soil moisture on precipitation using convergent cross mapping[J]. Scientific Reports，8（1）：1-8.

Wang Z，Fang C. 2016. Spatial-temporal characteristics and determinants of PM$_{2.5}$ in the Bohai Rim Urban agglomeration[J]. Chemosphere，148（4）：148-162.

Wheeler D. 2001. Racing to the bottom? Foreign investment and air pollution in developing countries [J]. The Journal of Environment and Development, 10 (3): 225-245.

Woods N D. 2006. Interstate competition and environmental regulation: a test of the race-to-the-bottom thesis [J]. Social Science Quarterly, 87 (1): 174-189.

World Bank. 2000. Is globalization causing a race to the bottom in environmental standards briefing paper [R]. PREM Economic Policy Group and Development Economics Group, Washington D C. World Development Movement (WDM).

Wu D, Fung H, Yao T, et al. 2013. A study of control policy in the Pearl River Delta region by using the particulate matter source apportionment method [J]. Atmospheric Environment, 76 (76): 147-161.

Wu J, Li G, Cao J, et al. 2017. Contributions of trans-boundary transport to summertime air quality in Beijing, China [J]. Atmospheric Chemistry & Physics, 17 (3).

Wu L, Bai Y, Zhang Y, et al. 2016. Estimate $PM_{2.5}$ concentration in 500m resolution from satellite data and ground observation [C]. IGARSS 2016-2016 IEEE International Geoscience and Remote Sensing Symposium. IEEE.

Wuebbles D J, Lei H, Lin J. 2007. Intercontinental transport of aerosols and photochemical oxidants from Asia and its consequences [J]. Environmental Pollution, 150 (1): 65-84.

Xiao H, Huang Z, Zhang J, et al. 2017. Identifying the impacts of climate on the regional transport of haze pollution and inter-cities correspondence within the Yangtze River Delta [J]. Environmental Pollution, 228: 26-34.

Xie Y, Zhao L, Xue J, et al. 2018. Methods for defining the scopes and priorities for joint prevention and control of air pollution regions based on data-mining technologies [J]. Journal of Cleaner Production, 185: 912-921.

Xu P, Chen Y, Ye X. 2013. Haze, air pollution, and health in China [J]. The Lancet, 382 (9910): 2067.

Yan D, Lei Y, Shi Y, et al. 2018. Evolution of the spatiotemporal pattern of $PM_{2.5}$ concentrations in China-a case study from the Beijing-Tianjin-Hebei region [J]. Atmospheric Environment, 183: 225-233.

Yang N, Ji D, Li S. 2015a. The application of Pearson correlational analysis method in air quality analysis of Beijing-Tianjin-Hebei region [J]. Agricultural Science and Technology, 16 (3): 590-593.

Yang M, Wang Y, Liu Q, et al. 2015b. The influence of sandstorms and long-range transport on polycyclic aromatic hydrocarbons (PAHs) in $PM_{2.5}$ in the High-Altitude atmosphere of southern China [J]. Atmosphere, 6 (11): 1633-1651.

Yang G，Wang Y，Zeng Y，et al. 2013. Rapid health transition in China，1990-2010：findings from the Global Burden of Disease Study 201[J]. Lancet，381（9882）：1987-2015.

Yao L. 2017. Causative impact of air pollution on evapotranspiration in the North China Plain[J]. Environmental Research，158：436-442.

Ye H，Deyle E R，Gilarranz L J，et al. 2015. Distinguishing time-delayed causal interactions using convergent cross mapping[J]. Scientific Reports，5：14750.

Ying L G. 2000. Measuring the spillover effects：some Chinese evidence[J]. Regional Science，79（1）：75-89.

Ying L G. 2003. Understanding China's recent growth experience：a spatial econometric perspective[J]. Annals of Regional Science，37（4）：613-628.

York R，Rosa E A，Dietz T. 2003. STIRPAT，IPAT and ImPACT：analytic tools for unpacking the driving forces of environmental impacts[J]. Ecological Economics，46（3）：351-365.

Yu H，Remer L A，Chin M，et al. 2012. Aerosols from overseas rival domestic emissions over North America[J]. Science，337（6094）：566-569.

Zhang J，Mauzerall L，Zhu T，et al. 2010. Environmental health in China：challenges to achieving clean air and safe water[J]. Lancet，375（9720）：1110.

Zhang Q，Jiang X，Tong D，et al. 2017. Transboundary health impacts of transported global air pollution and international trade[J]. Nature，543（7647）：705-709.

Zhang Q，He K，Huo H. 2012. Policy：cleaning China's air[J]. Nature，484：161.

Zhang R. 2017. Atmospheric science：warming boosts air pollution[J]. Nature Climate Change，7（4）：238.

Zhang Z，Zhang X，Gong D，et al. 2015. Evolution of surface O_3 and $PM_{2.5}$ concentrations and their relationships with meteorological conditions over the last decade in Beijing[J]. Atmospheric Environment，108（5）：67-75.

Zheng J，Duan K，Su H，et al. 2015. Exploring the severe winter haze in Beijing：the impact of synoptic weather，regional transport and heterogeneous reactions[J]. Atmospheric Chemistry and Physics，15（6）：2969-2983.

Zheng Y，Liu F，Hsieh H P. 2013. U-air：when urban air quality inference meets big data[C]. Proceedings of the 19th ACM SIGKDD international conference on Knowledge discovery and data mining，1436-1444.

Zheng Z，Xu G，Yang Y，et al. 2018. Statistical characteristics and the urban spillover effect of haze pollution in the circum-Beijing region[J]. Atmospheric Pollution Research，9（6）：1062-1071.

Zhou C，Chen J，Wang S. 2018. Examining the effects of socioeconomic development on fine particulate matter PM$_{2.5}$ in China's cities using spatial regression and the geographical detector technique[J]. Science of the Total Environment，619：436-445.

Zhu J，Sun C，Li K. 2015. Granger-Causality-based air quality estimation with Spatio-Temporal（ST）heterogeneous big data[C]. IEEE Conference on Computer Communications Workshops（INFOCOM WKSHPS），612-617.

Zhu J，Zhang C，Zhi S，et al. 2018. pg-causality：identifying spatiotemporal causal pathways for air pollutants with urban big data[J]. IEEE Transactions on Big Data，4（4）：571-585.